U0000839

中華氣象學史

（增修本）

劉昭民 編著

臺灣商務印書館

氣象縱貫

劉君燦序

昭民兄的《中華氣象學史》要再版了，身為昭民兄三十多年朋友的我，實在為他高興不已。

由「氣象萬千」一語，可以知道「氣象」在古代可以指時代、地域、群體或個人精神型態的外露，頗有吉凶占卜的味道，而出巡行事很多是要看大氣現象與性質的；因此涉及今天氣象科學的觀察在中華出現甚早，遠在殷商時代便有紀錄，也有一些相關的觀念和思想。這種型態的氣象學在中華便不絕如縷，直到今天。

昭民兄的《中華氣象學史》便是縱貫各朝代，既斷代又通史式的分章分節娓娓道來；自殷商到民國共分十二章，第十三章則專論中國歷史上的氣候變遷。在每一章裏，觀象占候的方法、儀器之創造及古人的氣象思想等，均一一臚列；一些特殊的氣象現象和氣象災害等，更巨細靡遺。對昭民兄搜羅之廣，關注之深，更令我佩服不已。

昭民兄在民航局氣象中心服務三十餘年，除了關注航空氣象外，對中華科技史也著作不懈，除了這本《中華氣象學史》的本行著作外，還有《中華物理學史》……等等的著作，可謂著作等身，可以說是科技史友朋中最勤於動筆的一人，更連獲嘉新水泥公司優良學術著作獎兩次，名歸而實至。

個人覺得，近數十年來，因雷達、衛星、電腦之問世，使氣象科技有了很大的發展，應用也日廣，電視上的氣象預報，便是一例。昭民兄的大作和中國大陸謝世俊等人所主編的大部套《中國氣象史》，對海峽兩岸各省市區的現代氣象史也均有詳細的敘述，但是二十年後，又將有更新的現代氣象史等待吾人去寫，期盼昭民兄屆時要執筆為文，補充在《中華氣象學史》後面，謹以祝禱，而為之序。時2009年10月12日。

再版自序

劉昭民序

　　本書原於 1980 年 9 月由臺灣商務印書館出版，當時沒有寫自序，現在利用修訂、補充、再版之便，補寫一篇，以勵來茲。

　　記得五十多年前，世界著名的科技史家，英人李約瑟博士在華人王鈴、魯桂珍、何丙郁、黃仁宇、錢存訓等人的協助下，使用英文著作出版《中國之科學與文明》（即《中國科技史》）。其中第三卷原文於 1959 年問世，中譯本第六冊第二十一章氣象學部分，係由鄭子政教授翻譯成中文，於 1975 年 8 月，和地理學（姚國水教授譯）、地質學、地震學、礦物學（以上由王源教授、藍晶瑩教授譯）等四章合成一冊出版。但是氣象學一章全文僅一萬七千餘字，內容過於簡略，於是筆者乃決心撰寫氣象學史專書，以補此憾。1976 年，筆者在科技史研究好友陳勝崑醫師的鼓勵下，公餘勤跑南海路建國中學對面的中央圖書館（即後遷中山南路的國家圖書館）善本室，借閱古籍文獻，尋覓氣象史、氣候史、地學史之資料。由於古文沒有標點符號，內容又全部是文言文，不易理解，故艱苦備嘗，幸內子原習中文，家中有中文大辭典和辭海可供筆者解決疑難。於是筆者從 1976 年就開始撰寫《中華氣象學史》，並於 1979 年完成初稿，承蒙中國之科學與文明編譯委員會秘書長劉拓博士的協助，以及氣象學者鄭子政教授之訂正，拙書得於 1980 年 9 月順利出版。

　　拙書出版後，曾經得到科技史界和海峽兩岸氣象界人士之重視。1984 年，李約瑟博士和魯桂珍女士曾應我政府之邀來臺訪問，當時教育部長李煥先生曾頒發文化獎章給魯桂珍女士，獎勵她對發揚中華文化之貢獻。由王萍、陳勝崑、洪萬生、筆者、劉君燦、張之傑等人所發起，於 1981 年成立之中央研究院科學史委員會，也曾經由主任委員王萍女士在近代史研究所召開一次座談會，邀請李約瑟博士和魯

桂珍女士前來和此間科技史同好見面，李約瑟博士對陳立夫先生主持中國科技史編譯工作之努力十分肯定，對「中華科學技藝史叢書」也十分讚美，對我們臺灣也開始有一批人研究中國古代科技史，表示十分高興。筆者也曾經向他指出其大作中氣象學部分一章嫌少之事，他回答說是因為手邊氣象史資料少的關係。1986 年中國海洋出版社出版《中國古代海洋學史》一書，曾參考拙書。中國大陸在氣象史的出版方面，也有 1983 年洪世年、陳文言合著之《中國氣象史》（農業出版社），1992 年謝世俊編著之《中國古代氣象史稿》（重慶出版社），前者內容早自原始社會時代，但全書內容十分精簡，僅十一萬字；後者全書共四十三萬字，但僅寫到漢代為止，不再繼續，即轉移到大部套之《中國氣象史》一書上。

　　拙著《中華氣象學史》強調二十四節氣和七十二物候是中國先民所發明創造的，是西方所沒有的，故筆者著墨甚多，而我國古代天氣諺語之豐富，更是古代西人所無法比的，故筆者對這些天氣諺語之解釋也巨細靡遺。在氣象觀測工具和儀器之發明方面也在修訂本中增加很多圖片和新資料，這也要感謝古代氣象史家李迪、王鵬飛、洪世年、謝世俊等先生之大作所給與筆者的啟迪，現代氣象史家陳學溶和葉文欽兩位先生也對拙書中現代氣象史部分提供不少寶貴的意見，筆者在此向以上各位先生表示深深的感謝！2008 年 5 月 17 日，筆者曾承蒙中央氣象局南區氣象中心主任秦新龍先生以及氣象專家黃瑞中先生之邀請，前往南區氣象中心向數十位同好介紹氣象發展史，筆者也在此向他們表示深深地感謝！最後也要感謝科技史研究好友劉君燦教授幫我寫一篇序文，增加本書不少光彩。還要感謝中華科技史學會張之傑、楊龢之、李學勇、陳大川、陳德勤、詹志明、孫郁興……等人每月集會一次之濡沫磨合。還要感謝劉院長廣英之鼓勵，以及臺灣商務印書館編輯人員之精心編排。

　　我國古代文獻圖書浩如煙海，有關古代氣象史資料之尋找非常不易，故拙書難免有所遺漏，亦難謂最完備，企盼將來繼續補充。又部

分古書完成之年代很難確定，例如《周禮》成書於西漢，但內容含有一些周朝資料者，拙書乃將《周禮》中的氣象資料，放在漢代。《周書》成書於唐高祖時代，但書中記載有周成王二年中原地區所發生的激烈風暴，本書乃將該資料放在周朝時代。又現代氣象史中反共抗俄時代的用語已不合時宜，乃加以修改，例如「共匪的叛亂」改為「國共內戰」，即一例。

　　筆者治古代科技史雖然已歷三十餘年，但仍覺學識淺陋，拙書錯誤在所難免，甚盼讀者不吝指正。

2009 年 11 月 2 日　劉昭民序於臺北士林

目　錄

第二部分　由漢代以後之圖書文獻考證漢代在氣象觀測上之成就

第五章　三國及晉朝時代（魏文帝黃初元年～東晉恭帝元熙二年，西元220年～西元420年）

緒　論

　　中國之歷史非常悠久，古代先民對於風雲變幻之體驗和認識一定極早，例如《竹書紀年》[註1]卷上有載：軒轅五十年秋七月庚申天霧三日三夜，晝昏。大舜四十七年冬隕霜，不殺草木。惟《竹書紀年》係戰國時人所寫，書中所言殷商之前的歷史事跡多係傳說之言，故不足信，而有信史記載之氣象紀錄及地下出土之材料，供我們追尋和研究者，則自殷商時代始有之，故本書乃自殷商時代開始，依次按照各朝代之順序——周、春秋、戰國、秦漢、三國及晉、南北朝、隋及唐、五代及宋、元、明、清、以至民國，分別將有關中國古代氣象知識和氣象學術思想方面之研究，加以一一論述。最後並縷析中國氣象學術後來停滯不前之原因。

　　中國古時並無如今日所云「氣象乃研究大氣性質與現象之科學」之說法，但是古時已有「氣象」及「氣」之用語。例如《列子‧天瑞》有云：「太易者，未見氣也。太初者，氣之始也。太始者，形之始也。太素者，質之始也。」《高氏十史》又曰：「太象，氣象未分。太初，氣象始萌。太始，氣象初端。太素，氣形變質。太極，形質已具然，元氣之始也。」其中所言之「氣象」，乃泛指一個時代，一個地域，一個群體或者一個人之精神型態之外露，並非專指大氣現象。今日所使用之氣象學一詞係源自古時之「氣」字，即節氣和物候合成之氣候一詞，古人以候者乃須有一段時間等待之意，用之於預告風和雨，即稱之為候風和候雨或占風占雨（見《師曠占》及西漢時代《京房》之〈易飛候雨占〉等），此乃占候之術也，故中國古代多候風、候雨和占候之術與文獻傳世。

註 1：《竹書紀年》，共兩卷，成書於戰國時代周赧王二十年（西元前 295 年），作者不明，舊題梁沈約注。

第一章　殷商時代

（成湯十八年～紂王三十二年，西元前 1766 年～西元前 1122 年）

氣象學思想開始萌芽，並已有氣象紀錄和風信的觀測

根據數十年來中西考古學家、歷史學家和氣象學家們之努力研究結果，證明殷商時代中國人的氣象知識已非常地豐富，氣象學思想也已開始萌芽，也有了世界最古的氣象紀錄和風信的觀測，茲將殷商時代的氣象知識、氣象學思想以及氣象紀錄和風信的觀測分別論述如下。

第一節　殷商時代的氣象知識

中國古代之農業生產與天氣狀況之好壞有極密切的關係，隨著農業的發展，中國古代先民的氣象知識也不斷地累積而更加豐富，殷商時代的農業已很發達（註1），故氣象知識也相當豐富，在河南安陽殷墟多次發掘（見圖一及圖二）而出土的十萬片甲骨卜辭中，有關氣象紀錄的年代可追溯到西元前十四世紀（商代武丁之前）。根據胡厚宣、董作賓等人的分析，自商代武丁（西元前 1324 年）以後，有關氣象知識、氣象卜辭和氣象紀錄最多，茲將殷商時代甲骨文中有關氣象知識的記載蒐列如下：

一、風和風向

甲骨文中所出現的風字相當多，當時甲骨文中的風字為 𠾐 或 𡘭 （即同鳳字），讀為風，並屢次言及大風之為禍，如武丁時之卜辭：

風不佳（同唯）囚。

辛未卜貞今辛未大鳳（風）不佳（唯）囚。

按囚即禍。甲骨卜辭又言及風唯孽，例如：

圖一 殷墟之發掘工作情形。圖中下部
　　　即殷代皇陵。

圖二 考古學家正在殷墟十字形皇陵上面整
　　　理發掘所得之甲骨片。

　　　貞丝（茲）鳳（風）不佳（唯）辥。

　　按「辥」為孽，言風不唯禍，不其有害也。

　　殷商時代不但已有東、西、南、北四種方向之名稱以及中央之觀
念和名稱，而且已有四種風來自方位的名稱，例如武丁時代的甲骨文
字有一片說：

　　　東方曰析，鳳（風）曰劦（音協）。

　　　南方曰夾，鳳（風）曰岁。

　　　西方曰𢀙，鳳（風）曰彝（夷）

　　　□（北）□（方）□（曰）□，鳳（風）曰段（音寒）（見圖三）。

　　中央研究院的考古家在 1936 年春發掘安陽殷墟時，曾經發現武
丁時之一片龜甲文字如下所述：

　　　貞帝于東方曰析，鳳（風）曰劦。

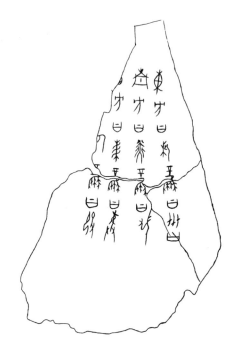

圖三　殷商武丁時代言四方名稱及四種風向名稱的甲骨文字。

□（貞）□（帝）□于□南□方，□（曰）□（夾）□鳳□
曰□劦。

貞帝于西方曰彝，鳳□（曰）□夷

□□□（卜），內□（貞）帝□（于）北□（方）□
（曰）□，□（鳳）□（曰）□（殳）（見圖四）。

　　按夷字即夷字，與彝意相同，至於北方之名稱，胡厚宣認為可能
是宛（見圖三中左起第一行第一個殘缺字）。可知殷商時代東方叫做
析，東風叫做劦，南方叫做夾，南風叫做兕（音凱），西方叫做夷，
西風也叫做夷，北方叫做宛，北風叫做殳（音寒）。胡氏並認為「東
風曰劦者，劦穌也，和也，有惠風和暢之義。南風曰兕者，兕即微，

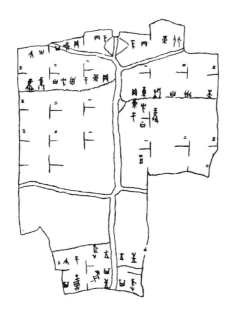

圖四　殷商武丁時代言四方名稱及四種風向名稱之甲骨文字。

風暖而微矣。西風曰夷，猶言厲風也。北風曰殳，猶言寒風也。」（註2）
其圖解見圖五。

　　甲骨卜辭中亦多言及風的來向者，例如：

　　　　大鳳（風）自北入日。

　　　　□□卜，王□甲申□□雨，大霖（霖）。寅，大改（甲骨文作
　　改，即啟，指晴天）卯，大鳳（風）自北。

　　按上述兩段所言皆指大風來自北方。

　　二、雨和雨來自的方向

　　雨在甲骨文中書為ㅠ及冊等，有關雨字及卜雨之文字不可勝數，
茲不贅述。至於言雨時，稱其方向者亦極多，其例如下列所述之武丁
時卜辭：

　　　　大方伐□畕廿邑，庚寅雨自南。

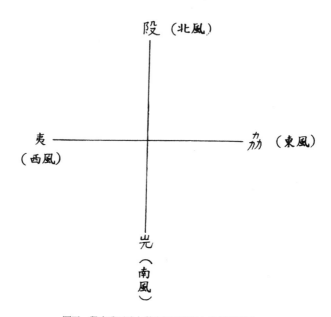

圖五　殷商武丁時卜辭中的四種風向名稱說明圖。

不雨自西。

屮（有）來雨自西。

癸卯卜今日雨。

其自東來雨。

其自南來雨。

其自西來雨。

其自北來雨。

　　按上列第一條言雨來自南方，第二條和第三條言雨來自西方，最後的四條言雨來自東南西北方。

　　關於降雨強弱的記載，在庚丁三年（西元前 1217 年）的甲骨卜辭中更多，計有大雨、猛雨、疾雨、足雨、多雨、毛毛雨、小雨、連綿雨等等，不勝枚舉。

三、雲和雲的來向

甲骨文中雲作乛，而述及雲的來向者也不少，例如：

　　各云（雲）自東。

　　各云（雲）自北西。

此言雲來自東方以及北方西方。

至廩辛、康丁（西元前1225年～西元前1197年）時，則或言二云：

　　貞尞于二云。

　　或言四云：

　　己卯卜，尞豕四云。

　　或言六云：

　　癸酉卜，又尞于六云，五豕卯五羊。

　　癸酉卜，又尞于六云，六豕卯羊六。

按二云指兩層（或兩層以上）雲之分上下者，四云指東西南北四方之雲，六云指東西南北四方以及上下之雲。

四、雪

雪字在甲骨卜辭中作羽或ff（武丁時）或𦏵（文丁時），言及卜雪者亦有數十條之多，例如武丁時卜辭：

　　己未卜，貞曰，羽。

文丁時卜辭：

　　□□卜，王，貞甲申雨。乙雨。大𦏵（雪）。

五、雹

雹字在甲骨卜辭中作𨸏，例如武丁時卜辭：

　　☑𨸏其ff（雪）隹（唯）庚吉。

　　貞弗其ff其𨸏。

六、霰

霰（雨雪雜下）字在甲骨卜辭中作ff或羽或弱，例如武丁時卜辭：

　　☑羽。十二月。貞不其ff。

按上述各字皆帶有雪字，可見殷商時代的中國人把雨雪雜下的天

氣現象視作霰。

七、霧

霧字在甲骨文中作𦥑（與風字相同），也寫作雈或雈（讀霧），例如：癸巳☒羽甲□敐？甲雈（霧）☒（意謂第二天甲日會不會天晴？結果第二天是霧天）。

八、霾

霾字在甲骨文中作𤜵，例如武丁時卜辭：

　　貞絲雨不佳（唯）𤜵。

九、虹霓

虹和霓在甲骨文中同作𧍧，殷人以為它是能飲水於河的雨龍，故霓字亦作蜺，與虹字部首同樣從蟲，而且霓字部首又從雨。例如武丁時有卜辭曰：

　　王占曰：屮（有）希（祟）八日庚戌屮各（格）云（雲）自東冒母（地方名）。

　　昃，亦屮出𧍧自北，歙（飲）于汅（河）。

言自癸卯占卜後之第八日庚戌有雲自東方冒母之地來，及日昃（日過干，即午後），又有虹自北出而南向飲水於河。這是中國古代有關虹的最早記載。

十、雷電

雷字在甲骨文中作𩄀，電字在甲骨文中作𤰜，或𤰔，或𤴐，或𤰝，或𤰞。

十一、霖

霖（久雨）字在甲骨文中作𩅦。

十二、霜

霜字在甲骨文中作𩅾。

十三、霽

霽（雨止）字在甲骨文作𣶒（註3）。

由上列之論述，可見殷商時代中國人對於各種天氣現象已有極深

刻的觀察，並以各種象形文字刻在甲骨上。

第二節　殷商時代的氣象學思想

殷商時代中國人對風、雨、雲以及各種天氣現象已有極深刻的觀察，也已經知道降雨者乃雲，所以甲骨卜辭中有許多言及雲雨之關係者，例如武丁時卜辭言：

> 貞絲云（雲）其出（有）降其雨。
>
> 東云（雲）自南雨。
>
> 貞今絲云（雲）雨。
>
> 貞絲云（雲）其雨。

按上述四條卜辭都是貞（卜，即事前的猜測）天雲的下雨不下雨，可見殷商時代的中國人已經知道降雨者乃源自於雲層也。

又甲骨文中有關行「烄」（即焚人）禮、祭禮、以及舞禮以求雨之記載更是繁多，這些都是中國歷史上有關求雨的最早文獻和紀錄。例如武乙、文丁時多下列之卜辭：

> 虫（祭）豕（豬）以求雨，于丙烄雨？
>
> 貞：我舞雨？

武丁時也多有「貞我年出（有）足雨」之卜，乃殷商時代中國人希望有充分的雨，以使年收豐登也，祖庚、祖甲時，也有「庚午卜，貞禾出（有）及雨。三月。」之卜，乃當時中國人希望禾苗有及時雨也。由此可見中國人在殷商時代即已從事祈雨，對於天氣之幻變，不僅希望能預報，並且盼望能對天氣有所控制。

第三節　世界最早的氣象紀錄

殷商時代的中國人不但已經把各種天氣現象以各種象形文字刻在甲骨上，而且已經把當時的天氣情況刻在甲骨上，凡是事前的猜測

（即現在所謂的預測，當時稱為貞或卜）以及事後的實際天氣概況都有記載。當時記載每天所卜天氣和事後實際天氣概況的卜辭相當多，例如庚丁時卜辭：

　　乙酉卜，雪，今夕雨？不雨。四月。

　　意謂今夜會下雪否？再記不雨，不雨係事後追記者，此為記四月卜雪的甲骨卜辭。

　　1936 年春，董作賓先生等人在參加第十三次安陽殷墟工作時，曾經得到庚丁三年（西元前 1217 年）三月時，連續記錄一旬間氣象之卜辭一版（見圖六），茲說明如下：

　　第三行起：癸亥卜，鼎（貞）旬。三月。

　　　　　　　乙丑，夕（夜），雨。

　　　　　　　丁卯，明，雨（明，指日出之時）。

　　　　　　　戊（辰），小采日，雨，風（小采日，指日將落時）。

　　　　　　　己（巳），明，啟（霽）（啟，霽也，指雨止，天氣轉晴）。

　　第一行和第二行：壬申，大風自北。

　　（壬申一行和大風自北一行，當時因右邊已不能容，乃移書於左方癸亥一行之前）。

圖六　董作賓先生在安陽殷墟所掘出之殷代庚丁時代三月份氣象卜辭一版。壬申一行，當時因右邊已不能容，乃移書於左方癸亥一行之前。

董作賓先生曾就該版之卜辭，推斷當時三月份一旬間之天氣如下：

　　二十日　　癸亥　卜旬　　　　　（陰）

　　二十一日　甲子（驚蟄）　　　　（陰）

　　二十二日　乙丑　　　　　　　　（陰）夕，雨。

　　二十三日　丙寅　　　　　　　　（陰）

　　二十四日　丁卯　　　明，雨（陰）。

　　二十五日　戊辰　　　　　　　　（陰）小采日，有雨，有風。

　　二十六日　己巳　　　明，啟（晴天）。

　　二十七日　庚午　　　　　　　　（晴）

　　二十八日　辛未　　　　　　　　（晴）

　　二十九日　壬申　　　　　　　　（晴）大風自北[註4]。

這一版卜辭是世界上最古的氣象紀錄。由殷商時代「二月，貞（卜）今歲受年」以及「我受釋（稻）年。三月」之卜辭，與這一版氣象卜辭相比較，可見二三月時正是殷商時代早季稻之栽培時期，農作物極需雨水，故當時的中國人極注意氣象，希望能下雨、多雨。

第四節　殷商時代風信的觀測工具

殷墟出土的甲骨卜辭中已發現有**伣**字，此**伣**字即伣字[註5]，伣乃候風羽，能觀測風信者，也就是在風杆上頭繫上布帛或長羽毛之最簡單示風器，當風吹動布帛或長羽毛時，即可觀察風的來向，由此可見殷商時代已經有名稱叫做伣的風向器。

註1：〈卜辭中所見之殷代農業〉，胡厚宣著，1945年成都齊魯大學出版之甲骨學商史論叢。

註2：〈甲骨文四方風名考證〉，胡厚宣著，1945年成都齊魯大學出版之甲骨學商史論叢。

註3：《甲骨文字集釋》，李孝定注釋。

註4：〈殷庚丁時卜辭中一旬間之氣象記錄〉，董作賓著，1943年氣象學報第十七卷第一期。

註5：引自明義士摹殷墟卜辭。

第二章 周朝時代

（周武王十三年～周平王四十九年，西元前 1122 年～西元前 722 年）

開始把天文與氣象結合起來以及對各種天氣現象加以解釋。並觀測自然界現象，以預測天氣

　　周公制禮作樂，從此周朝的禮樂文治學術各方面都得以進一步的發展，在周朝前後的四百年中，中國人的氣象知識也逐漸增加，記載在古籍上的氣象文獻也逐漸增多。惟周朝時代的古籍多非一時一人之作（甚至有作者不明者），而且往往成書在周朝之後，故很難確定其成書年代之先後，以致後人論辯紛紜；莫衷一致，所以作者乃將成書於周朝之後，但是其所述內容多為周朝者，一概列在本章裏面加以論述。茲將周朝時代有關氣象學之文獻一一加以論述。

第一節　《易經》暗示我們氣候變化有週期性

　　中國之《易經》（又名《周易》）創始甚早，舊說為伏羲氏、周文王、孔子等人所作[註1]，即伏羲氏制卦，周文王繫辭，孔子作十翼是也。《易經》卷一〈上經〉有載：

　　　　「七日來復，利有攸（所）往。」

　　可知周朝時人已瞭解氣候之變遷有若韻律之高下，有節拍可尋，其來復之時期亦有規則和週期性。

第二節　《山海經》再度記述四方之風名

　　《山海經》[註2]成書之年代眾說紛紜，書中所包含之史料有早至殷商時代者，並且列有湯及周文王葬所，多數學者認為它可能是周

朝時代之書。《山海經》論及四方名稱及四方風名曰：

> 東方曰折，來風曰俊，處東極以出入風。（大荒東經）
>
> 南方曰因，乎夸風曰乎民，處南極以出入風。（大荒南經）
>
> 有人名曰石夷，來風曰韋，處西北隅以司日月長短。（大荒西經）
>
> 北方曰鳧，來之風曰狻，是處東極隅以止日月，使無相間出沒，司其短長。（大荒東經）

按《山海經》所論四方名稱和四方風名與殷商武丁時甲骨文中所論者相似，「折」與「析」同義，稱東風為俊風與劦同義，而《山海經》對南風則未見有所命名。西方來風曰「韋」，可能是「夷」字之誤，鳧同宛，「北來之風曰狻」之狻，可能為北方邊地之獸。由此可見其說法與殷商武丁時代甲骨文所論者相合，《山海經》則進一步以四方之名為神人，故能出入風中司日月之長短。

第三節　《尚書》開始把天文學和氣象預測結合在一起，並說明四方之風

《尚書》(註3)又名《書經》，其中卷四〈洪範篇〉有曰：

> 「星有好風，星有好雨，日月之行，則有冬有夏，月之從星則以風雨。」

按周朝時代，中國之天文學已經很進步，中國先民乃將長期觀察天文和氣象的經驗和心得結合在一起，《尚書・洪範篇》所言，雖然沒有明白地說明星月位置與風雨的關係，但是當時已經知道星月與風雨之間確有密切的關係。

又《尚書・堯典》有曰：

> 「分命羲仲，宅嵎夷，曰暘谷。寅賓出日，平秩東作，日出星鳥，以殷仲春。厥民析。鳥獸孳尾。
>
> 申命羲叔，宅南交，曰明都。平秩南訛，敬致，日永星火，以

正仲夏。厥民因，鳥獸希革。

分命和仲，宅西，曰昧谷。寅餞納日，平秩西成，宵中星虛，以殷仲秋。厥民夷，鳥獸毛毨。

申命和叔，宅朔方，曰幽都，平在朔易，日短星昴，以正仲冬。厥民隩。鳥獸氄毛。」

根據胡厚宣氏的考證，《尚書・堯典》中所云「宅嵎夷，厥民析」即指東方，「厥民析，鳥獸孳尾」即指東風（以鳥獸代鳳字來假借風名，孳尾指乳化交接）。「宅南交，厥民因」指南方，「厥民因，鳥獸希革」即指南風（希與微同義）。「宅西，厥民夷」指西方，「厥民夷，鳥獸毛毨」表示西風（毛毨，乃羽毛茂盛之意，與夷之意義相同）。「宅朔方，厥民隩」指北方，「厥民隩（同宛義），鳥獸氄毛」指北風（見第一章註2）。

第四節　《爾雅》對一些天氣現象加以解釋

《爾雅》（註4）一書，源流甚古，所述皆為周朝之資料，其中〈釋天篇〉曾經對一些天氣現象加以解釋。例如〈釋天篇〉有云：

「雨霓為霄雪。」

按霓即霰，天降霰叫做霄雪，也就是後人所稱之米雪或粒雪。

《爾雅・釋天》又云：

「甘雨時降（及時雨），萬物以嘉，謂之醴泉，暴雨謂之凍，久雨謂之淫，小雨謂之霢霂。」

「風而雨土為霾。」

按《爾雅》對霾的解釋為大風揚塵，雨不沾衣而有土。以今日之氣象學而言，它的意義是狹義的霾。

《爾雅・釋天》又云：

「雌曰蜺，雄曰虹。虹，明盛者；蜺，暗微者。」

按蜺即霓，而虹霓確為一明一暗，似在當年，人們已有副虹存在

之認識。惟將虹霓分成陰陽，的確不當。由此可見，當時陰陽之說已影響時人對大氣現象之解釋。

《爾雅・釋天》又曰：

「地氣之發，天不應曰霧。霧謂之晦。」

按「地氣之發，天不應」乃謂地面上之水汽向上蒸發，如果無法充分擴散出去，則即形成霧，以今日氣象學原理而言，似有錯誤。霧之成因不一，以一般輻射性霧而論，則屬於受地面輻射冷卻作用所致。至於混合霧則由於兩種氣溫差別較大之氣團相混合而凝結為霧。故當時之觀念似乎不合於現代氣象學之理論。

第五節　周朝初年的一次激烈風暴紀錄

《周書》（註5）卷四〈金縢篇〉在言周朝初年的故事中，曾經敍述周朝初年遭遇激烈風暴的詳細經過，原文如下：

「既克商二年，王有疾弗豫。……武王既喪，管叔及其群弟乃流言於國。……周公居東二年，……秋大熟，未穫。天大雷電以風。禾盡偃，大木斯拔。邦人大恐。王與大夫盡弁，以啟金縢之書。乃得周公所自以為功，代武王之說。二公及王乃問諸史與百事。對曰：『信。噫！公命我勿敢言。』王執書以泣曰：『其勿穆卜。昔公勤勞王家，惟予沖人弗及知。今天動威，以彰周公之德。惟朕小子其新逆。我國家禮亦宜之。』王出郊。天乃雨，反風。禾則盡起。二公命邦人凡大木所偃盡而築之，歲則大熟。」

高平子先生曾將之解釋如下：

周武王起而革命，在克服商王紂的後二年，患了重病。周公曾經築壇禱告，願以身代，將祝文封入金縢箱（乃神聖箱匱）中，結果武王病乃癒，周公亦未死，過了數年，武王終於駕崩，其他兄弟管叔等人乃散佈不利於周公之流言。周公乃被迫前往東部住了兩年。那一年

秋天看起來是個大熟年（豐收年），但是尚未收穫。有一天忽然起大風雷電，將禾稼都颳倒了，大樹也連根拔起來，居民驚恐萬分，周成王和大臣們皆穿起禮服，準備行卜禮，照例先開啟金縢箱，結果得到周公願代武王以死之祝文。並得到左右之證實，成王感到很自責，乃決定親往東部迎回周公，等到成王御駕出了城外時，天下大雨，風向反變了，吹得已倒的禾重新起來，兩位元老大公又命令人們將大樹都扶起來重新種好，那一年還是得到一個大熟年（註6）。

由前半節文中所述「秋大熟，未穫。」可知古時黃河下游區域（山東、陝西、河南一帶）之九月尚是颱風季節，先是「天大雷電以風」而無雨，後來又出現「天乃雨，反風」之現象，乃颱風來襲之證據，由「天大雷電以風」「邦人大恐」「王與大夫盡弁（都穿起禮服來），以啟金縢之書」至「王出郊。天乃雨，反風」更可見風雨持續之長久，絕非一般之熱雷雨和鋒面雷雨、颮線雷雨，而係受到颱風暴風圈環流影響所致（颱風暴風圈環流內有時也有雷電現象出現）。根據近世颱風中心移動路徑之統計，夏秋時偶有颱風中心到達河南省境內者，例如 1956 年 8 月初，曾有強烈颱風萬達（Wanda）自杭州灣登陸，向西北侵襲河南省，其中心曾經到達洛陽。以颱風環流之大，周成王初年時的西安，當然也在颱風暴風圈範圍之內，故能造成《周書‧金縢篇》中所記述之天氣現象，這個激烈風暴可能即是颱風。

又《竹書紀年》卷下有載：

> 「成王元年，武庚以殷叛，周文公（周公）出居於東。成王二年，奄人、徐人及淮夷人于邳以叛。秋，大雷電以風，王逆（迎）周文公於郊，遂伐殷。」

按《竹書紀年》卷下所載「成王二年，……。秋，大雷電以風，」就是指《周書》卷四〈金縢篇〉所敘述周初遭遇激烈風暴侵襲之事實，故可為《周書》卷四〈金縢篇〉史實之一個有力的佐證。

第六節　《詩經》對一些天氣現象加以合理的解釋，並根據自然界現象之觀察來預測天氣

　　《詩經》非一時代一人之作（註7），其源流非常久遠，大約起於西周武王初年，而止於春秋中葉，大部分則完成於西周末葉。乃當時中國先民觀察自然界現象以及人際世間現象而形之於歌詠之書。其中言及氣象學學識方面者約有十則之多，茲分別就《詩經》中有關天氣現象之解釋以及天氣之預測和物候之記載等加以論述之。

　　一、《詩經》中有關天氣現象之解釋。

　　詩經中有關天氣現象之解釋者，共有數則之多，例如論霾方面，《詩經》卷一〈邶風‧終風〉有曰：

　　　「終風且霾。」

　　按邶在河南省淇縣以北，湯陰縣東南一帶，可見當時多風沙，容易形成霾。

　　在論及東風與陰雨天氣之關係時，《詩經》卷一〈谷風篇〉有曰：

　　　「習習谷風，以陰以雨。」

　　按谷風在《爾雅‧釋天》中解作東風，當東風吹得很急時，表示氣旋風暴已至，故乃造成陰雨之天氣。

　　對於焚風——從高處往下颳的風，《詩經‧谷風篇》也說：

　　　「習習谷風，維風及頹。」

　　　「習習谷風，維山崔嵬（頂上有石的土山），無草不死，無本不萎。」

　　說明使草木枯死的風，就是乾熱的焚風現象。

　　在論及雪和霰的關係時，《詩經》〈小雅‧頍弁〉有曰：

　　　「如彼雨雪，先集為霰。」

　　其意謂就像那下雪，先下的是霰。按霰又叫做米雪、粒雪或雪珠，形圓，半透明，直徑二～五公厘，係雨滴在下降未達地面時，遇

冰點以下之冷空氣凝結而成者，天將降雪時常見之，即先有霰，然後才降大雪，故後人所撰之傳說：「霰，暴雪也。」在中國北方的確常常有這種情形，可見古人的觀察是正確的，然而也有未先降霰，而先下雪的情形。不管怎麼樣，《詩經》〈小雅・頍弁〉中關於雪和霰關係的描述在中國歷史上還是最早。

在論及露的成因時，《詩經・白華》有曰：

「英英白雲，露後菅茅。」

朱熹並加註曰：「白雲，水上輕清之氣，當夜而上騰者也。露即其散而下降者也。」

按《詩經》和朱熹都認為露乃自天上白雲下降者，實係謬誤，實際上，露乃草木自泥土中吸取水分上升蒸發凝結而成者。

在論及露和霜的關係時，《詩經・蒹葭》有云：

「蒹葭蒼蒼，白露為霜。」

按「白露為霜」，其說法值得商榷，空氣中之水汽與因夜間輻射冷卻之地物草木等接觸，而凝成水珠，附著於地面物上，即為露，當露形成後，如因氣溫降至冰點而凝結成白色冰珠，則即為白露（white dew）。而霜為白色無定形之冰晶，乃地上物或草木之溫度已達冰點或更低，空氣之露點亦在冰點以下時，此種空氣與地物接觸即直接凝結成霜，故露和霜的成因不一。

地形條件對雷雨形成之關係及在論及雷雨之移動時，《詩經》〈召南・殷其雷篇〉有曰：

「殷其雷，在南山之陽。……殷其雷，在南山之側。……殷其雷，在南山之下。」

說明雷聲從南山的向陽坡慢慢向另一邊移動，由遠而近，最後移到南山腳下。可見當時我國先民對雷雨觀察已經很仔細。

二、《詩經》根據自然界現象的觀察來預測天氣。

詩經中也有數則有關天氣預測方面的記載，此乃中國先民經過長期觀察自然界現象以後所累積得的寶貴的經驗結晶，茲分別論述如

下：

　　㈠觀測星月的位置以預測風雨。

　　作者曾經在本章第三節中論及周朝時代，中國先民已經知道星月與風雨之間確有密切的關係，《詩經》則進一步指出星月的位置與風雨的關係，《詩經》〈小雅・漸漸之石〉有曰：

　　　「月離於畢，俾滂沱矣！」

　　按釋文「離」偶也，「畢」乃畢宿星座的位置，意謂月亮附著（或者解為離開）畢宿星座的位置時，天將大雨傾盆。商周時代，中國之天文學已經極進步，中國先民由長期天文學上的觀察和氣候上之統計和經驗，已初步瞭解氣候之有週期性，知道觀察月亮和星座的位置，即可預測風雨。此或可供作現代研究太陰和氣象關係之參考。

　　㈡觀察虹出現的位置以預測風雨。

　　吾人都知道，虹因雨而生，故若有虹出現時，近處必在下雨，《詩經》〈鄘風・蝃蝀篇〉進一步指出：

　　　「朝隮于西，崇朝其雨。」

　　朱子（朱熹）並加註曰：「虹隨日所映，故朝西而暮東。朝見於西，則其雨終朝而止矣！」

　　按《詩經》〈鄘風・蝃蝀篇〉的意思是說早上太陽東升時，光映於西，乃在西方見虹，顯示空中水滴滿佈，故崇朝其雨，可預測雨區將東移，以致本地也將下雨。

　　㈢觀察螞蟻和鸛鳥的行為以預測陰雨。

　　某些動物的感覺比人類敏銳，對於天氣的變動（例如濕度和氣壓的變化）每能比人類先知，即如地震之發生，某些動物亦較人類感覺為早。當空氣中的濕度大增時，則表示天空即將下雨，而螞蟻能感覺空氣的潮濕，再加上牠們的巢穴因為受到空氣潮濕的影響，乃刺激螞蟻成群出穴，或忙於搬家，或忙於封戶，故觀察螞蟻之行為可以預知天即將陰雨。《詩經・東山》進一步指出：

　　　「天將陰雨，鸛鳴于垤（蟻冢）。」

朱子加註曰：「天將陰雨，則穴居者先知，故蟻出穴，而鸛就食之，遂鳴于其（指蟻冢）上也。」

按朱子的註語說明了螞蟻對空氣濕度增加的敏感，而《詩經》則指出觀察鸛鳥的行為，即可預測天之將陰雨。

㈣觀察雲層的色彩以預測降雪。

雲層的色彩有時也是降雨或降雪的預兆，《詩經》卷三〈小雅・信南山〉有曰：

> 「上天同雲，雨雪雰雰。」

按「同雲」之同字作聚或齊一解，上天同雲言天空為齊一之雲所罩，蓋泛指今日所稱之層雲，在中國，冬日雨雪，多見於層雲。

三、物候的記載

《詩經》卷二〈豳風篇〉有載：

> 「春日載陽，有鳴蒼庚。女執懿筐，遵彼微行，爰求柔桑。四月秀葽，五月鳴蜩，六月莎雞振羽，七月鳴鵙（伯勞），十月蟋蟀入我床下。……，八月剝棗。十月穫稻。」

按「春日載陽，有鳴蒼庚」，意謂「春天來了，天氣開始轉暖，黃鸝鳥（黃鶯）開始鳴叫。」「秀葽」言草茂盛，「鳴蜩」指蟬鳴叫。這是中國歷史上紀物候之始，但是《詩經・豳風篇》所記，語焉不詳，該書僅記春日及四月、五月、六月、七月、八月、十月之物候，其餘各月者皆未敘及，而且上述所記之物候，每月僅見一條。

第七節　周朝的氣候紀錄

可能成書於戰國時代的《竹書紀年》曾經記載黃帝軒轅氏以來的氣候紀錄，但是殷商之前的歷史事跡和氣候紀錄多係傳說之言，頗難徵信，殷商以後，才進入信史時代，《竹書紀年》有關殷代氣候和物候之紀錄尚少，至周朝時代始大為增加。茲將《竹書紀年》卷下有關周代氣候和物候之紀錄敘述如下：

周孝王七年（西元前903年）冬大雨雪，江漢冰，牛馬凍死。

周孝王十三年（西元前897年）冬，江漢冰，牛馬多凍死。

周幽王九年（西元前773年）秋九月，桃杏實。

周厲王二十一年、二十二年、二十三年、二十四年、二十五年、二十六年皆連年大旱，王陟於彘。

周幽王四年（西元前778年）六月隕霜。

　　這些氣候紀錄和物候紀錄可供吾人從事探討周朝時代之氣候和氣候變遷的參考，由這些記載，可知西周中葉以後，中國的氣候已轉寒旱。

註1：《易經》，確實的編著者不明，舊說為伏羲氏、周文王及孔子所著，但周朝時代確實已有《易經》。

註2：《山海經》，作者不明，列有湯及文王葬所，可能為周時之書，全書共十八卷。

註3：《尚書》，又名《書經》，作者不詳，書中敍述內容多為周朝者。

註4：《爾雅》，作者不詳，或云周公所著，或云孔子教魯哀公學《爾雅》，可見周朝時已有之，共有十九篇。

註5：《周書》，唐高祖武德八年（西元625年）令狐德棻撰。

註6：〈我國最早的一次颱風紀錄〉，高平子著，中國氣象學會會刊第四期，1962年11月3日。

註7：《詩經》，非一時一人之作，起於西周武王初年，止於春秋中葉。三百零五篇。

第三章　春秋戰國時代

（周平王四十九年～秦始皇二十六年，西元前 722 年～西元前 221 年）

開始有八種風向的區分以及雲狀的分類。
節氣和物候的內容也更加豐富

　　自周平王四十九年春秋始年開始，至戰國七雄末期，秦始皇統一六國為止，前後共有五百年，這五百年之間，乃中國文化的黃金時代，也正是史家所謂諸子百家爭鳴，學術思想非常發達的時代，故有關氣象學識思想方面的文獻也大為增多，主要的發展為開始有八種風向的區分以及雲狀的分類，同時節氣和物候的內容也更加豐富。茲將春秋戰國時代的氣象學識和思想分節論述如下。

第一節　《春秋》中的氣候和物候紀錄

　　孔子據魯史而作《春秋》(註 1)，《春秋》除記載列國要事以外，並記有日食三十六次，星孛三次，星隕、隕石各一次，地震五次，山崩二次，雨一次，不雨七次，大雨雷電一次，大雨雪三次，雨雹災六次，大水九次，大旱二次，冰一次，無冰三次，隕霜殺菽一次，隕霜不殺草，李梅實，有年二次，饑荒年三次，麥苗一次，大無麥禾一次，益鳥退飛一次，可見《春秋》一書對天文、氣象、農政、雨澤、農候、物候、歲政等無不重視，這些記載不但對中國農民的幫助非常重大，而且冬無冰的記載也可以提供吾人在研究春秋時代的氣候時參考。

第二節　《左傳》記載有關雲的定期觀測以及大氣光象，和《國語》論述八風

一、有關雲的觀測

春秋初期《左傳》^(註2) 有曰：

「僖五年，……，公既視朔，遂登觀臺以望而書，禮也。」

按其意謂：天子頒治天象之法於諸侯，諸侯受而藏之祖廟，每月之朔，受而行之，乃登觀象臺遠望，並把所觀察之雲物以及天象情況記載下來，成為一種禮節。這是中國古代有定期氣象觀測之始。

《左傳》又曰：

「僖五年，……，凡分至啟閉，必書雲物，為備故也。」

按其意謂：凡到春分、秋分、夏至、冬至、立春、立夏、立秋、立冬時，掌觀象之日官必奉公命登觀象臺觀察雲形、雲色（青色占蟲，白色占喪，赤色占兵荒，黑色占水災，黃色占豐收）以及其他各種大氣現象，並記載下來，作雲氣之占候，並預作防備。這也是中國古代有定期氣象觀測之記載。

二、有關大氣光象的記載

春秋戰國時代有些古籍有大氣光象的記載，例如《竹書紀年》有載：

「黃帝軒轅二十年，有景雲之瑞，赤方氣與青方氣相連，……。」

按《竹書紀年》中的「赤方氣與青方氣相連」即是指當時的奇異光象（可能是北極光）。至於《左傳》、《離騷》和《莊子》中關於日暈、幻日、光異、色射等大氣光象之記載更多。今人謂光異和色射可能即指北極光^(註3)。

三、《左傳》和《國語》首論八風。

考八風（八種風向）之說，始見《左傳》：

「隱五年，……，夫舞所以節八音，而行八風。

昭二十年，……，五聲六律，七音八風。

襄二十九年，……，五聲和八風平。」

同時《國語》^(註4)卷三〈周語篇〉又論及八風曰：

「鑄之金，磨之石，繫之絲木，越之匏竹，節之鼓而行之，以遂八風。」

按春秋時代《左傳》和《國語》所言之八風原源自於殷商時代之四方風，但是《左傳》和《國語》都沒有將八風加以命名，直到戰國末年和西漢初年，中國先民始將八種風向分別加以命名（見本書第三章第十節及第四章第一部分第一節）。又按《周禮・春官大師》：播之以八音，金、石、土、革、絲、木、匏、竹，注：金、鍾鎛也；石、磬也；土、塤也；革、鼓鼗也；絲、琴瑟也；木、柷敔也；匏、笙也；竹、管也。音為風聲，因稱八風。自然音籟，物類交感，播為八音。

第三節　《管子》論述氣候對於人體健康之影響，並論述雲形與降雨之關係

一、論述氣候對於人體健康之影響

舊書題《管子》係春秋初期，齊國大政治家管仲所著，《管子》^(註5)卷十八〈度地篇〉有云：

「春三月天氣乾燥，山川涸，天氣下，地氣上，萬物交通，故事已，新事未起。草木萌，生可食。寒暑調，日夜分，分之後，夜日益短，晝日益長，……夏三日，天地氣壯，大暑至，……。夏有小露，原煙噎下；百草，人采（採）食之，傷人，人多疾病而不止，民乃恐殆。君令五官之史與三老里有司伍長行里順之，令家起火溫其田與官中，皆蓋井，毋令毒下及食器，將飲傷人。有下蠱傷禾稼，凡天蠱害之下也，君子謹避

之，故不八九死也。大寒、大暑、大風、大雨，其至不時也，謂之四刑，或遇之以死，或遇之以生，君子避之，是亦傷人。」

按「天氣下，地氣上」之意，後來在《范子計然》中曾經把它解釋為「風為天之氣，雨為地之氣」，「天之氣下降，地之氣上升」可見春秋初期，中國人已初步瞭解風與雨之關係以及水汽蒸發之雛形觀念。

〈度地篇〉中曾詳論四時氣候影響到作物，而間接影響到人類健康與疾病情形。兩百五十年後，希臘醫療氣候學家希卜克拉帝（Hippocratus）也在《空氣、水與地》（*Airs, Water and Place*）中論述氣候影響人類生活之情況。又〈度地篇〉言氣候失調時，容易招致瘟疫流行，尤以夏暑時為甚，故皇帝乃下令「五官之吏」（相當於今日之衛生局局長）及地方百官將感染瘟疫區域之田地房舍放火焚燬，並封水井，以防止瘟疫的蔓延。

二、論述雲形與降雨之關係

《管子・侈靡篇》言：

「雲平而雨不甚，無委雲，雨則遫已。」

按上段言雲塊如果比較平坦時，則雨不會下得很大。如果沒有不斷聚集的雲，則雨很快就會停止。可見當時中國人對雲的狀態與降雨的關係已有所認識。

三、節氣與物候

《管子》中已有清明、大暑、小暑、始寒、大寒等五個節氣之名稱，比《詩經》中所記載的更多了！但是物候方面的論述尚少。《國語・里革斷罟匡君》中也僅有「大寒降，土蟄發」之語，足證當時有關物候的記載尚少。

第四節　《禽經》和《師曠占》中之占候法

一、禽經

舊書說春秋時代著名的大樂師師曠撰有《禽經》^(註6)，《師曠占》及《雜占》^(註7)等，雖然後人考證《禽經》和《師曠占》係後人依託者，而非師曠所撰，但是由舊書題晉張華注以及《禽經》資料內容多引自《爾雅》（西周時代），又言及孔子時代之事、東漢《論衡·變動篇》又出現「天且雨，商羊舞」等觀之，《禽經》和《師曠占》等成書時間必在春秋以後，東漢以前。《禽經》係描述飛禽和鳥類的專書，其中有云：

> 「風翔則風。
>
> 　風禽鳶類，越人謂之『風伯』，飛翔則天大風。」

按「風翔則風」，翔者舒翼也，動也，蓋氣動則為風之概念已存。又謂稱為風伯的鳥，性喜在低空有大風時飛翔，所以當吾人看到「風伯」在飛翔時，即可知低空有大風。

《禽經》又云：

> 「雨舞則雨。
>
> 　一足鳥一名商羊，字統曰商羊一名雨，天將雨，則飛鳴，孔子辨之于齊庭。」

按《禽經》所言：稱為商羊的一足鳥能預知陰雨，天將雨，則飛鳴，故觀察其動作，可預知天之將雨。及漢以後《論衡·變動篇》亦言：「天且（將）雨，商羊舞」（見本書第四章第十五節）。《孔子家語》（傳三國時魏人王肅撰）〈辨政篇〉亦云：

> 「齊有一足之鳥，飛習於公朝，止於殿前，齊侯使使聘魯問孔子，孔子曰：此鳥名曰商羊，水祥也，昔童兒謠曰：天將大雨，商羊鼓儛。」

由此可見，《論衡·變動篇》所言：「天且雨，商羊舞」，《孔

子家語・辨政篇》所言「天將大雨，商羊鼓儛」與《禽經》所言「雨舞則雨」，皆是指同一件事實——商羊能預知天雨。按商羊又叫做鸕鷀，獨足，文身赤口，不吃稻粱，聲如人嘯，天將雨，則鳴且舞。此亦為中國先民藉觀察動物的動作和行為而預測天氣之又一例子。

二、《師曠占》及《雜占》

《師曠占》有云：

> 「占雨候月知雨多少，入月一日二日三日，月色赤黃者，其月少雨，月色青者，其月多雨，常以五卯日候西北有雲如群羊者，即有雨至矣。日上有冠雲，大者即雨，小者少雨。」

按上述言由於西北風帶來黃沙，能見度不佳，故月色赤黃。又因秉性乾燥，故其月少雨。大氣對流作用旺盛時，能見度較佳，故月色青，其月多雨。雲如群羊，乃層積雲，雨徵也。日上有冠雲，指太陽周圍有日暈存在，而日暈主雨，相當於西諺所云：「日暈愈接近潮濕。」（「Halo is near moisture.」），「日暈弄濕了牧羊人。」（「Halo wets shephered.」）

又《雜占》云：

> 「春雨初起音恪恪者，所謂雄雷，旱氣也。其鳴依依者，不大霹靂者，謂之雌雷，水氣也。」

此為師曠藉雷聲之不同以占水旱之法。

第五節　《范子計然》對氣象水文循環觀念首先有所啟示

《范子計然》又稱《計倪子》（註8），舊題西元前第四世紀越國范蠡所作，今人疑為後人所追述者。該書曾云：

> 「風為天之氣，雨為地之氣，風順時（順應季節）而行，雨應風而下（降），命曰（吾人可謂）：天之氣下（降），地之氣上升，陰陽交通，萬物成矣。」（亦見於成書於戰國時代的

《黃帝內經·素問陰陽應象大論篇》第五所言：「地氣上為
雲，天氣下為雨；雨出天氣，雲出天氣。」意思是一樣的）。

此說明風是天上之氣流，雨是地面上的水汽所形成的，可見當時
對風和雨的成因已有一些瞭解。又說明風、降雨與水汽之蒸發變化情
形，證明中國古人對氣象水文循環觀念已有所啟示；而今人對水文循
環原理則已有更多的瞭解，茲將其圖解列於本書（見圖七）以資比
較。

第六節　《道德經》之占候經驗

戰國時代老子《道德經》（註9）有云：

「飄風不終朝，驟雨不終日。」

按上述兩句言旋風（急風）不會持續一整天，急雨也不會持續一
整天。意謂急風驟雨將很快轉晴。此種占候法乃得自於長久之經驗。

第七節　《莊子》論雲雨之關係及風之成因

戰國時代《莊子》（註10）〈天運篇〉云：

「雲者為雨乎？雨者為雲乎？」

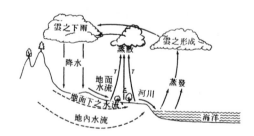

圖七　今人所瞭解之水文循環原理圖解。圖中之 E 表示蒸發作用，T 表示葉蒸作用，(I)＝蒸發－截留
損失。

按上述兩句謂雲可形成雨，地面上之雨乃來自空中之雲，說明雲雨之密切關係，其立論之確，不下於近代德國氣象大師柯本氏（W. Köppen）所稱：「雲為空中之霧，霧為地面之雲」一語。

《莊子・齊物論篇》又曰：

> 「夫大塊噫氣，其名為風，是唯無作，作則萬竅怒號，而獨不
> 聞之翏翏乎？」

此說明風是空氣流動而形成的。與希臘古代科學家亞里斯多德言風是空氣流動而形成者（Wind is simply a moving current of what we call air.）之時代相當。《莊子・齊物論篇》更說大風一起，大地上所有的洞穴遇到風，都會發出聲音來，你不曾聽過，長風嗚嗚的聲音嗎？

第八節　〈夏小正〉記述物候與節氣，並述及東風之名稱

〈夏小正〉（註11）乃《大戴禮記》中之一篇，全篇共分十二月，內容所述悉關於月令者，係古代對物候作有系統敍述之始也。惟每月所記物候，殊不一致，多者達十五候（正月份），少者僅一候（六月份），總共有六十五候。至於二十四節氣名稱方面，於本篇中僅見啟蟄一個而已，然而物候方面的內容，此時已經相當豐富。

周朝時代的《山海經》曾經述及「東方曰折，來風曰俊」，至春秋時代《國語・周語耕耤》又曰：「先時五日，瞽告有協風至。」〈夏小正〉也說：「正月時有俊風。」其中所言的協風和俊風都是指東風。

第九節　中國歷史上最早的紅雨紀錄

戰國時代，周赧王三十一年有雨血之記載，云：「赧王三十一年雨血，齊千乘、博昌間方數百里，雨血沾衣。……。」（註12）此乃中

國歷史上最早之紅雨紀錄，自此以後，有關紅雨之紀錄在史書上記載頗多（見《文獻通考》及《圖書集成·庶政典》）。

雨血，乃紅泥雨（黃色者則稱黃泥雨），古人疑之為不祥之兆，實乃狂風（或旋風）將遠地之紅沙或充滿紅色污泥之水捲升到高空氣流中，而復降落於他處之現象。

第十節　《呂氏春秋》首先就八風向分別加以命名，並首創雲狀的分類法

戰國時代，秦國在七國中最強，無論是政治、經濟、農業、文化、軍事各方面，秦國都比其他六國要勝一籌，以學術來說，也是人才最多的一國，呂不韋門人所合撰之《呂氏春秋》，便是最好的例子，《呂氏春秋》[註13]在月令氣候方面、八種風向的命名和季風之認識方面、水文循環原理方面以及雲狀的分類、雲氣的占候方面，皆有不少的創見，茲分別闡述如下：

一、《呂氏春秋》在月令氣候方面之貢獻

《呂氏春秋》十二紀乃記載月令氣候者，每紀一月，共十二篇，分春夏秋冬四季，每季三月，以孟仲季區別之，現行曆書二十四節氣中之立春、雨水、立夏、小暑、立秋、白露、霜降、立冬等名稱已見於十二紀，加上「日長至」，「日短至」，「日夜分」（指春分秋分）共十二節氣比《左傳》中之分（春分、秋分）、至（夏至、冬至）、啟（立春、立夏）、閉（立秋、立冬）增加四個，而且更加明確，惟十二紀中二至稱「日長至」，「日短至」，二分曰：「日夜分」，與現行之夏至、冬至、春分、秋分略異耳。至於物候方面，十二紀中所載之內容與〈夏小正〉所載者大同小異，僅候數方面比〈夏小正〉所載者有所增加。

二、首先將八風向加以命名，對季風也有初步之認識

《呂氏春秋·有始》有云：

「何謂八風？東北曰炎風，東方曰滔風，東南曰熏風，南方曰
巨風，西南曰淒風，西方曰飂風，西北曰厲風，北方曰寒
風。」

此乃中國歷史上最早有八種風向名稱之記載（其圖解見圖八）。

又《呂氏春秋・上農》有云：

「春之德風，風不信，則花不成。」

按上段所言，意謂春天應吹暖和的東風和東南季風，此季風若不
屆期而來，則花將不會開。此為信風或花信風之濫觴，亦為古人認識
東南季風之始。

三、對水文氣象循環原理之認識

《呂氏春秋・季春紀圓道》中有云：

「水泉東流，日夜不休，上不竭，下不滿。小為大，重為輕，
圓道也。」

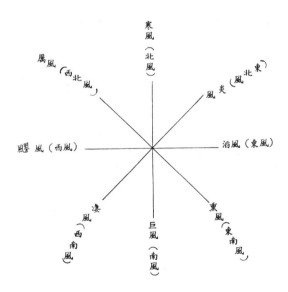

圖八　戰國末年呂氏春秋中所定的八種風向說明圖。

　　此言小者泉之源也，向東流，日夜不止。集於海是為大也。水濕而重，升作為雲，是為輕，此乃循環之道也。由此可見當時對雲、降水和水汽三者之間的循環關係已有相當的認識。

　　四、雲狀的分類和雲氣占候方面之創見

　　《呂氏春秋》卷十三〈名類篇〉有云：

　　　「山雲草莽，水雲魚鱗，旱雲如烟，雨雲水波。」

　　按雲狀與天氣有極密切之關係，古人雖無今日繪製天氣圖之技術，又無低氣壓理論之知識，但是憑藉經驗，亦能觀測出某種雲在雨前，某種雲在雨後，某種雲應為某種天氣或某種雨之前兆。「山雲草莽」指山區積雨雲及積雲，其形如草莽狀。「水雲魚鱗」指卷積雲，按暖鋒面即將來臨之前，其雲狀之經過依次為卷雲——卷層雲——卷積雲（或高積雲）——層積雲及高層雲（加上降水）——雨層雲（降水）。至卷積雲，再往下變，已成陰雨天氣，故曰「水雲」。「旱雲如烟」指卷雲；因輕纖之卷雲適如烟紋也。輕纖卷雲持久時，乃晴天之預兆，故曰「旱雲」。「雨雲水波」指碎層雲和層積雲，因為碎層雲和層積雲頗似水波，能夠降水，甚至可進一步變成雨層雲，帶來更多的雨水，故曰「雨雲水波」。此為中國歷史上最早之雲狀合理分類法，也是世界上最早的雲的分類法。

　　五、暈珥之記載

　　《呂氏春秋・明理》有云：

　　　「日有倍僑，有暈珥。」

　　按倍僑即背鐍，乃今日之霍爾暈也，珥乃四十六度暈部分之側弧，言似耳環也。此為「倍僑」及「暈珥」之首次記載。

註 1 ：《春秋》，作者不明，有云孔子據魯史而作春秋。

註 2 ：《左傳》，春秋初期，東周貞定王十九年至東周考王十一年（西元前 450～西元前 430 年）間，左丘明編成。

註 3 ：《*Science and Civilisation in China*》, By Joseph Needham. 鄭子政譯。第六冊 p.27。

註 4 ：《國語》，相傳春秋初期左丘明著。

註 5 ：《管子》。舊題春秋初，東周襄王二年（西元前 650 年），齊管仲編，凡二十四卷，
　　　後人附益者多，故事中多言管子後事，疑古派認為該書成於戰國時代。

註 6 ：《禽經》，舊本題春秋時代師曠著，晉張華註，全書凡一卷。後人疑該書出於偽託。

註 7 ：《師曠占》及《雜占》，舊本題春秋時代師曠著，後人疑該書成書於春秋之後，出
　　　於偽託。

註 8 ：《范子計然》（計倪子），春秋時代東周安王二年（西元前 400 年）越國范蠡作。
　　　近世疑古派認為該書係後人所追述者。

註 9 ：《道德經》，戰國時代周赧王十五年（西元前 300 年）時李耳所著。

註 10：《莊子》，戰國時代周赧王二十五年（西元前 290 年）莊周撰。

註 11：〈夏小正〉西周末年至春秋年間。作者不明，或言言子夏所作史稱《大戴禮記》。

註 12：《圖書集成‧庶政典》，清世宗雍正四年（西元 1726 年）陳夢雷等人編撰。六編三
　　　十二典一萬卷

註 13：《呂氏春秋》，戰國末年至秦初，秦呂不韋使其門客所撰，凡二十六卷，分八覽，
　　　六論，十二紀，二十餘萬言。

第四章　秦漢時代

（秦始皇帝二十六年～東漢靈帝中平二十四年，西元前 221 年～西元 220 年）

完成二十四節氣和七十二物候，開始有
濕度的觀測，並發明銅鳳凰和相風銅烏

　　秦始皇統一六國後，曾燒詩書百家語；而自統一六國起至秦亡，前後僅十五年，故其間並無有關氣象學術思想方面之創見問世。漢祚則比較長久，前漢、後漢前後共達四百餘年，國勢強盛，學術和科學技術也比較發達，故在氣象學方面也有不少的發明和創見，例如完成二十四節氣及七十二物候之論述，首創風向、風速、雨量、濕度之觀測，分析日暈之構造（分為十暈）、區分八種風向等等。

　　漢代中國人對於天氣現象的解釋，頗受陰陽五行思想的影響，所以作者在此先介紹一下陰陽五行的淵源。陰陽五行（水、火、木、金、土）原為春秋戰國時陰陽家鄒衍所創，到了前漢，又經過劉向、董仲舒之發揚，而大為盛行，以致深深地影響中國人之自然觀、科學觀和宇宙觀達二千數百年之久，漢代之氣象學識由於受到陰陽五行思想之影響，以致常有附會陰陽五行，以陰陽五行來加以解釋者，令今人讀之，不免覺得詭誕荒謬；但是亦多憑藉當時常識經驗加以論斷，說理平易，而與現代氣象學解釋暗合者。

第一部分　漢代之氣象知識和氣象學術思想

第一節　《淮南子》完成二十四節氣，首先描述風和濕度的觀測方法

　　成書於西漢武帝時的《淮南子》(註1) 共分二十一卷，內多有關

自然界現象之論述，淮南子在氣象學術上之貢獻極多，主要者為首先完成二十四個節氣之論述，首創風及濕度之觀測，解釋水文循環原理，雲雨之關係和雷電之起因，區分一年中的風季，建立一些占候法等等，茲分別敍述如下：

一、完成二十四節氣之論述，整理物候之內容

《淮南子》卷三〈天文訓〉有載：

「冬至音比黃鐘（指十一月），加十五日指癸則小寒，……加十五日指丑則大寒，加十五日……而立春，加十五日指寅則雨水，加十五日指甲則雷驚蟄，……加十五日指卯曰春分，……，加十五日指乙則清明，……，加十五日指辰則穀雨，……，加十五日指常羊之維，……而立夏，……，加十五日指巳則小滿，……，加十五日指丙則芒種，……，加十五日，……而夏至，……，加十五日指丁則小暑，……，加十五日指未則大暑，……，加十五日指背陽之維，……，而立秋涼風至，加十五日指申則處暑，……，加十五日指庚則白露降，加十五日指酉……故曰秋分，……加十五日指辛則寒露，……，加十五日指戌則霜降，……則加十五日指蹠……而立冬，……加十五日指亥則小雪，……，加十五日指壬則大雪。」

按〈天文訓〉所載，其中共有二十四個節氣，漢武帝時，並據此二十四個節氣與星象而作太初曆，該二十四節氣一直為後人沿用至今，未嘗改變。

《呂氏春秋》十二紀所載物候多達八十三條，而《淮南子・時則訓》則把十二紀加以整理，刪去十條，並將其他各條的文字略加更易或刪除，而成七十三候，惟《淮南子》尚按月而論節候，且各個月之候數自四條至九條不等。

二、風、季風及濕度之觀測

《淮南子》卷十一〈齊俗訓〉有云：「譬倪之見風，無須臾之閒

（間）定矣。」桂馥云：「船上候風羽謂之倪，能諜（探）知風信也。」朱駿聲則謂倪為綄。

《淮南子・敘目》又云：「綄之候風，許注云，綄，候風者，楚人謂之五兩，東漢高誘注，則綄作倪云，世謂之五兩。」

《淮南子》又云：「故終身齗於人，譬若綄之是風也。」

按上述三文中之「綄」和「倪」，係飄揚之旗旛（用羽毛做成旛），能測風信之所自，乃漢代中國人用以候風者也，世稱「五兩」，蓋言所採用羽重五兩也。由「倪之見風，無須臾之閒定（安定）矣。」可見這種風向器還相當靈敏。

《淮南子》卷四〈墜形訓〉有云：

「何謂八風？東北曰炎風，東方曰條風，東南曰景風，南方曰巨風，西南曰涼風，西方曰飂風，西北曰麗風，北方曰寒風。」

按此八種風向之區分法與《呂氏春秋》有始之分法一樣，僅一些名稱有所不同而已（見圖九）。

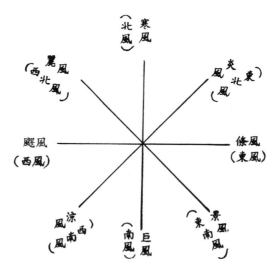

圖九　西漢武帝時《淮南子》中所定的八種風向說明圖。

《淮南子》卷三〈天文訓〉又云：

> 「何謂八風距？日冬至四十五日條風至，條風至四十五日明庶
> 風至，明庶風至四十五日清明風至，清明風至四十五日景風
> 至，景風至四十五日涼風至，涼風至四十五日閶闔風，閶闔風
> 至四十五日不周風至，不周風至四十五日廣莫風至。」

《說文》^(註2)將之解釋為：

> 「東北曰條風，東方曰明庶風，東南曰清明風，南風曰景風，
> 西南風曰涼風，西方曰閶闔風，西北風曰不周風，北風曰廣莫
> 風。」

此乃證明當時國人已略知季風演變之過程。與現時在中國大陸冬
夏季風之變化暗相吻合。

《淮南子》卷三〈天文訓〉又云：「燥故炭輕，溼故炭重。」卷
十七〈說山訓〉有云：「懸羽與炭，而知燥溼之氣，以小見大，以近
喻遠。」又曰：「濕，易雨。」卷二十〈泰族訓〉又云：「溼之至
也，莫見其形而炭已重矣。」

可知當時雖無濕度表和濕度計，但是中國人在西漢時代已能運用
類似天平之衡重工具來測定空氣之濕度。在衡重工具之兩端懸掛羽毛
和富吸濕性之木炭等，權其輕重，以測驗空氣中所含水汽之多寡（後
世國人則據此作降雨之預測）。其理在於炭富吸濕性，故空氣乾燥，
則炭輕；空氣潮濕，則炭重。而懸羽毛和焦炭，足以測驗空氣之乾燥
或潮濕（見圖十），可見萬物可以小見大，以近喻遠。而西人直到明
景宗景泰元年（西元1450年）才有類似之觀測，即德國人庫薩（Nic-
ula de Cusa）懸掛羊毛球（有吸濕性）和石塊，用以測定空氣的濕
度，但是比中國人晚一千六百年。

我國西漢時代的先民也已經發現，利用琴弦的變化可以測定大氣
濕度的變化，並預測天氣的晴雨。《淮南子‧本經訓》上說：

> 「風雨之變，可以音律知之。」

意思是說，可以根據琴瑟之弦的音律變化，測知天氣狀況的變化

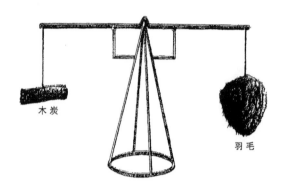

木炭

羽毛

圖十　西漢時代中國人發明的天平式濕度計（左為木炭，右為羽毛）。

（實際上是大氣濕度已起了變化）。

三、解釋水文循環原理及雲雨之關係

《淮南子》卷四〈墜形訓〉有云：

　　「黃泉之埃上為黃雲，……，上者就下，流水就通，而合於黃
　　海。」

　　「青泉（或白泉）之埃上為青雲（或白雲），……，上者就
　　下，流水就通，而合於青海（或白海）。」

按上文中之「上者」似指雲，「就下」似指降落為雨，說明雲雨
可以形成河流，再流入海中。而其中所言各種雲之色澤，實與埃上環
境無關，故不能以雲的色澤來說明海水的顏色。

又《淮南子》卷三〈天文訓〉有云：

　　「天之偏氣，怒者為風，地之含氣，和者為雨，陰陽亂而為
　　霧，陽氣勝，則散而為雨露，陰氣勝則凝而為霜雪。」

按上文中，若以「怒」作動解，「陰陽」作寒暖解，則以之說明
空氣流動可成風，水汽可化成雨，並說明霧、露、霜雪之成因，則似
尚與近代氣象學理相通。

《淮南子》卷二〈俶真訓〉有云：

「周雲之籠蓗遼巢彭濞而為雨。」

按上文係言密雲經過聚合和蘊積作用以後即成為雨，基本上符合氣象學原理。可見當時中國人已知道降雨之原因。

《淮南子》卷三〈天文訓〉有云：

「陰陽相薄（薄即迫也），感（感即動也）而為雷，激而為霆。」

又卷四〈墜形訓〉云：

「陰陽相薄為雷，激揚為電。」

按今日大氣電學稱大氣中之正電（陽電）荷和負電（陰電）荷互相接觸乃成雷電。化學中亦有陰離子和陽離子之分。而西漢時代中國人卻已經知道雷電之起因，也已經知道自然界中有「陰」「陽」（正負）兩者之存在了。

四、建立一些占候法

《淮南子》中曾論述一些占候法，茲例舉如下：

1. 《淮南子》卷一〈原道訓〉有云：

「雨師灑道，風伯掃塵。」

按「雨師」指畢星，即「月離於畢，俾滂沱矣」。「風伯」乃箕星，言「月離於箕」，則將有大風揚沙。

2. 《淮南子》卷十〈繆稱訓〉有云：

「鵲巢知風之所起，獺穴知水之高下，暉目知晏，陰諧知雨。」

按上文之意謂來年若多風，則鵲作巢卑。水之所及，則獺避而為穴。天將轉晴時，暉目（鳩鳥）則鳴。天將陰雨時，陰諧（雌鳩鳥）則鳴。乃時人藉動物之感覺以預測天氣者也。

3. 《淮南子》卷二十〈泰族訓〉有云：

「風之至也，莫見其象而木已動矣！……天之且（且乃即將之意）風，草木未動，而鳥已翔矣！其且雨也，陰曀未集，而魚已噞矣！」

按本文意謂颱風之前，草木未動，鳥已飛翔。天色陰雨之前，魚已群出動口，言鳥巢居能預知風之將起，魚潛居能預知雨之將至也。亦時人藉觀察動物之行為以預測天氣者也。

第二節　《禮記‧月令》和對旱潦之預測

完成於西漢初葉的《禮記》（註3），其中有〈月令〉一章專論物候和旱潦之預測者，茲分別論述之。

一、有關物候之敍述

《禮記‧月令》中有部分按節氣而論物候，惟所論物候與《呂氏春秋》及《淮南子》大同小異，僅將物候之內容增至八十七條而已，茲將《禮記‧月令》中所記的物候敍述如下，以作物候研究參考之張本：

「孟春之月（正月），東風解凍，蟄蟲始振，魚上冰，獺祭魚，鴻雁來。是月也，以立春，……，天氣下降，地氣上騰，天地和同，草木萌動。

仲春之月（二月），始雨水，桃始華，蒼庚（黃鶯）鳴，鷹化為鳩（班佳）。玄鳥（燕子）至，……。是月也，日月分，雷乃發聲，始電，蟄蟲咸動，開戶始出。

季春之月（三月），桐始華，田鼠化為鴽（一種小鳥，又名鵪鶉），虹始見，萍始生，……，鳴鳩拂其羽，戴勝（一種屬於鳴禽類之鳥類）降於桑。

孟夏之月（四月）螻蟈（蛙）鳴，丘蚓出，王瓜生，苦菜秀……。是月也，以立夏，聚蓄百藥，靡草（枝葉細者）死，麥秋至，……。

仲夏之月（五月），小暑至，螳螂生，鵙（伯勞）始鳴，反舌（一種候鳥）無聲，……。是月也，日長至，鹿角解，蟬始鳴，半夏（一種草名）生，木堇（即木槿，一種錦葵科落葉灌

木）榮。

季夏之月（六月），溫風始至，蟋蟀居壁，鷹乃學習，腐草為螢，土潤溽暑，大雨時行（意謂梅雨期多暴雨）。

孟秋之月（七月），涼風至，白露降，寒蟬（寒蜩，似蟬）鳴，鷹乃祭鳥。是月也，以立秋，天地始肅，……，農乃登穀，……。

仲秋之月（八月），盲風至，鴻雁來，玄鳥（燕子）歸，群鳥養羞。是月也，日夜分，雷始收聲，蟄蟲俯戶，殺氣浸盛，陽氣日衰，水始涸。

季秋之月（九月），鴻雁來賓，爵（雀）入大水為蛤，菊有黃華，豺乃祭獸戮禽，……。霜始降，草木黃落，蟄蟲咸俯在內，皆墐（塗封）其戶。

孟冬之月（十月），水始冰，地始凍，雉入大水為蜃，虹藏不見。是月也，以立冬，……，天氣上騰，地氣下降，天地不通，閉而成冬。

仲冬之月（十一月），冰益壯，地始坼（裂開），鶡鴠（山鳥）不鳴，虎始交，是月也，日短至，……，芸始生，荔挺出，蚯蚓結，麋角解，水泉動。

季冬之月（十二月），雁北鄉（向），鵲始巢，雉雊（雄雉鳴），雞乳，……，征鳥厲疾，……，冰方盛，水澤復堅。」

二、對旱潦之預測

《禮記‧月令》有以下之記載：

「孟春（正月）行夏令（南風），則雨水不時（無雨），行秋令（西風），則暴雨忽至（指氣旋風暴過境），行冬令（東北風），則水潦為敗（指東北季風雨）。季春（三月）行夏令，則時雨不降，行秋令，則滛雨早降。時雨將降，下水上騰。孟夏行秋令，則苦雨數來，六月中氣後五日，大雨時行，天下時

雨，山川出雲，風雨不節則饑，疾風迅雷甚，雨則必變。」

按上述種種情形乃當時中國先民對每一季節旱潦之預測方法。「孟春行夏令」和「季春行夏令」表示早春和晚春時，太平洋副熱帶高壓勢力強盛，南風盛行，乃將鋒面推至北方，故中原及江、淮、華南區域時雨不降（見圖十一），現在亦常有這種情形出現。

第三節　《西京雜記》論雨雪之成因

《西京雜記》（註4）〈董仲舒雨雹對〉有云：

「二氣之初蒸也，若有若無，若實若虛，若方若圓，攢聚相合，其體稍重，故雨乘虛而墜。風多則合速，故雨大而疏，風少則合遲，故雨細而密。其寒月（冬季）則雨凝於上，體尚輕微，而因風相襲，故成雪焉，寒有高下，上暖下寒，則上合為

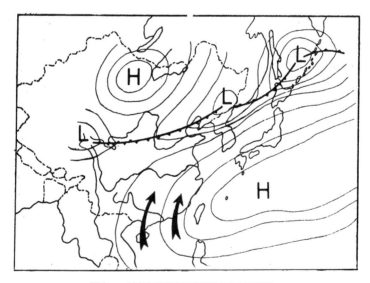

圖十一　早春和晚春南風盛行時之地面天氣圖。

大雨，下凝為冰霰雪是也。」

按「二氣之初蒸也，若方若圓」皆係虛妄神怪之詞，不值一解。但是董仲舒認為雨滴的形成係雲中水滴互相拼合而成者，風愈大，則拼合愈快，水滴體積及重量均愈大而較疏（反之風小則合緩，故雨細而密），最後水滴因受到地心引力而下墜成雨，基本上和現代暖雲降雨理論相符合。上文中所言「攢聚相合，其體稍重，故雨乘虛而墜」之論亦與現代之降雨理論暗合。

雪與雨之成因相同，但大氣溫度在攝氏零度以下時，雲中水汽則凝結為雪及霰（今人謂水汽凝結緩慢者則成雪，凝結急驟者則變成圓粒狀之霰）。董仲舒所主張「寒有高下，上暖下寒，則上合為大雨，下凝為冰霰雪是也」之論似與此說相吻合。而「上暖下寒」以氣溫環境論，屬於穩定性。董仲舒又主張「寒月（冬季）則雨凝於上，……，而因風相襲，故成雪焉」，認為雪是冬季時，雨在上層凝結，再受風之吹襲而形成者，此相似於今人之雪之液體形成說。

第四節 《周禮》分析日暈之結構

成書於西漢時代的《周禮》（註5）曾論及節氣和眡祲掌天文氣象觀測預報之事，茲敘述如下：

一、《周禮》之論節氣

《周禮·春官》大史有云：

> 「正歲年以序事。」疏：「一年之內有二十四氣，節氣在前，中氣在後，節氣一名朔氣，朔氣右晦，則後月閏，中氣則前月閏，節氣有入前月法。」

這是論節氣的文獻。

二、掌天文氣象觀測預報的官

《周禮·保章氏》有云：

> 「眡祲以五雲之物辨吉凶水旱，降豐荒之祲象，以十有二風察

天地之和命，乘別之妖祥。」

按眂祲乃當時職掌天文氣象觀測及預報之官吏，《周禮》中稱之為先知之吏，五雲指五種雲色（見本書第三章第二節《左傳》中所記載有關雲的觀測）。「風」指教化之意。當時眂祲官之職掌即為觀測雲之變化情況，而從事預測，並掌管各地的教化工作。

三、分析日暈之結構

《周禮·春官》有云：

「眂祲掌十煇之法，以觀妖祥，辨吉凶，蓋以察天之變象，而以測人事之吉凶。」

「十煇一曰祲，謂陰陽五色之氣浸淫相侵或抱珥（乃侵略性之暈），如虹而短是也，背僪之屬。二曰象，雲氣成形象，如赤鳥夾日以飛之類。三曰鑴（金屬鐘鼎飾物），日旁氣刺日，形如童子所佩之鑴。四監，雲氣臨在日上也（即霍爾暈部分之上弧）。五曰闇，日月蝕或日脫光也（日光暗）。六曰瞢，不光明也（謂受霧靄障蔽，隱暗無光也）。七曰彌（滿也，完整之幻日環），白虹彌天而貫日也。八曰序，氣如山而在日上或日冠珥，背僪重疊以序，在於日旁。九曰隮，暈氣也，或曰虹，即朝隮於西者也。十曰想，謂氣五色有形想也（乃假想之雲形也）。」

按《周禮》雖成書於西漢初葉，但內容有周末之事，可見周代先民對於大氣光象之變化，已有所辨識。日暈完整之形象觀測，殊不易睹，而古人能辨暈之結構，如是清楚，惜在暈與虹之間莫辨，可能古代日暈顯現之頻率較繁，而得以詳加辨別。當時眂祲又掌管解釋上蒼之意旨，以安撫百姓之責任，自年初即從事觀測天象，而於年終作分析解釋。

第五節 京房創占候的方法，並解釋霓的意義

一、《易飛候》中的占候方法

漢武帝時之方士京房氏乃占風雨，解災異之名家，著有《易飛候》和《易傳》（註6）等書，《易飛候》內有〈雨占〉一卷，其中有云：

> 「凡候雨，以晦朔弦望雲漢，四塞者，皆當雨。如斗牛戴，當雨暴。有異雲如水牛，不三日大雨。黑雲如群羊，奔如飛鳥，五日必雨，如浮船，皆雨。北斗獨有雲，不五日，必雨。四望皆見白雲，名曰天寒之雲。雨微有蒼黑雲，細如杼軸，蔽日月，五日必雨，雲如兩人提鼓持桴，皆為暴雨。」

按上文中所言雲如斗牛戴，如水牛，可能即積狀雲，故將有大暴雨。黑雲如群羊，奔如飛鳥，可能即今之層積雲和碎狀雲，乃雨徵也。而雲如杼軸，可能即莢狀高積雲也，表示空氣不穩定，故可兆雨。雲如浮船，如兩人提鼓持桴，可能指積雨雲中之砧狀雲，乃大雷暴雨之徵也。北方有雲，乃暖鋒前之兆，不五日，鋒面將過境，故必雨。其餘皆為經驗之談，不足盡信。

又《易飛候》之〈星經〉有云：

> 「太一星在天，一南半度，天帝種主十六種知風雨水。」

〈風角要訣〉亦云：

> 「候雨法有：黑雲如一疋帛日中，即日大雨，二疋為二日雨，三疋為三日雨。」

上述〈星經〉及〈風角要訣〉所言之預報法則，語焉不詳，殊難以信，但是足以證明漢代京房氏曾經殷切地希望能對降雨加以預報。

二、解釋霓的意義

《易傳》有云：

> 「蒙如塵雲，蜺，日旁氣也。」

按蚖係霓，此為解釋霓之論。

第六節　《東方朔別傳》解釋觀測風向的原理

漢代郭憲所撰之《東方朔別傳》（註7）有云：

> 「孝武作未央殿前。天新雨，東方朔屈指獨語。上問之。對
> 曰：殿後柏枝有鵲立，東向鳴，視之果然。上問何以知之。朔
> 曰：風從東來，鵲尾長，當順風而立，是以知也。」

按「鵲尾長，當順風而立」意謂若鵲尾面積甚大，且與風向成九十度時，則承風之面積也甚大，鳥類須用大力以抵抗之；若角度愈小，則承風之面積亦愈小；迨成零度時（即與風向平行），承風之面積最小，且鳥尾之兩側所受之風力相等，故此時鳥尾最省力。近世所使用之風向計，其原理即與此相似。可見東方朔當時已知此理。

《東方朔別傳》又曰：

> 「凡占長吏耕，當視天有黃雲如覆車，五穀大熟。」

按黃雲如覆車即今日所言之霾雲。諺云：六月不熱，五穀不結。天空有霾，則晴而熱，故五穀大熟。即說明其理。

第七節　《海內十洲》敍述奇異光象

中國古代有關奇異光象之記載甚早，前已記述甚詳，至西漢時代《海內十洲》（註8）又記曰：

> 「崑崙之山上有瓊華之室，紫翠丹房，景雲燭日，朱霞流光。」

按「景雲燭日，朱霞流光」即是一種奇異的光象，惟文中記載未見詳實，故吾人無法判定它是何種光象。

第八節　《河圖緯括地象》論水汽之蒸發作用

《河圖緯括地象》[註9]係專論地面上所有徵象之書，其中有云：

> 「崑崙山有水，水氣上蒸為霞，而赫然。」

此言崑崙山上有河流流經其上，河流上之水汽因蒸發作用而上升到天空，乃形成彩雲。此亦為有關水汽蒸發作用之論述。

第九節　《春秋緯元命苞》解釋各種天氣現象

成書於西漢武帝末期之《春秋緯元命苞》[註10]有云：

> 「暈，日月旁氣也，霾，風雨土也，陰陽聚為雲，陰陽怒則為風，陰陽和而為雨，陰陽激為電，陰陽交為虹蜺，陰陽凝為霜，陰陽氣亂而為霧。」

按「陰陽激為電」與今日所言雷電之起因相合，若以「寒暖」作陰陽解註，則雲、風、雨、霜、霧等氣象現象變化尚可解釋，但「陰陽交為虹蜺」則不可解。

《春秋緯元命苞》又云：

> 「堯母慶扶升高丘，有雲如彪。」

按「有雲如彪」係指今日之積雲和積雨雲。

第十節　《易緯通卦驗》以節氣為標準，討論物候

《易緯通卦驗》[註11]對氣象學之貢獻有二，一為區分八風季，一為以二十四節氣為標準，討論物候，茲分別討論如下：

一、區分八風季

《易緯通卦驗》有云：

> 「八節之風，謂之八風。冬至，廣莫風至；立春，條風至；春分，明庶風至；立夏，清明風至；夏至，景風至；立秋，涼風至；秋分，閶闔風至；立冬，不周風至。」

按《易緯通卦驗》所論之八風季與《淮南子‧天文訓》所論之八風距相同，見本章第一節《淮南子》篇。

二、以二十四節氣為標準，討論物候

〈夏小正〉、《呂氏春秋》十二紀、《淮南子‧時則訓》、《小戴禮記‧月令》均按月而論節候，迨《易緯通卦驗》始創以二十四節氣為標準，而論物候之方法。它係揉合《淮南子‧天文訓》之二十四個節氣和〈夏小正〉、《小戴禮記‧月令》之各個物候而成者。茲記述如下，以供參考。

一月，立春——雨水降。條風至。雉雊。雞乳。冰解。楊柳禪（美）。
　　　　雨水——凍冰釋。猛風至。獺祭魚。鶬鶊鳴。蝙蝠出。
二月，驚蟄——雷候應北。
　　　　春分——明庶風至。雷雨行。桃始花。日月同道。
三月，清明——雷鳴。雨下。清明風至。元鳥（燕子）來。
　　　　穀雨——田鼠化為駕。
四月，立夏——清明風至而暑。鵲聲蜚。電見。早出龍升天。
　　　　小滿——雀子蜚。螻咕鳴。
五月，芒種——蚯蚓出。
　　　　夏至——景風至。暑且濕。蟬鳴。螳螂生。鹿角解。木堇榮。
六月，小暑——雲五色出。伯勞鳴。蝦蟇無聲。
　　　　大暑——雨濕。半夏生。
七月，立秋——涼風至。白露下。虎嘯。腐草為螢。蜻蚓鳴。
　　　　處暑——雨水。寒蟬鳴。
八月，白露——雲炁五色。蜻蚓上堂。鷹祭鳥。燕子去室。鳥雌雄別。
　　　　秋分——風涼慘。雷始收。蟄鳥擊。元鳥歸。昌盇風至。

九月，寒露——霜小下。秋草死。眾鳥去。

　　　　霜降——候雁南下。豺祭獸。霜大下。草禾死。

十月，立冬——不周風至。始冰。薺麥生。賓爵入大水為蛤。

　　　　小雪——陰寒。熊羆入穴。雉入水為蜃。

十一月，大雪——魚負冰。雨雪。

　　　　　冬至——廣莫風至。蘭射干生。麋角解。曷旦不鳴。

十二月，小寒——合凍。虎始交祭。蚳（蛇）垂直。曷旦入空。

　　　　大寒——雪降。草木多生心。鵲始巢。

　　統計上述物候候數計達八十三候之多，且各個節氣所列之物候有多至六條者，亦有僅一條者，分配不均，是其缺點。

第十一節　《逸周書》集節氣物候之大成，建立二十四節氣和七十二物候

　　《逸周書》又名《汲冢周書》^{（註12）}，全書五十九篇，第五十二篇〈時訓〉乃專論節氣物候者，秦漢以來，能集各種月令物候類書之大成者，即本書之〈時訓篇〉。《逸周書・時訓篇》以節氣為標準，以五日一候，每節每中皆三候，全年二十四氣，共七十二候，分配恰當整齊，且井井有條，遠非《呂氏春秋》十二紀等所可及，所論亦較《易緯通卦驗》為精密。茲將《逸周書・時訓》所述之節氣和物候條列如下：

一月，立春——立春之日，東風解凍。又五日，蟄蟲始振。又五日，魚上冰。

　　　　雨水——雨水之日，獺祭魚。又五日，鴻雁來。又五日，草木萌動。

二月，驚蟄——驚蟄之日，桃始華。又五日，蒼庚鳴。又五日，鷹化為鳩。

　　　　春分——春分之日，玄鳥至。又五日，雷乃發聲。又五日，始電。

三月，清明——清明之日，桐始華。又五日，田鼠化為鴽。又五日，
　　　　　　虹始見。

　　　穀雨——穀雨之日，萍始生。又五日，鳴鳩拂其羽。又五日，
　　　　　　戴勝降于桑。

四月，立夏——立夏之日，螻蟈鳴。又五日，蚯蚓出。又五日，王瓜生。

　　　小滿——小滿之日，苦菜秀。又五日，靡草死。又五日，小暑至。

五月，芒種——芒種之日，螳螂生。又五日，鵙始鳴。又五日，反舌
　　　　　　無聲。

　　　夏至——夏至之日，鹿角解。又五日，蜩始鳴。又五日，半夏生。

六月，小暑——小暑之日，溫風至。又五日，蟋蟀居壁。又五日，鷹
　　　　　　乃學習。

　　　大暑——大暑之日，腐草化為螢。又五日，土潤溽暑。又五
　　　　　　日，大雨時行。

七月，立秋——立秋之日，涼風至。又五日，白露降。又五日，寒蟬
　　　　　　鳴。

　　　處暑——處暑之日，鷹乃祭鳥。又五日，天地始肅。又五日，
　　　　　　禾乃登。

八月，白露——白露之日，鴻雁來。又五日，玄鳥歸。又五日，群鳥
　　　　　　養羞。

　　　秋分——秋分之日，雷始收聲。又五日，蟄蟲培戶。又五日，
　　　　　　水始涸。

九月，寒露——寒露之日，鴻雁來賓。又五日，爵入大水化為蛤。又
　　　　　　五日，菊有黃華。

　　　霜降——霜降之日，豺乃祭獸。又五日，草木黃落。又五日，
　　　　　　蟄蟲咸俯。

十月，立冬——立冬之日，水如冰。又五日，地始凍。又五日，雉入
　　　　　　大水為蜃。

　　　小雪——小雪之日，虹藏不見。又五日，天氣上騰，地氣下

降。又五日，閉塞而成冬。

十一月，大雪——大雪之日，鴡鳥不鳴。又五日，虎始交。又五日，
荔挺生。

冬至——冬至之日，蚯蚓結。又五日，麋角解。又五日，水
泉動。

十二月，小寒——小寒之日，雁北向。又五日，鵲始巢。又五日，雉
始雊。

大寒——大寒之日，雞始乳。又五日，鷙鳥厲疾。又五日，
水澤腹堅。

按月令與物候為中國古代對於曆書與氣候學上之一重要貢獻，後
世之曆書即以此為藍本，雖有些微變動，亦尚大同小異。此乃中國先賢
先哲所特別創造發明者，非他國曆家所能及也。但月令與物候有「時」
與「地」之異，不能引為各地之通例，亦不可作原理性之定理。

第十二節　《釋名》解釋各種天氣現象

西漢時，劉熙曾經在《釋名》[註13]中討論各種天氣現象，其中
有云：

「雲，猶云云眾盛也。雨，羽也，如鳥羽動則散也。雪，綏
也，水下遇寒氣而凝，綏綏然也。霰，星也，水雪相搏如星而
散也。露，慮也，覆慮物也。霜，喪也，其氣慘毒，物皆喪
也。雷者，如搏物有所硍。電，砲也，其所中物皆摧折，如人
所癙砲也。虹，攻也，純陽攻陰氣故也。霧，昌也，氣覆地物
也。霾，晦也，如物塵晦之色也。」

按文中所論雪係水下遇寒氣而凝，霰為水雪相搏（結聚），皆合
乎科學原理。劉熙認為雪乃雲滴或雨滴冷凍結成者，與今人所主張之
雪之「液體形成說」相類似。對霰的解釋也比《爾雅》更加真實完
備。又論虹為「純陽攻陰氣故」則欠允當。

第十三節 《史記》記載奇異光象和測定空氣濕度的方法

西漢武帝時，司馬遷在他所著之《史記》^(註14)中，有奇異光象及測濕度之記載。

一、奇異光象

《史記‧漢武帝本紀》有以下之記載：

> 「……封禪儀曰：元年封禪，畫有白氣，夜有赤光。」

按上文中所言白氣和赤光，敘述不夠明晰周詳，故無法判定是否為北極光。

二、測空氣中之濕度

《史記‧天官書》有云：

> 「冬至短極，縣土炭。」

裴駰加註集解云：

> 「先冬至三日縣土炭於衡，兩端輕重適均，冬至陽氣至則炭重，夏至日陰氣至則土重。」

按上文所言，意謂懸焦炭和一盤土於類似天平之秤上，先使兩端相等，若冬天時測得焦炭較重，夏季時測得土較重，則可預測整個季節未來之天氣。「縣土炭」乃當時候水汽、測濕度、占天候的方法。

三、記占候家新垣平之事跡

《史記》卷十〈孝文本紀〉有云：

> 「孝文皇帝十五年……，趙人新垣平以望氣見，因說上設立渭陽五廟。」

又《史記》卷二十八〈封禪書〉第六有曰：

> 「其明年趙人新垣平以望氣見，上言長安東北有神氣成五采，若人冠絻焉！」

按「望氣」乃古代中國人之占候之術，望雲氣而知晴雨徵兆者

也，此為記占候家新垣平事跡之文。

第十四節　西漢末年之紅雨紀錄

西漢哀帝時，亦有紅雨之詳細記載。據〈五行志〉載：

> 「漢哀帝建平四年四月，山陽湖陵雨血，廣三尺五，長五尺，大如錢，小者如麻子。」（註15）

類此記載，在中國歷史上總共有數十起之多。

第十五節　《論衡》論水文循環原理、雲和降水之關係、雷電之起因以及觀察空氣濕度之變化、預測天雨的方法

王充不愧是東漢時代之一位自然科學家，他對自然界現象之觀察非常精細入微，將其觀察所得和見解著成《論衡》一書（註16），論述新穎，務求盡意，不惜繁詞。對於水文循環原理、雲和降水之關係、雷電之起因以及預測天雨之法等問題皆有非常精闢之見解。茲分別敘述如下：

一、論水文循環原理、雲和降水之關係

《論衡‧說日篇》云：

> 「儒者又曰，雨從天下，謂正從天墜也；如當論之，雨從地上，不從天下，見雨從上集，則謂從天下矣，其實地上也。然其出地起於山，何以明之。春秋傳曰：『觸石而出膚寸而合，不崇朝而徧天下，惟太山也。』太山雨天下，小山雨一國，各以小大為近遠差。雨之出山，或謂雲載而行，雲散水墜，名為雨矣。夫雲則雨，雨則雪矣。初出為雲，雲繁為雨，猶甚而泥露，濡污衣服。若雨之狀，非雲與俱，雲載行雨也。或曰，尚書曰：『月之從星，則以風雨。』詩曰：『月麗于畢，俾滂沱

矣。』二經咸言，所謂為之非天如何？夫雨從山發，月經星麗畢之時，麗畢之時當雨也。時不雨，月不麗，山不雲，天地上下自相應也。月麗於上，山蒸於下，氣體偶合，自然道也。雲霧雨之徵也，夏則為露，冬則為霜，溫則為雨，寒則為雪，雨露凍凝者，皆由地發，不從天降也。」

按上文不但說明水文循環原理，而且對山脈地形與降水之關係，降水之程序等也解說得非常透徹。對於季節、月與星辰間之關係，王充認為乃地「氣」之週期變化；水汽蒸上山為雲，乃應天之「氣」的道理，故乃致「月麗于畢，俾滂沱矣。」

二、解釋雷電之起因

漢代儒家如董仲舒，陰陽家如京房等以及一般人們皆認為大氣間之雷電現象乃朝廷及人事政治之乖張，或者人們有失孝道而遭受天譴者。王充在《論衡‧雷虛篇》中以其入微之觀察、自然之論辯述其虛妄無知，駁其迷信無稽。《論衡‧雷虛篇》有云：

「盛夏之時，雷電迅疾，擊折樹木，壞敗室屋，時犯殺人。世俗以為擊折樹木，壞敗室屋者，天取龍。其犯殺人也，謂之陰過。飲食人以潔淨，天怒而擊而殺之。隆隆之聲，天怒之音，若人之呴吁矣。世無愚智，莫謂不然。

推人道以論之，虛妄之言也。夫雷之發動，一氣一聲也。折木壞屋，亦犯殺人，犯殺人時，亦折木壞屋，獨謂折木壞屋者天取龍，犯殺人罰陰過與取龍，吉凶不同，並時共聲，非道也。

……

禮曰：刻尊為雷之形，一出一入，一屈一伸，為相校軫則鳴，校軫之狀，鬱律嵔壘之類也，此象類之矣，氣相校軫分裂，則隆隆之聲，校軫之音也。魄然若襞裂者，氣射之聲也，氣射中人，人則死矣。

實說雷者，太陽之激氣也。何以明之，正月陽動，故正月始雷，五月陽盛，故五月雷迅，秋冬陽衰，故秋冬雷潛。盛夏之

時，太陽用事，陰氣乘之，陰陽分爭，則相校軫，校軫則激
射。激射為毒，中人輒死，中木木折，中屋屋壞，人在木下屋
間，偶中而死矣。

何以驗之，試以一斗水灌冶鑄之火，氣激螫裂，若雷之音矣，
或近之，必灼人體。天地為爐大矣，陽氣為火猛矣，雲雨為水
多矣，分爭激射，安得不迅中傷人身，安得不死。

當冶工之消鐵也，以土為形，燥則鐵下，不則躍溢而射，射中
人身，則皮膚灼剝。陽氣之熱，非直燒鐵之烈也，陰氣激之，
非直泥土之濕也，陽氣中人，非直灼剝之痛也。

天雷火也，氣剡人，人不得無迹，如炙處狀，似文字，人見
之，謂天記。書其過以示百姓，是復虛妄也。使人盡有過，天
用雷殺人，殺人當彰其惡，以懲其後，明著其文字，不當闇
昧。……今雷死之書，非天所為也。」

按此為王充對雷電起因所作之較合理解釋。王充對雷雨之季節性
出現，歸結為太陽熱力發生變化所致，他認為春季太陽熱力作用漸
強，所以開始發生雷電，夏季太陽熱力作用強盛，所以雷電比較厲
害，秋冬季太陽熱力作用已衰弱，故雷電很難再出現。以今日而言，
亦合乎科學原理。

三、觀察空氣濕度之變化與預測天雨的方法

《論衡·變動篇》中有云：

「天且雨，商羊舞，使天雨也。商羊者，知雨之物也；天且
雨，屈其一足，起舞矣。故天且雨，螻蟻徙，蚯蚓出，琴絃
緩，痼疾發，此物為天所動之驗也。」

此為當時藉觀察商羊（即鸛鵒，一足鳥）之舞（參見本書第三章
第四節《禽經》部分）、大氣中之濕度增加時，觀察螞蟻和蚯蚓之動
作與行為，琴弦之鬆弛，痼疾之發以候雨之法，尤其是琴弦之鬆弛與
後世毛髮濕度計之原理極相似。因為琴弦忽然鬆弛時，則表示空氣變
得很潮濕，就將要下雨了，其功能和十七世紀時代虎克發明的腸線濕

度計和燕麥鬚濕度計原理相同。

四、論霜和天氣的關係

《論衡》又云：

> 「朝有繁霜，夕有列光。」

這是因為早晨有很多霜時，天空晴朗無雲，所以晚上的星很多而明亮。

第十六節　《說文》論雲與水汽之關係、樫木兆雨、雪霰的成因

一、論雲與水汽之關係

東漢時代，許慎撰《說文解字》[註 17]，《說文解字》簡稱為《說文》，內有云：「雲，大澤之潤氣也。」又云：「雲，山川之氣也。」

此不但說明先由沼澤面與湖泊面蒸發水汽，再成雲層。而且說明由山地和河流表面上所蒸發之水汽也會變成雲層，此乃論述水汽、雲與山川大澤之間的水文關係。

二、論樫木兆雨

《說文》又曰：

> 「天將雨，樫木先起氣迎之，故樫木能兆雨。」

此為東漢時人觀察植物之動態以候雨之術也。

三、論雪霰的成因

中國先民在漢代以前對雪霰的成因已有所解釋，至東漢時，許慎《說文·通訓定聲》又曰：

> 「雨已出雲，為寒氣凝諸雨中者為霰。雨未出雲，為寒氣凝諸雲中者為雪。故霰形如雨，其下必在雪前。」

許慎也認為雪為雨滴凝結成者，通訓定聲所述「雨未出雲，為寒氣凝諸雲中者為雪。故霰形如雨，其下必在雪前」是對的，言「雨已

出雲，為寒氣凝諸雨中者為霰」則錯。實際上霰乃雲中過冷水滴與降落之冰晶產生凝聚作用而形成者，與雹之成因相同，但霰粒之直徑較小。

第十七節　《詩箋》論降雪之成因

東漢時代鄭玄《詩箋》[註18]有言：

> 「將大雨雪，始必微溫。雪自上下，遇溫氣而摶謂之霰。久而寒勝，則大雪矣。」

按詩箋所言，意謂天將下大雪時，因凝結熱之釋放，使大氣之溫度因而上升，所以其始必微溫暖，雪自上下，逢溫氣消釋，集聚而摶，則謂之霰。積久雪之寒氣，勝此溫氣，則大雪散下。此等論述，以今日氣象學原理觀之，皆相吻合。霰，乃數雪花膠結而成者，因降雪之初，近地面處之溫度尚高，遂以成霰（指雨雪雜下，即今人所謂之霙）。

第十八節　班固之《漢書》記述雲形的分類以及濕度的觀測方法，《答賓戲》述及風颮電激

《漢書》指《前漢書》，與《答賓戲》兩者，乃東漢和帝時，班固所撰[註19]，《漢書・天文志》及〈張蒼傳〉與《答賓戲》中有一些有關氣象方面之文獻，茲分別論述如下：

一、觀天象以候風雨

《漢書》卷二十六〈天文志〉第六有云：

> 「月失節度而妄行，出陽道則旱，出陰道則陰雨。月去中道，移而東北入箕，若東南入軫，則多風。西方多雨，雨少，陰之位也。月去中道，移而西入畢，則多雨。故詩云：『月離于畢，俾滂沱矣。』言多雨也。」

按箕、軫、畢等皆星宿之位置，時人憑藉觀察月亮運行之位置和軌道以預測風雨，乃得自於長久累積之經驗，進而知道氣候之變化有週期性，或可提供近代研究太陰與氣象關係之參考。

二、論暈象與白虹貫日

《漢書・天文志》如淳曰：

> 「凡氣在日上為冠，為戴。在旁直對為珥。在旁如半環向日為抱。向外為背。有氣刺日為鐫。」

按此為當時對日暈之分析，若日暈剛好是背鐫抱珥戴冠，則日旁之氣謂之白虹貫日。

三、論雲之種類

《漢書・天文志》有云：

> 「陳雲如立垣，杼雲如杼柚，雲摶兩端銳，杓雲如繩者，居前竟天，其前半半天，蜺蜺者，類闕旗，故鈎雲句曲。諸此雲見，以五色合占。」

按陳雲如立垣乃今日所稱之積雲，杼柚狀雲（即杼軸狀雲）乃今日所稱之筴狀高積雲，杓雲如繩，鈎雲句曲乃今日所稱之卷雲，五色即青、白、赤、黑、黃等五種雲色（見第三章第二節《左傳》中有關雲的定期觀測）。雖然當時各種雲形的專門名詞未為今日之氣象學所使用，但是由此可見漢代中國人已將雲形加以分類，而且將雲形區分得如此地明確。

四、占候家魏鮮

《漢書・天文志》有云：

> 「占候家魏鮮能集臘明，正月旦（品評人物），決八風，風從南方來，大旱；西南，小旱；西方，有兵；西北，戎菽（胡豆）為（成熟）。」

此為記載占候家魏鮮事跡之文，魏鮮根據長期觀測風向的經驗，得到旱災和風向的關係以及胡豆成熟和風向的關係，認為南風盛行，則將大旱；西南風盛行，則將小旱；西風盛行，則將有外敵犯境；西

北風盛行，則胡豆將成熟。

五、觀測空氣中之濕度

《漢書・李尋傳》有云：

> 「懸土炭也，以鐵易土耳，先冬夏至，懸鐵炭於衡各一端，令適均，冬，陽氣至，炭仰而鐵低；夏，陰氣至，炭低而鐵仰，以此候二至也。」

按懸鐵炭測濕度之道理和懸土炭者相同。

又《漢書・天文志》有云：

> 「漢昭帝元鳳三年天雨，黃土晝夜昏霾。正月上甲，風從東方來，宜蠶；從西方來，若旦有黃雲，惡。冬至短極，縣土炭，炭動，麋鹿解角，蘭根出，泉水踊（躍），略以知日至，要決晷景。」

孟康曰：

> 「先冬至三日，縣土炭於衡兩端，輕重適均，冬至而陽氣至則炭重，夏至陰氣至則土重。」

蔡邕《曆律記》：

> 「冬至陽氣應黃鍾（黃鍾，十一月也，鍾者，聚也，陽氣聚於黃泉之下也。）通，土炭輕而衡仰；夏至陰氣應蕤賓（蕤賓，五月也，陰氣蕤，蕤在下似主人，陽氣在上似賓客，故曰蕤賓）通，土炭重而衡低。」

按上述《漢書・天文志》中所記之懸土炭與《史記・天官書》中所記之懸土炭道理一樣，蔡邕《曆律記》中所記懸土炭之結果，則可知冬季時，空氣中之濕度較小，夏季時，空氣中之濕度較大。

六、有關奇異光象之記載

《漢書・天文志》有載：

> 「漢成帝建始四年元月，一夜天際有明氣，有黃與白色流光，長百餘尺，光及於地，謂之天裂，或謂之天劍。」

又《漢書・洪範傳》曰：

「清而明者，天之體也，天忽變色，謂易常天裂。」

按上述兩文中之「明氣」、「黃與白色流光」、「天裂」等奇異光象，敍述不夠明晰，亦未說明其理，故無法判定是否為北極光。

又《漢書‧天文志》有載：

「漢哀帝建平元月十二日，白氣出西南，從地上至天，出參下，貫天厠，廣如一匹布，長十餘丈，十餘日去。」

按上文中所言之天象似與北極光形象較近，但未說明其理，故吾人無法證實是否為北極光。「參」指參宿，為二十八星宿之一，厠為邊側。此亦為西漢末年有關奇異光象之記載。今人所見之北極光如圖十二所示。

七、積灰以測風

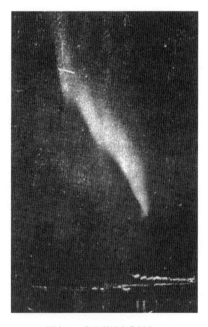

圖十二　今人所見之北極光。

《漢書・張蒼傳》曰：

> 「鍾律權（衡）土灰，度陰陽，……，灰為氣所動，則灰散，風所動者，其散灰，風所動者，其灰聚殿中。」

此說明積灰散時，即可知有風。風細時，猶可辨其聚散，但不易察其來向，風大時，則更無法再加辨析，故其效用極小。

八、班固《答賓戲》述及風颷電激。

班固《答賓戲》有云：

> 「風颷電激。……」

> 呂向注曰：颷，急風也（見南北朝梁《昭明文選》第四十五卷設論）。

此為古人將「颷」字應用在氣象學上之最早文獻，「風颷電激」即今日所言之颷線雷雨。

第十九節　《傷寒論》論水文循環原理

東漢靈帝時張機之《傷寒論・素問陰陽應象大論篇》[註20]有云：

> 「……，地氣上為雲，天氣下為雨。雨出地氣，雲出天氣。」

按上文之意謂地面上之水汽蒸發上升成雲，天空中之雲中水滴再降落成雨，有雲而後有雨，故天降之雨，乃地面上水汽蒸發上升所成之雲，雨降落到地面上後，乃有水汽上升成雲，即此雲乃天空中水汽經過冷卻凝結作用後降落至地面上，再蒸發上升而成者。與今人所論之水文循環原理相暗合。

第二十節　《四民月令》中的占候歌謠

中國先民對於候風和候雨之經驗，至東漢時已更加地豐富，此可於《四民月令》[註21]農家諺之〈晴雨占〉中見之。茲將〈晴雨占〉中之各個歌諺錄誌於下，以供欲研究者參考。

「日沒臙脂紅，無雨也有風。

乾星照濕土，明日依舊雨。

雲行東，車馬通。雲行西，馬濺泥。雲行南，水漲潭。雲行
北，好曬麥。

未雨先雷，船去步歸。

鴉浴風，鵲浴雨。

春甲子雨，乘船入市。夏甲子雨，赤地千里。秋甲子雨，禾頭
生耳。冬甲子雨，雨雪飛千里。

上火不落，下火滴沰。

黃梅寒，井底乾。

稻麥雨澆，麥秀風搖。

雨打梅頭，無水飲牛。

黃梅雨未過，冬青花未破。冬青花已開，黃梅雨不來。舶艫風
雲起，旱魃深歡喜。」

按上述晴雨占中的各個歌謠，簡短易懂，且源遠流長，一再證明
相當靈驗，例如「雲行東，車馬通。」行，往也，雲的行向，乃高空氣
流的方向，上層雲向西行，則所伴隨來之大陸性氣團，水汽乾燥，乃無
雨，故車馬可通行。「雲行西，馬濺泥」則言在氣旋暖鋒之前方，雲向
東行，將有雨。雲行南，冬則為艮方風雨，夏則為颱風風雨之前奏，宜
其水漲潭矣。雲行北，言雲向北方之氣團非常乾燥，故無雨。

「日沒臙脂紅」，表示日落以後，空氣中之水汽增多，故呈深赤
色，顯然風暴將至，故「無雨也有風」。

「乾星照濕土，明日依舊雨」，表示雲層在夜間多較薄，故久雨
之夜，每現星光，到次日，大雨又作。

「鴉浴風，鵲浴雨。」言烏鴉主風，喜鵲主雨。此乃時人聽烏鴉
和喜鵲之叫聲以卜風雨者也。

舶艫風係梅雨之際所吹之連晝夜大風（東南風），農曆六七月時
梅雨鋒面已北退到黃河流域，所以在黃河流域（中原一帶），它能帶

來豐沛的雨水，故舶䑸風對黃河流域主潦（對長江流域中下游及江南則主旱），能解黃河流域一帶之旱魃。另外還有《焦氏易林》中所說的「蟻封穴丘，大雨將至」，其理與詩經中所言天將陰雨，鸛鳴於垤相同。

第二部分　由漢代以後之圖書文獻考證漢代在氣象觀測上之成就

漢代的科技在中國歷史上算是比較發達的時代，所以有許多的發明和創造是吾人所熟悉的，例如漢武帝時的銅鳳凰，蔡倫之造紙術，張衡（見圖十三）之首製渾天儀和候風地動儀以及相風銅鳥。另外尚

圖十三　發明相風銅鳥的張衡。
下為張衡墓（在河南省南陽縣石橋鎮）。

有明輪（Paddle wheel）之發明和對雨澤的重視。可惜銅鳳凰、候風地動儀、相風銅烏，後世皆告失傳，然而吾人可以從漢代以後之圖書文獻中考證漢代之測風術和對雨澤之重視。茲分別論證如下。

第一節　測風術——使用銅鳳凰和相風銅烏

一、銅鳳凰

銅鳳凰係漢武帝太初元年（西元前104年）裝在長安建章宮上的候風儀器，《三輔黃圖》[註22]卷之二〈建章宮〉有載：

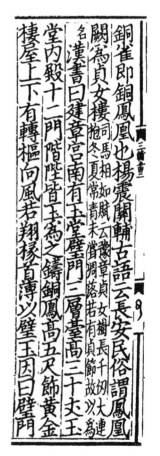

圖十四　三輔黃圖卷之二建章宮中所記載之銅鳳凰。

「漢武帝太初元年作建章宮，建章周回（圍）三十里，東起別風闕，高二十五丈，乘高以望遠，又於宮門北起圓闕，高二十五丈，上有銅鳳凰，赤眉賊壞之。……廟記云：建章宮北門高二十丈，建章北門高二十五丈，建章北闕門也。又有鳳凰闕，漢武帝造，高七十丈五尺，歌云：長安城西有雙闕，上有雙銅雀。按銅雀即銅鳳凰也。……漢書曰：建章宮南有玉堂璧門三層，臺高三十丈，玉堂內殿十二門階，陛皆玉為之，鑄銅鳳，高五尺，飾黃金，樓屋上，下有轉樞，向風若翔。……。」（見圖十四）

按上文中所說，當時建章宮鳳凰闕上裝有兩個銅鳳凰，建章宮北和宮南的玉堂璧門上也裝有銅鳳凰在屋頂上，銅鳳凰高

五尺，銅鳳凰下面並有轉樞，風來時，銅鳳凰的頭會向著風，好像要飛的樣子，可知銅鳳凰類似於今日所稱之風向標。

二、相風銅烏

西漢時代我國先民使用銅鳳凰，但是到了東漢時代，銅鳳凰就變成了相風銅烏。《圖書集成・曆象彙編乾象典》(註23) 有載：

> 「東漢張衡製相風銅烏，置之於長安宮南靈臺之上，遇風乃動。」

《西京雜記》(註24) 又云：

> 「漢時長安靈臺相風銅烏，有千里風則動。」

按「相」為觀測的意思，而相風銅烏乃漢代以後，中國人候風之儀器，用木或銅鑄成，形如一隻銜著花的鳥，置於五丈高之竿頂、屋頂或舟檣上，鳥頭對著風之來向，可以候四方之風，此儀器和歐人所發明之候風雞相似，但中國人發明它的時間比歐人早一千多年。又竺藕舫氏認為漢代之相風烏乃可測定風向風速之風標和雛形風速表(註25)。竺氏係根據下列《三輔黃圖》卷之五中所載而作此論斷者。

《三輔黃圖》卷之五〈臺榭〉有載：

> 「漢靈臺在長安西北八里，漢始曰清臺，本為候者（占候人員）觀陰陽天文之變，更名曰靈臺。郭延生述征記曰：長安宮南有靈臺高十五仞（相當 120 呎），上有渾儀，張衡所製，又有相風銅烏，遇風乃動，察其所自，云烏動百里，風鳴千里。又有銅表（即銅質日晷儀）高八尺，長一丈三尺，寬一尺二寸，題云太初四年（西元前 101 年）造。」

按漢時已有明輪（Paddle-wheel）之創製，由《三輔黃圖》卷之二〈建章宮〉中所載：「樓屋上，下有轉樞，向風若翔」，可見銅烏（或銅鳳凰）之軸連接於下方，雖不能記錄，但可指示風標之旋轉速率。當時雖可「遇風乃動」，「烏動百里，風鳴千里」，可示風速之快慢，當時尚未見有風級之區分。但是漢代之銅鳳凰和相風銅烏實乃近世風速計之最早雛形。

　　1971 年，考古學家曾經在河北省安平縣逯家莊發掘東漢墓，在墓中發現一幅大型建築群鳥瞰圖之壁畫，在該壁畫上可以見到建築物後面的一座鐘鼓樓上，設有相風烏和風向旗，這是我國最早的相風烏圖形，繪於東漢靈帝時代（距今一千八百多年），證明漢朝時代中國先民確實已經使用相風銅烏和風向旗（見圖十五）。

第二節　對雨澤之重視

　　一地雨量之多寡可造成一地氣候之旱澇，若雨量稀少，則百姓即

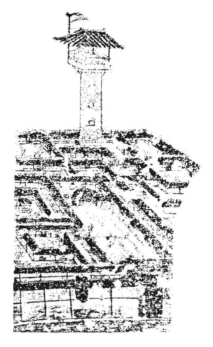

圖十五　河北省安平縣逯家莊東漢墓壁畫建築圖鐘鼓樓上之相風烏和風向旗（參考自 1973 年叢書通史卷）。

使收成好時，尚且終身勞苦，而不幸遇上荒年，則更不免於死亡。若連年荒歉，則餓莩遍野，飢民受飢寒之逼迫，勢必鋌而走險，四出刦掠，造成天下鼎沸，傾覆社稷之結果。若豪雨不歇，則又將形成河水暴漲，洪水氾濫，淹沒田屋，造成生命財產之重大損失，故中國有史以來即飽受旱澇災害之苦，古時執政者留心民事，為補救旱澇災害之摧殘，乃採補救之道，即要實測各州縣歷年之雨量，以瞭解各種農產所需水量雨量之多寡，然後因地擇相宜之農產而種植之，使季候不致失時，旱澇不致常見。簡言之，測定雨量實為補救水旱災之唯一入手方法。否則，不能知道該地之適於何種農產，遑論其他。而調查雨量，中國自漢代以來即有之。

鄭樵《通志》[註26]卷四十二，〈禮樂一〉有載：

> 「後漢自立春至立夏盡立秋，郡國上雨澤，若少，郡縣各掃除
> 社稷，公卿官長以次行雩禮求雨。」

其意謂東漢時，從立春到立秋終了之期間內，各郡國都要把各地所下之雨的多寡向上呈報中央，若雨量少，則各郡縣要各自把當地的廟宇打掃清潔，公卿官長以下，大大小小官員都要參加祈雨禮。由此可見中國人在東漢時代對降雨之情況即已非常重視，才能將各地所下之雨澤，向上呈報中央。這些記載亦見於《後漢書・禮儀志》中。

註 1 ：《淮南子》，西漢武帝元狩三年（西元前 120 年）劉安撰，二十一卷。
註 2 ：《說文》，東漢安帝建光元年（西元 121 年）許慎撰，全書有十四篇。
註 3 ：《禮記》，相傳孔門七十二弟子之徒所撰，經漢初戴德戴聖兄弟刪補正之，史稱《小戴禮記》。
註 4 ：《西京雜記》，作者不明，一說漢成帝時劉歆所撰，一說南北朝梁陳時葛洪、吳均所撰。惟所記多漢武帝時之雜事。全書共六卷。
註 5 ：《周禮》，成書於西漢時，編者不明。含一些周朝資料。
註 6 ：《易飛候》和《易傳》，漢武帝天漢年間（西元前 100 年～97 年），京房所著。
註 7 ：《東方朔別傳》，漢郭憲撰。
註 8 ：《海內十洲》，西漢東方朔著，全書僅一卷。

註 9 ：《河圖緯括地象》，成書於漢宣帝時，作者已佚名。

註 10：《春秋緯元命苞》，成書於漢武帝末期，作者不明。

註 11：《易緯通卦驗》，成書於漢武帝末期，作者不詳。

註 12：《逸周書》，又名《汲冢周書》，傳起於春秋戰國時，而成書於西漢，其成書較易緯通卦驗為晚。作者不明。晉孔晁注，全書共十卷。

註 13：《釋名》，西漢時劉熙撰。

註 14：《史記》，西漢漢武帝征和三年（西元前 90 年）司馬遷著。

註 15：《圖書集成‧庶政典》，同第三章註 12。

註 16：《論衡》，東漢章帝時王充著。全書共三十卷。

註 17：《說文解字》，簡稱說文，東漢安帝建光元年（西元 121 年）許慎撰。全書共十四篇。

註 18：《詩箋》，東漢時鄭玄撰。

註 19：《漢書》，指《前漢書》，東漢和帝永元四年（西元 92 年）時班固撰，班昭續成，共一百二十卷。

註 20：《傷寒論》，東漢靈帝時名醫張機著。

註 21：《四民月令》，東漢靈帝建寧年間（西元 170 年左右）崔實撰。

註 22：《三輔黃圖》，晉武帝晚期和晉惠帝初期苗昌言著。係敍述長安皇宮古蹟及周代以來靈臺靈囿之著作，凡六卷，為考古上之名書。

註 23：《圖書集成‧曆象彙編乾象典》，清初陳夢雷等人編撰。

註 24：《西京雜記》，同註 4。

註 25 ：《Science and Civilisation in China》, Joseph Needham, 鄭子政譯。第六冊 p.22。

註 26 ：《通志》，南宋高宗紹興二十年鄭樵著。

第五章　三國及晉朝時代

（魏文帝黃初元年〜東晉恭帝元熙二年，西元 220 年〜西元 420 年）

> 懸土炭，測驗空氣的濕度，以預
> 測晴雨。相風銅烏改為相風木烏

　　三國及晉朝前後二百年（自西元 220 年至西元 420 年），先有魏、蜀、吳三國之互相攻伐，至晉，又有八王之亂及五胡亂華，乃導致晉室南遷，偏安於江南垂百年之局。由於長年嚴重的乾旱，加上長年戰亂之紛擾，政治上之不安定，故三國及晉時之學術思想及科技發明皆不及其他朝代。三國及晉時之氣象學思想，較重要者為懸炭以占雨以及改相風銅烏為相風木烏以測風，茲將三國及晉時有關氣象知識和氣象學術思想之文獻論述如下。

第一節　《蜀志》記載積雨雲

　　陳壽所著的《蜀志》[註1] 中有以下之記載：
> 「劉備兒戲於桑樹下，上有雲覆如車蓋。」

　　按上文中所記「上有雲覆如車蓋」可能即為今日所稱之積雨雲。

第二節　占候家吳範的事跡

　　《吳錄》[註2] 載：
> 「三國時吳人吳範，字文則，善占候，知風氣，……。」

　　按此亦為記載占候家吳範事跡之文；在中國歷史上，類此記載占候家事跡之文，屢見不鮮，占候家即今人所稱之氣象預報員。

第三節　占局部區域風雨的方法

　　局部區域的風向常常和當地之晴雨有極密切的關係，中國先民到了西晉時代，已經瞭解到它們之間的關係。例如西晉《博物志》^{（註3）}有云：

> 「關東西風則晴，東風則雨。關西西風則雨，東風則晴。」

　　此為占卜渭河平原區域之風雨者也。後人及現代之氣象人員亦一再證實關中一帶之氣象情況確實與此相符合。

第四節　利用現成器物以預測風雨──積灰以預測風之將起，懸土炭以預測晴雨

　　西晉張華《感應類從志》^{（註4）}有云：

> 「積灰知風，懸炭識雨。以榆木化灰聚置室中，天若將風，則灰皆飛揚也。秤土炭兩物，使輕重等，懸室中，天將雨，則炭重，天晴，則炭輕。孫化侯云以此驗二至不雨之時，夏至一陰生，則炭重，冬至一陽生，則炭輕，二氣變也。」

　　按「積灰知風」與第四章第一部分第十八節之七「積灰以測風」一段所述者相同。懸土炭，量它們的輕重，使兩端相等，若炭重時，則可知空氣之濕度增加，可能即將下雨。漢代以來，中國人不但已經利用這種方法來觀測空氣濕度，而且到了晉初，中國人更進一步把這種天平式測濕器作為預報晴雨的工具了。到了宋代，吳僧贊寧再度提到這種觀測技術（見贊寧撰《物類相感志》一書）。晉代孫化侯還進一步指出，夏冬不雨時，懸土炭，可驗出夏季空氣比較潮濕，故炭重。冬季空氣比較乾燥，故炭輕。

第五節　改相風銅烏為相風木烏

　　東漢末年和三國時期我國先民改用木烏以代銅烏作風向儀比較輕

便。《晉書》（註5）〈五行志〉第十九卷下：

> 「魏明帝景初中洛陽城東橋、城西洛水浮橋桓楹，同日三處俱
> 時震，尋又震，毀西城上候風木鳥，時勞役大起，帝尋晏
> 駕。」

提到魏時洛陽西城上有候風木鳥被雷震壞，可見當時相風木鳥已普遍使用。西方裝在屋頂上的候風雞直到十二世紀才開始使用，比中國人晚約一千年左右。

東漢張衡創製相風銅鳥，以測定風向風速；至晉，亦繼續使用相風木鳥，此可以下列諸文證明之。

1.東晉孝武帝時代，崔豹《古今注》（註6）上卷〈輿服第一篇〉有云：

> 「伺風鳥，夏禹所作也。」

按伺風鳥即相風鳥，可見晉時亦使用鳥狀之相風鳥，以觀測風向和風速，雖託言夏禹所作，實非夏禹所作也。

2.西晉時代，張華《相風賦》（註7）有云：

> 「太史候部有相風鳥，在西城上，………。」

由此文可見晉時相風鳥也裝置在城牆上。

3.《晉書》（同註5）有載：

> 「東晉廢帝初即位，有野雉集于相風，後為桓溫所廢。」

由上文所記，可知到了東晉末年，中國人尚繼續使用相風鳥。「後為桓溫所廢」，是十分令人扼腕的事。

第六節 《物理論》論水文循環原理

中國自古以來有關水文循環之文獻相當不少，晉初楊泉《物理論》（註8）有云：

> 「氣發而升，精華上浮，宛轉隨流，……。」

按《物理論》所言，亦為輻合對流與水文循環原理之觀念。

第七節　《荊楚歲時記》第一次記載二十四番花信風

中國古代先民在殷商時代對於風向之區分僅分成四種，春秋戰國以後又分成八種，西漢以後還是分成八種，到了東晉時，宗懍之《荊楚歲時記》[註9]又分成二十四種，荊楚歲時記有云：

「始梅花，終楝花，凡二十四番花信風。」

按應花期而來之風謂之花信風（風季），晉時已將十二、一、二、三月等四個月之風信分類成二十四種，認為該四個月八個節氣二十四候，每候五日，可以以一花之風應之，即該四個月中有二十四種花期可與風向配合，比以前之八風距更加緻密。

第八節　姜岌觀察日出日沒景象，發現大氣折射陽光的現象，並給予正確的解釋

東晉安帝隆安二年姜岌曾作日出日沒之觀察[註10]，云：

「地氣不能升至於極高天空，此所以日之初出與將沒顯現紅色，而於日在中天作白色。若地氣能升至極高天空，則日色仍將作紅色。」

由此可見當時姜岌已經知道，日之初出及將沒時，太陽光所經過地面上空之空氣層較厚（陽光乃斜射），故顯現太陽形體巨大，且因低層大氣中水汽含量多，故呈紅色。而日在中天時，太陽光所經過地面上空之空氣層較薄（陽光乃直射），故顯現太陽形體較小，且呈白色。若水汽能夠升到極高之天空上，則因高空水汽含量多，故太陽仍將顯紅色。

第九節　《南越志》首次稱颱風為颶風和懼風

晉沈懷遠《南越志》^{（註11）}曰：

「熙安間多颶風。颶者，其四方之風也，一曰懼風，言怖懼
也，常以六七月興，其至時，三日雞犬為之不鳴，大者或至七
日，小者一二日，外國以為黑風。」

按此為中國歷史上首次稱颱風為颶風及懼風之文獻，而且當時已
經知道大的颱風來襲時，其強風前後可吹襲七天之久，而小者則僅
一、二日而已。

註 1：《蜀志》，晉陳壽著。

註 2：《吳錄》，作者不詳，見太平御覽第二卷。

註 3：《博物志》，西晉惠帝永熙元年（西元 290 年）時司空張華撰，全書共十卷。

註 4：《感應類從志》，西晉惠帝元康五年（西元 291 年）時司空張華撰。

註 5：《晉書》，唐太宗貞觀九年（西元 635 年）房玄齡（字喬）撰。共一百三十卷，本
紀十，志二十，列傳七十，載記三十。

註 6：《古今注》，東晉孝武帝時人崔豹（字正熊）著。全書共三卷。

註 7：《相風賦》，西晉武帝時司空張華著。

註 8：《物理論》，晉惠帝永熙年間楊泉著。

註 9：《荊楚歲時記》，東晉明帝太寧元年（西元 323 年）宗懍著。

註 10：姜岌之作不詳，原文見《Science and Civilisatioon in China》, Joseph Needham, 鄭子政
譯。第六冊 p.23。

註 11：《南越志》，晉沈懷遠撰。全書僅一卷。

第六章　南北朝至隋代

（宋武帝永初元年～隋恭帝義寧元年，西元 420 年～西元 617 年）

論霜的預報法以及雪霰的成因

　　南北朝到隋代前後一百九十八年中，亦因長年嚴重乾旱，加上長年的戰亂，政治上的不安定，朝代的頻繁更迭（隋文帝雖然統一南北，但是隋祚亦僅二十九年），故在學術上的貢獻較少，雖然劉宋時有祖沖之造千里船、水碓磨及指南車，算出精確的圓周率值，並設置司天臺（觀象臺）等偉大的貢獻，但是在氣象學上，除了司天臺之創設以外，極少有創見，吾人研閱以下各節之論述即可明瞭。

第一節　世界最早的觀象臺——南京觀象臺

　　中國古代之氣象學與天文學無明確之分野。故古代天文學家在觀象臺從事天象觀測時，亦兼做雲、風、雨及其他天氣現象等之觀測工作。《南齊書》卷五十二及《南史》卷七十二有載，劉宋元嘉十四年（西元 437 年），祖沖之（見圖十六）在南京雞籠山（北極閣）頂上設置司天臺（觀象臺）。此為世界最早設置之觀象臺（西人直到西元 1348 年，才在布拉格設置觀象臺）。直至陳亡，該臺始遷長安。

第二節　藉動物之行為以輔助占候之術

　　中國古代先民對動物行為之觀察非常入微，並能進一步據之預卜風雨，劉宋時劉義慶《幽明錄》（註1）有云：

　　　「董仲舒謂：巢居知風，穴居知雨。」

　　表示巢居之鳥能先知風之將起，風將起時，鳥已先離巢飛翔。穴

圖十六 中國首次建造觀象臺的祖沖之。

居之獸類和昆蟲能先知天之將陰雨，天將陰雨，彼等乃成群出穴。此因動物之感覺較人類敏銳，對於天氣之變動，每能比人類先知，故古人能藉動物之感覺和行動，作預測天氣之輔助，此於前面數章中已數度言及。

第三節 《後漢書》解釋「虹」及「風角」

南北朝劉宋時代范曄之《後漢書》^(註2) 〈郎顗傳〉有云：

「今月十四日乙卯巳時白虹貫日，凡日旁氣白而純者，名為虹。」

按此處所指之虹係指日暈中之「隮」，並非今日所言之虹。

《後漢書‧郎顗傳》又云：

「父宗，學京氏易，善風角星算。注：風角謂候四方四隅之風。」

按此為當時對「風角」之解釋，郎宗亦為東漢時代之占候家。

第四節 《千字文》解釋降雨及霜之成因

南北朝梁時周興嗣《千字文》^(註3)有云：

「雲騰致雨，露結為霜。」

吾人知道，地面上之水遇熱乃化作水汽（Water vapor）飄升到高空，再凝結成雲，雲若遇冷即變成雨，故曰「雲騰致雨」。草或樹葉上之水汽在夜間遇冷即凝結成露水，氣溫若冷至冰點以下時，露水即結成霜，故曰露結為霜。此在當時而言，已頗有見地。

第五節 《齊民要術》論霜的預報法

北魏末期，賈思勰的《齊民要術》^(註4)卷四〈栽樹篇〉有云：

「天雨新晴，北風寒切，是夜必霜。」

這是因為寒潮的前鋒到達時，先有雲雨，然後乾燥之冷空氣逼臨，天氣變冷，而且晴朗無雲，有寒徹骨的北風吹來，入夜，地面熱量大量散發，天氣特別寒冷，就會形成霜凍。《齊民要術》將結霜前的天氣徵候說得清楚不過。

第六節 《魏書》記載懸炭之舉

南北朝北齊時，魏收《魏書》^(註5)〈律曆志〉載：

「測影清臺，懸炭之期或爽。」

此外，當時李騫〈贈魏收詩〉亦云：

「流火時將末，懸炭漸雲輕。」

梁簡文〈江南思詩〉亦云：

「月暈蘆炭鈌，秋還懸炭輕。」

可見南北朝時，尚使用「懸炭」以測空氣濕度之技術。

第七節　《梁書》及一些詩賦記載相風烏

姚思廉《梁書》^(註6)載：

> 「梁長沙王懿孫孝儼，從華林園，於坐，獻相風烏。」

又梁時庾信〈馬射賦〉云：

> 「華蓋平飛，風烏細轉。」

趙汝鐩有詩曰：

> 「風烏破浪帆檣急。」

可見南北朝時亦繼續在庭園中、馬車和舟船上裝置相風烏以觀測風向風速，一直到北宋時代為止。

第八節　《籟記》再論降霰和降雪之原理

漢代先賢曾一再論及降雪和降霰之原理，至南北朝陳時，陳叔齋再集漢代先賢之說，申論降雪和降霰的原理，《籟記》^(註7)有云：

> 「霰，一名霄雪，水雪雜下也，雪自上下，為溫氣所摶。雪，水下遇寒而凝，因風相襲而成雪也。」

按「雪自上下，為溫氣所摶」係源自東漢之《詩箋》，「水下遇寒氣而凝」源自漢代之《釋名》，「因風相襲而成雪也」源自《西京雜記》之〈董仲舒雨雹對〉。言雪自上降落時，遇較溫暖之空氣時，乃結聚成霰（雨雪雜下）。若雨水降落到下部，遇到較寒冷之空氣時，乃即凝結，又受到風之吹襲，乃飄散成雪。其論降霰和降雪之原理尚稱合理，「水下遇寒而凝」，相似於今人所謂之雪之「液體形成說」。惟今人稱雨雪雜下之降水為霙（Sleet）。稱白色不透明近似圓形或圓錐形，構造與雪相似之冰為霰（Snow pellets）因質軟易碎，故又稱為軟雹（Soft hail 或 Graupel），霰常在下雪前或下雪時出現（地面溫度多在 0℃ 或略低於 0℃），係由雲中之上升氣流和下降氣

流使過冷水滴與降落之冰晶產生凝聚作用而形成者，與雹之成因相同，惟雹塊之直徑在五公厘以上，而霰之直徑僅約二～五公厘而已。此為古今名稱之不同所在，吾人不可不加分辨之。

註1：《幽明錄》，南北朝宋劉義慶著。

註2：《後漢書》，南北朝宋范曄著。

註3：《千字文》，南北朝梁周興嗣編撰。

註4：《齊民要術》，南北朝北魏孝武帝至東魏孝靜帝年間（西元533年～544年）賈思勰著。全書共十卷。

註5：《魏書》，南北朝北齊魏收撰（於梁元帝承聖三年著成此書，而於陳宣帝太建二年修正）。共一百一十四卷。

註6：《梁書》，唐代姚思廉撰，記南北朝梁代事。

註7：《籟記》，南北朝陳代陳叔齋著。

第七章　唐至五代

（唐高祖武德元年～後周世宗顯德七年，西元 618 年～西元 960 年）

詳細分析日暈之結構，將風力分成十個等級，將
風向區分成二十四個方位，使用相風旌觀測風向

　　唐至五代前後有三百四十二年（其中五代僅五十三年），由於唐代初期及中期國勢強盛，經濟繁榮，國泰民安，民生富足，所以文人輩出，學術發達，在氣象學方面所留下之文獻亦不少，唐代在氣象學上之貢獻主要為相風旌、占風鐸、占雨石之使用以及相雨書之問世，並詳細分析日暈，將風力分成十個等級，並把風向區分為二十四個方位。茲將唐代及五代之氣象學識及學術思想論述如下。

第一節　《周書》論述節氣和物候

　　唐高祖時代，令狐德棻《周書》[註1]〈時訓〉曰：
　　　「小暑之日溫風至，立秋之日涼風至。………。」
　　　「驚蟄，二月節，桃始華。清明之日桐始華。………。」
　　按上文為記載唐初節氣和物候之文獻。現世許多氣象學家和氣候學家即根據此當時黃河流域之節氣和物候較晉南北朝為早之事實，認為唐時黃河流域之氣候比較暖濕。

第二節　《晉書・天文志》論述厚雲與暴雨之關係，並詳細分析日暈之結構

一、論厚雲與暴雨之關係

　　唐太宗時房玄齡之《晉書・天文志》[註2]云：

「雲甚潤而厚大，必暴雨。」

按雲甚潤而厚大係指濃積雲及積雨雲。今日之氣象人員都知道，下暴雨或雷陣雨之前，必有濃積雲或積雨雲出現。故甚潤而厚大之雲出現時，必暴雨也。

二、詳細分析日暈之結構

作者在本書第四章第四節及第十八節中曾論述漢代觀象家已將日暈之結構分成數種，到了唐太宗貞觀九年（西元 635 年），中國人已將日暈分析得至為詳盡，並定了二十六個名詞。房玄齡《晉書・天文志》除敍述「彌」（即今日所稱之幻日環，見圖十七中之 bb）、「序」（即四十六度暈部分之上弧，見圖十七中之 h）、「鐫」（即今日所稱之日柱，見圖十七中之 de）等以外又云：

「日戴者，形如直狀，其上微起在日上為『戴』（即今日所稱之巴立弧，見圖十七中之 e）。青赤氣抱在日上小者為『冠』（即二十二度暈上頭之冠狀弧，見圖十七中之 g'）。青赤氣小

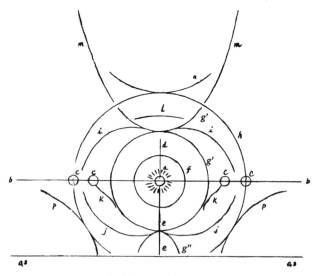

圖十七　日暈之詳細結構

而交於日下為『纓』（即二十二暈下端外切弧弭，言其若流蘇
也，見圖十七中之 g"），青赤氣小，一二在日下左右者為
『紐』（即二十二度暈之下切弧，見圖十七中之 j）。青赤氣
如小半暈狀，在日上為『負』（又稱『背』，乃二十二度暈之
上切弧，見圖十七中之 i）。青赤氣長而斜倚日旁為『戟』
（即今日所言之四十六度暈之外切弧，見圖十七中之 p，言其
如傾倚之矛刺然）。青赤氣圓而小，在日左右為『珥』（見圖
十七中之 cccc 言其似耳環也）。日旁如半環向日為『抱』
（即今日所言之二十二度暈，言環抱之意，見圖十七中之
g）。青赤氣如月初生，背日者為『背』，又曰背氣（見圖十
七中之 n）。青赤而曲外向為『叛』（見圖十七中之 m）。
『璚』者，如帶璚，在日四方（即今日所言之霍爾暈，見圖
十七中之 f）。青赤氣長而立日旁為『直』。青赤氣形三角，在
日四方為『提』（即今日所稱之羅維茲弧，見圖十七中之 k，
『提』，言其如籃之提柄然）。青赤氣橫在日上下為『格』，
如半暈在日下為『承』。又曰日下有黃氣三重若抱名曰
『承』。青白氣如履，在日下者為履。日旁有氣圓而周匝內赤
外青，名為暈。……。」

按歐洲之科學家直到西元 1630 年始在羅馬對日暈作詳細之觀測
和分析，可見中國人對日暈之詳細分析比歐人早一千年。

第三節 《觀象玩占》論述候風術，並將風向區分為二十四個方位，把風力分成十個等級

唐太宗時的科學家李淳風不但在數學上和天文學上有極大的成
就，而且在氣象學上亦有極大的貢獻。他在所著的《觀象玩占》一書

中曾詳述當時候風之術，定出各種風的名稱，並將風向區分為二十四個方位，把風力分成十個等級。茲分別說明如下：

一、候風之術

《觀象玩占》(註3) 卷四十四〈風角候風法〉有云：

「候風之法：凡候風必於高平遠暢之地，立五丈竿。以雞羽八兩為葆，屬竿上。候風吹葆平直，則占。或於竿首作槃，上作三足烏；兩足連上外立，一足繫下內轉。風來則烏轉廻首向之。烏口銜花，花施則占之。羽必用雞，取其屬巽而能知時，羽重八兩，以象八風，竿長五丈，以法五音，風為其首也。占書云：立三丈五尺竿於四方，以雞羽五兩繫其端，羽平則占之，然則長短輕重惟適宜，不在過泥。但須出外，不被隱蔽，有風即動，直而不激，便可占候。羽毛須五兩以上，八兩以下，蓋羽重則難舉，輕則易轉。平時占候必須用烏。軍旅權設取用作葆之法，取雞羽中破之，取其多毛處以細繩繫搏內夾之，長三四尺許，屬竿上，其獨鹿扶搖四轉五復之風，各以行狀占之。」

按「候風必於高平遠暢之地」與「須出外，不被隱蔽」均為現代測候所在安置風向風速器時，所要選擇之地點，而古人已先知此理。「於竿首作槃，上作三足烏；兩足連上外立，一足繫下內轉。風來則烏轉廻首向之。」即漢代發明的「銅鳳凰」和「相風烏」，相當於今日所使用之風向標（Wind Vane）。而「候風吹葆平直，則占」，「羽平則占」，「直而不激，便可占候」，「長短輕重惟適宜，不在過泥」，均為當時候風經驗之語。又「平時占候必須用烏。軍旅權設取用作葆之法」，與李淳風〈乙己占〉中所言「常住安居，宜用烏候，軍旅權設，宜用羽占」之意義相同，也就是說：相風烏宜設在固定的地方，在軍中，則因為部隊經常遷移，還是用雞毛編成的風向器較好，說明軍事和交通方面宜使用構造簡單的風向器。

二、定出各種風的名稱

《觀象玩占》卷四十四〈風角風名狀〉有云：

> 「占風家名曰發屋折木揚砂走石謂之怒風；一日之內三轉移方，古云四轉五復謂之亂風，乃狂亂不定之象。無雲晴爽，忽起大風，不經刻而止，復急起謂之暴風。風卒起，乍有乍無亦謂暴風。鳴條擺樹，蕭蕭有聲，謂之飄風。迅風觸塵蓬勃，即扶搖羊角之風，謂之回風，旋風也，回風卒起而環轉扶搖有如羊角向上轉，轉有自上而下者，有自下而上者，或平條長直，或磨地而起，總叫之回風。有清涼溫和，塵埃不起者，謂之和風。」

按李淳風在文中所謂之「回風」，即今人所稱之龍捲風。李淳風把風的形狀分成怒風、亂風、暴風、飄風、回風、和風等等，可見當時對風的觀測已相當細緻。

三、將風向區分為二十四個方位

《觀象玩占》卷四十四〈風角占驗決法〉有云：

> 「凡候風須明知八卦，審定干支，或上或下，或高或卑，俱無乖越，然後可驗，若失之毫釐，差之千里，不可不慎。今先定八干羅，十二支辰，總二十四分，遞相沖破，即知風所止。風從戌來，須辰；自辛至，必至乙，二十四方位先定其沖（去向），則來處明白，辰卦既明，自無失誤。……。凡候風須高築臺四十四尺，於上設竿，令其四遠無隱，則遠近皆知，期不爽。」

按此二十四個風向的方位係由四個卦名——乾（西北）、離（東北）、巽（東南）、艮（西南），八個天干——甲、乙、丙、丁、庚、辛、壬、癸，十二個支辰（地支）——子（北）、丑、寅、卯（東）、辰、巳、午（南）、未、申、酉（西）、戌、亥等所組成（見圖十八）。關於判定風向的方法是：凡風從戌（西北偏西）來的，要看吹向是否是辰（東南偏東），風從辛（西偏北）來的，要看吹向是否是乙（東偏南），依此類推，先定風的去向，就可以明白風

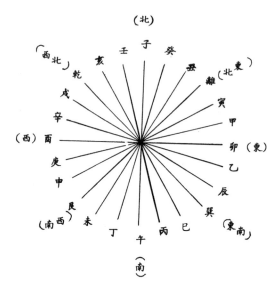

圖十八　唐太宗時李淳風所區分之風向方位說明圖。

的來向。「又候風須高築臺四十四尺，於上設竿，令其四望無隱」，其道理前面已經說過，茲不贅述。

　　四、首次將風力分成十個等級

　　《觀象玩占》卷四十八〈風角占風來遠近法〉有云：

　　　　「凡風發初遲後疾者，其來遠；初急後緩者，其來近。動葉十里，鳴條百里，搖枝二百里，落葉三百里，折小枝四百里，折大枝五百里，飛沙走石千里，拔大根三千里。凡鳴條以上，皆百里風也。」

　　按此為當時利用目力觀測風力，將風力分成十個等級（上述八個等級加上靜風及和風，共十個等級）者，與西元 1804 年英人蒲福氏所定蒲氏風級（Beaufort wind scale）以區分風力之術相近，但是李淳風定此風力等級時比蒲福氏早一千一百餘年。

第四節 《詩疏》論暴雪，《禮記注疏》首先合理地解釋虹的成因

唐太宗貞觀十四年時，孔穎達《詩疏》^(註4)有云：

> 「初為霰者，久必暴雪，故言暴雪耳；非謂霰即暴雪也。」

按孔穎達所謂先有霰，久之方有暴雪，是正確的，糾正了前人認為霰即暴雪之錯誤觀念。

又孔穎達《禮記注疏》^(註5)云：

> 「若雲薄漏日，日照雨滴則虹生。」

按孔穎達在該文中首次提到虹乃日光照射到水珠的結果，說明產生虹的兩個條件——雲和日，特別重要的是「日照雨滴」，把「日照」和「雨滴」結合起來，雨滴要通過陽光之照射，才能產生虹，這種說法是正確的。

第五節 《朝野僉載》記載候風占雨之方法

唐玄宗時，張鷟《朝野僉載》^(註6)有云：

> 「夜半天漢中黑氣相逐，俗謂黑豬渡河，雨候也。」

按黑氣相逐及黑豬渡河乃移動中之濃積雲及積雨雲，乃即將降雨之徵也。

《朝野僉載》又云：

> 「黑燕忽成群而來，主風雨。諺云：烏肚雨，白肚風，赤老鴉
> 含水叫，雨則未晴，晴亦主雨。」

按此係古人久經觀察黑燕和烏鴉之行止與天氣演變之關係而得來之經驗，與東漢時代四民月令中所言：「鴉浴風，鵲浴雨」之情節相似。

第六節　《開元天寶遺事》論述「相風旌」、「占風鐸」和「占雨石」，《南海百詠》記載唐代廣州建有候風金雞

一、相風旌

自古以來，風向旗就是中國地方官吏用來觀測風向的工具，唐代東川人開元進士李頎送劉昱詩云：「八月寒葦花，秋江浪頭白，北風吹五兩，……。」五兩就是用羽毛做的風向旗。

五代時，王仁裕在他所撰之《開元天寶遺事》（註7）中有載：

> 「相風旌：五王宮中，各於庭中豎長竿，掛五色旌於竿頭。旌之四垂綴以小金鈴。有聲，即使侍從者視旌之所向，可以知四方之風候。」

按文中所述之相風旌（見圖十九），乃 1931 年以前，各地之三等測候所所使用之風向旗，係用以觀測風向者也。

圖十九　唐玄宗時所使用的相風旌（風向旗）。

二、占風鐸

《開元天寶遺事》又載：

> 「岐王宮中於竹林內懸碎玉片子，每夜聞玉片相觸之聲，即知
> 有風，號為占風鐸。」

按此亦為候風之術，惟使用此術候風時，僅能測知有風與無風，
對風力的大小無法區分。

三、占雨石

《開元天寶遺事》云：

> 「占雨石：學士蘇頲有一錦紋花石，鏤為筆架。嘗置於硯席
> 間，每天欲雨，則此石架津出如汗；逡巡（不久）而雨。頲以
> 此常為雨候，固無差矣。」

按此亦為候雨之術，「石架津出如汗」即顯示大氣之濕度增加，
乃天將雨之兆也。在濕度表問世之前，利用此法亦可作為候雨之術，
其妙用與「懸炭識雨」實無殊異。

四、候風金雞

北宋時代（第十世紀）方信儒在《南海百詠》[註8]上記載廣州
之建築物說：

> 「番塔——始於唐時（七～九世紀），回（指回人）懷聖塔，
> 輪囷直上，凡六百十五丈，絕無等級，其頂標一金雞，隨風南
> 北，每歲五六月，夷人（回人）率以五鼓登其絕頂，叫佛號，
> 以祈風信，下有禮拜堂，係回人懷聖將軍所建，故今稱懷聖
> 塔。」

說明唐代廣州懷聖塔上建有風向雞——候風金雞，能隨風南北。
可見唐代西人所造之候風金雞（見圖二十），比中國漢代之相風銅鳳
凰和相風銅鳥要晚大約一千年。

圖二十　西人於九世紀時所發明之候風雞。

第七節　《舊唐書》記占候家劉孝恭之著作，
　　　　　《太白陰經》解釋「風角」之意義

一、占候家劉孝恭之著作——《風角》

成書於五代後晉時之《舊唐書》（註9）〈藝文志〉有載：

　　「占候家劉孝恭著風角十卷。」

按劉孝恭所著之《風角》一書，竟有十卷之多，確為巨著，惜原書已失傳，今人已不得見之矣！

二、《太白陰經》解釋風角之意義

唐肅宗時，李筌之《太白陰經》（註10）〈雜占〉有云：

　　「風角，古占候之法，以五音占風而定吉凶也。」

按此亦為解釋風角意義之文獻之一。

第八節 《嶺表錄異》及《投荒雜錄》對颱風之記載

唐時，劉恂《嶺表錄異》（註11）有載：

> 「南中夏秋多惡風，彼人謂之颶，壞屋折樹，不足喻也，甚則吹屋瓦如飛蝶，或兩三年不一風，或二年兩三風。」

按唐時亦稱颱風為颶，但是當時尚無颱風之名詞，又「或兩三年不一風，或二年兩三風」係唐時粵人從觀察颱風之統計和經驗中所得來者。

又唐代《投荒雜錄》（註12）有載：

> 「嶺南諸郡，皆有颶風，以四面風俱至也。」

按此亦為唐人對颶風之解釋。

第九節 氣象預報在軍事上之應用

中國自古以來，率領軍隊作戰的將帥都非常重視占候（氣象預報）術，赤壁之戰，諸葛亮借東風，火燒曹操連環船之故事，人人熟悉，在中國之正史上，雖無借東風之記載，但是吾人可從《呂氏春秋》、《淮南子》、《易緯通卦驗》之論八風距中，知道古人對於各種季節風之風向和吹拂之季節已非常熟悉，故能應用到軍事作戰上，占候（氣象預報）與軍事之關係非常密切，作者在第五章第二節中所寫的占候家吳範，就是孫權時，孫吳軍隊中的高級幕僚參謀，可見遠在三國時代，兵家已非常重視占候之事。

唐代前半期之武功非常隆盛，當時所有之戰將和統帥在作戰之前必須先觀察雲氣和風角，再決定用兵之策，例如杜佑《通典》（註13）〈風雲氣候雜占〉有云：

「雲氣占候，驗於用師，天示安危，勝敗逆知（引太公兵
法）。世傳唐衛國景武公李靖精風角、雲祲之占術。依晷占
雲，戰陣以之。……。」

《衛公兵法》內亦多雲氣占候術之記載，俾供作戰前，用兵佈陣
之參考。

第十節　《唐國史補》論犁頭風之預報法

唐憲宗時，李肇之《唐國史補》（註14）有曰：

「暴風之候，有砲車雲。」

按砲車雲即積雨雲，因雲頂呈砧狀，很像砲車，所以叫做砲車
雲。當積雨雲發展時，將有雷雨前方強烈陣風——犁頭風過境，故有
積雨雲出現時，可預測將有暴風。

第十一節　《新唐書》記載奇異之光象

中國有史以來有關奇異光象之記載極多，到了唐代時也不少，例
如《新唐書》（註15）有載：

「唐肅宗寶應元年（西元762年）……，天之北方赤光通明。
……。」

「唐僖宗中和二年（西元882年）七月丙午，入夜天之西北向
盡紅，氣紫赤或天邊作深紅色。……。」

按此兩文皆確指赤色光象，而中國史書之記載奇異光象不絕如
縷，例如《文獻通典》（註16）所記載中國自漢代至元代所發現之奇異
光象共有四十次，而《圖書集成庶政典·光異篇》中所記載中國自漢
代至明代所發現之奇異光象則共有六十次之多。

第十二節　唐詩中所記載之關中氣象情況

作者在本書中曾言及局部區域之風向常常和當地之晴雨有極密切之關係，唐人甚至將其間之關係表達在詩中，例如唐代雍裕之之〈農家望晴〉一詩[註17]中有曰：

「嘗聞秦地西風雨，為問西風早晚回，

白髮老翁如鶴立，麥場高處望雲開。」

按詩中所云：「秦地西風雨」（關中一帶若吹西風就將下雨），與西晉張華《博物志》中所云：「關西西風則雨，東風則晴」一節相同，可見古人已非常熟悉關中一帶之氣象特性，並作為候晴雨之術。

第十三節　《相雨書》

夫風雨之候，不但有關於國者最大，軍期祭日率有所資，而且下至野老農夫，無不秉耒而觀晴雨。古時中國人歷長久以來之經驗和思想之進步，到了後來，對於候風候雨已能十中七八，由於古人仰觀雲物景象與山川草木之秀、鳥獸昆蟲之行止而卜風雨，故有關這方面的圖書文獻相當不少，其中內容最豐富者，要推《相雨書》。1959 年李約瑟在《中國之科學與文明》一書中曾言：「……唐時黃子發所著降雨預告之奇書──《相雨書》，今已失傳。……」[註18]，其實不然，作者曾於 1978 年冬在中央圖書館和師大圖書館總館內發現此書（見圖二十一）。該書中所論，以今日而言，雖有許多殊屬武斷，不足採信者，但是亦有很多合乎氣象學原理，足供吾人從事短期天氣預報和趨勢天氣預報工作時參考者。爰將《相雨書》中有關候風候雨之部分節錄如下，並擇加註解於括弧中，以供欲研究者參考。

相雨書

候氣．

凡有珥者，狂風迅起．在日，為風．在月，有雨．五緯生珥，大雨滂沛者二十日．

候申後日有珥者，雨在次後一日．

候日暈．午刻前暈者，風起正北方．午刻後暈者，有大風發屋拔木，風從暈門處來．

視日出入氣正白，日入氣正赤者，皆走石飛沙．

日入有光燭天者，晝夜連陰二十日．

日入返炤有黃光者次後一日大風．

晚有斷虹者半夜有細雨．

日已射庶猶有霧者細雨兩日．

三日有霂濛濛者，狂飈大起．

白虹降惡霧逡散．

電光出西北方雨注傾壁也．

圖二十一　今日尚有之唐代《相雨書》，此書係元代方回手錄，後人再重印者。

《相雨書》^{（註19）}：

一、候氣

1.凡有珥者，狂風迅起。在日，為風。在月，有雨。五緯生珥，大雨滂沛者二十日。

2.候申後日有珥者，雨在次後一日（前條與本條太過武斷）。

3.候日暈。午刻前暈者，風起正北方。午刻後暈者，有大風發屋拔木，風從暈門處來（此與日暈而風之道理相同）。

4.視日出氣正白。日入氣正赤者，皆走石飛沙（此皆為走石飛沙，能見度不佳所造成之光象——霾）。

5.日入有光燭天者，晝夜連陰二十日（太過武斷）。

6.日入返炤（照）有黃光者，次後一日大風（此為中原之情況，因為北方多風沙，太陽下山時，天空呈黃色，表示遠方有氣旋鋒面伴生之風沙，故次後一日大風）。

7.晚有斷虹者，半夜有雨達日中（晚有斷虹，表示別處正下雨，故半夜或有雨能達日中）。

8.日已射廬，猶有霧者，細雨兩日（已時已過，霧猶未散，顯為鋒前平流霧，將雨不爽）。

9.三日有霧濛濛者，狂颮大起（此與第八條之情況相同，當鋒前颮線通過時乃起狂颮）。

10.白虹降，惡霧遂散（日旁氣生，日射旺盛，濃霧頓消，輻射霧常如是）。

11.電光出西北方，雨注傾壁也（當鋒面雷雨接近時，必有閃電出現於西北方，鋒面一通過，乃大雨如注也，與今日之氣象情況相同）。

12.辰刻電，大風吹樹，至暮遂雨。

13.電光與星同耀者，有烈風暴雨。

14.日始出，南方有霧者，辰刻雨。

15.日出，無風而熱者，至日中，則雲雷作，風雨興也（日出無風而熱者，則濕度已高，日中對流旺盛，雷雨隨之可卜）。

16.視黑氣于日下如覆船者，立時遂雨（黑氣於日下如覆船者，即積雨雲，故立時將下暴雨）。

17.氣從下上于雲漢者，雨數日。

18.凡黃霧四塞者，日晴則雨，日雨則晴。

19.日沒有黑虹，次後一日雨。

20.月中生長虹，首南北貫月者小雹。三日大雹。五日、十二日後大雨雹。

21.西北聞，雨至之後也。次後二日復來。

22.既雨且霧，次復二日後大雨。

23.雨前霧者，至夕頹壁也。

24.遠觀十里外有青黑氣者，大雨將至。

25.午刻日色赤者，次後一日雨，申刻日色赤，次後二日雨。

26.日入光赤，七日後雨。日始出色赤，即日雨。

二、觀雲

1.候日始出，日正中，有雲覆日，而四方亦有雲，黑者大雨，青者小雨。

2.日入方雨時，觀雲有五色，黑赤並見者，雨即止。黃白者風多雨少。青黑雜者，雨隨之，必滂沛流潦。

3.常以戊申日，候日欲入時，日上有別雲，不論大小，視四方黑者大雨，青者小雨。

4.以丙丁辰之日，四方無雲。惟漢中有雲者，六中風雨如常。

5.以六甲日，平旦清明，東向望日始出時，如日上有直雲大小貫日中，青者以甲乙日雨。赤者以丙丁日雨。

6.白者以庚辛日雨。黑者以壬癸日雨。黃者以戊己日雨。

7.六甲日，四方雲皆合者，即雨。

8.四方有躍魚雲，遊疾者即日雨。遊遲者，雨少難至。

9.四方有雲如羊豬者，雨立至（全天空皆佈滿高積雲和高層雲或層積雲，彼等乃降水之雲，故雨立至）。

10.四方北斗中有雲，後五日大雨。

11.四方北斗中無雲。惟河中有雲，三枚相連，狀如浴豬，後三日大雨。

12.日入時有黑雲相接于日，雨注即傾滴也。

13.日沒時，雲暗紅者，或風或雨（雲暗紅顯示雲層濕潤，故將有風雨）。

14.午刻有雲蔽日者，夜中大雨。

15.日始出，東南有黑雲，巳刻雨。

16.日入，西北有黑雲覆日，夜半雨。

17.清晨雲如海濤者，即時風雨興也（雲如海濤，可能為碎層雲、碎積雲，或者高積雲，彼等出現時，顯示鋒面過境，天氣轉劣，即將有風雨也）。

18.雲逆風行者，即雨也（即上層風和地面風風向相反所造成之現象，其間有切變和不穩定現象存在，常可致雨）。

19.日已出，卯刻有大雲，渾者天陰，清者天雨（上午有大雲時，渾者，表示能見度不佳，大氣穩定，故天氣將繼續維持陰天。清者，表示大氣有對流作用，不穩定，有風，能見度較佳，故天將雨）。

20.雲在山下佈滿者，連宵細雨數日。

21.雲若魚鱗，次日風最大（雲若魚鱗表示卷積雲，乃風暴之前驅也，故卷積雲出現時，次日風最大）。

22.夜雨達旦，盈盈不盡者，細雨數日。

23.天中有雲擾者，風雨最多也。

24.日出紅雲，申刻有雨。（日出紅雲表示朝霞，夜間曾發生對流作用，故下午四時將有雨）。

25.雨隨風亂飛。無力者，靀時大霧天黯也。（風力微弱時，毛雨猶如大霧，故天黯也）。

26.日沒紅雲見，次日雨。（日沒後有紅雲出現，表示雲層濕潤，次日將雨）。

27.凡秋冬以東風南風有雨。春夏以西風北風有雨（季風氣候區冬令多北風，若吹東風或南風時，則顯示氣旋來臨時，暖區之風信，故有雨；夏令多南風，若有西風或北風時，則昭示颱風之蒞臨，故有雨）。

28.訊頭風不長，過後風雨愈壽也（颱風將至前，風雨勢不長，颱風中心經過後之風雨，遠甚於中心經過前之威勢也）。

29.夏日雨過，東風起遲，越大將拔屋。

30.凡候雨以晦朔弦望，雲漢四塞者，皆當雨（陰雲密佈，主雨也）。

31.雲如牛斗巉者當雨（雲如牛斗巉者，指積雨雲及濃積雲，乃雨徵也）。

32.暴有異雲如水牛者，不三日大雨。

33.黑雲如羊群，奔如飛鳥，五日必大雨（黑氣如羊群，奔如飛鳥，似指移動中之碎層雲，亦為雨徵）。

34.黑如覆船者，皆雨（指積雨雲）。

35.北斗獨有雲，不五日大雨。

36.四望青白雲，名曰天寒之雲，雨徵。

37.蒼雲黑色，細如杼柚（軸），蔽日月者，五日必雨（所指乃濃密莢狀高積雲，表示高空不穩定，可兆雨也，五日必雨，僅為經驗之談）。

38.雲如兩人提鼓持桴者，皆為大暴雨也（雲如兩人提鼓持桴指積雨雲，乃大雷暴雨之徵也）。（作者按：第30～38條皆引自西漢時代京房之《易飛候》。）

39.日入時，雲如亂草者，次日雨（雲如亂草，可能為碎層雲，亦降雨之徵也）。

40.朝辨雨法，有黑雲如一匹皂于日中，即一日大雨。二匹，二日大雨。三匹，十日大雨也。

41.青白赤黑雲在東西南北，各曰四塞之雲，見即有雨也（表示雲層極厚，佈滿全天，將下雨焉）。

42.午刻有風亂動幃幔者，立時雨至也。

43.日出，其下有雲如散泉者，即雨或次日雨。

44.日中，南方有雲如散泉者，申刻雨。

45.日入，日上有雲如散泉者，或在日下，皆夜中雨也。

46.月下有黑雲如龜者，次日有雨。

三、察日月看星宿

1.日出不見雲，有大風。日出即煊，有細雨。

2.日出便有輝，雨在日內（日出便有輝，表示有「日暈」，或「華」存在，天空有卷層雲或卷積雲、高積雲，乃低氣壓風暴之前驅也，常可預測有雨）。

3.日出而雨，日入而息。

4.日色黑者，大霧細雨二十日。

5.日色無光，大雨（日色無光，表示雲層極厚，故大雨）。

6.日中重影，大雨三日。

7.日熱殺人，六月霜雨。

8.日出裂木，有雨。

9.日出，射竹木有光采，有雨。

10.日朔有雨，晦亦有雨。上弦日前後無雨。下弦則雨。下弦無月魄則注。晦日無上弦則雨。

11.月光大明，七日有雨。

12.三日月覆者，次日雨。

13.晦日見月，名曰炎魖，日出必有雨。

14.月宿房，雨如霰，日中遂散。月宿箕，大風飛水。月宿斗口中，三日大雨，月宿虛，風發大水。月宿畢，風雨興也（此為古人長期觀察月亮在各宿星座之位置與風雨之關係，而得來之經驗）。

15.月宿井，大水敗穀。月宿張翼，大雨雪（「井」與「張翼」皆為星宿之位置）。

16.月無光，四日大雨。

17.月返炤，大雨。

18.月與水宿會，大雨三日。

19.太白入斗，五日陰雨，不見星。

四、會風詳聲

1.雨中大風飛雹者，九日後復來。

2.雨後簷前有滴聲者，不久又大雨。

3.春日北風晴，日中又雨。

4.九日不改風，每日風雨日星皆見，謂之太和。雨扣石無聲，日中大雨。

5.始雨，瓦木皆有聲，大雨在半日後。

6.雨注，聲如裂帛，南方百里外有火災。

7.細雨有聲，東方五十里外有火災。

8.雨過，瓦裂作聲，西方十里外有火災。

9.風雨俱從坎處入幕吹瓶有聲，北方三里外有火災。三十里外，復有火災。五百里外，大火流血。

五、推時

1.春雪後二旬有大風。

2.凡以降霜後有風雷者，次歲春多陰。

3.立春不見日，雨在春末夏初最多也。

4.春日寒者，有久雨（可能指春季若北有大陸性冷高壓與南方太平洋副熱帶高壓形成鋒面，且鋒面南北徘徊不定時，大陸性冷高壓之冷空氣乃不斷地南灌，料峭春寒，乃致春雨連綿，故謂有久雨也）。

5.冬雪不積，小雨將至也。

6.冬雪久積，又有大雪也。

7.月二十五六日不雨，初五六必雨。

8.二十二日雨，二十八日又雨。

9.正月不見雨，二月不見晴。

10.夏旱三十日，次歲春，雨二十日。

11.秋旱三十日，次歲夏，雨七日不止。

12.凡夏旱，甲子日雨者，秋旱四十日。秋甲子雨者，冬旱六十日。冬甲子雨者，春旱四十日。春甲子雨者，夏旱六十日。

六、相草木蟲魚玉石

1.每夕取通草一莖，以火然之，盡者，次日晴，不盡者雨（以火

燃通草，所以盡者，表示空氣乾燥，濕度小，故次日將晴，燃不盡者，表示空氣潮濕，濕度大，故將雨）。

2.雨注著樹，不下地，邑有災也。或曰大水沒郭。

3.雨凝如漆，著竹木上，其主有凶。

4.視鸛鳴亂翔，夸澤飛鳴者，雨立至（當空氣非常潮濕時，蟻乃出穴，鸛鳥就食之，遂飛鳴其上，故顯示雨將至。而夸澤鳥飛鳴時，亦示雨將至）。

5.鴉飛，鼓翅有聲，將雨累日（此為時人觀察烏鴉之行為以卜雨之例）。

6.樹穴生水，天有雨。雨落井中生泡者，愈下愈大也（樹穴生水，表示空氣非常潮濕，天將雨也。雨落井中生泡者，顯示雨勢極大）。

7.雨中鴉鳴，翅無聲，雨遂止。

8.視螘登壁者，將雨之候也（螘，螞蟻也，空氣濕度變大，即天將陰雨之時，穴居之螞蟻乃群出登壁，故謂將雨之候也）。

9.視魚躍波者，天將陰雨（魚躍波時，表示氣壓正在下降，低氣壓風暴或氣旋風暴正在迫近，故天將陰雨）。

10.壁上自然生水者，天將大雨（壁上自然生水，表示空氣非常潮濕，濕度極大，故天將大雨）。

11.石上津潤出液，將雨數日（其原理同第 10 條）。

12.虎龍相鬥，日光大烈而雨也。

13.犬貓食草，次日雨又晴。

七、候雨止天晴（作者按此語不妥）

1.雨後，見漢中有雲在箕尾間，天晴之候也。

2.陰雨時，雲下見有日光，則天晴。

3.雲飛疾，雨下速者，風雨即止。

4.曉雲在東，無雨天晴也。

5.夏日夜中雨至，旦日出便止（雷雨為時短暫，夏夜雷雨，次日自可中止）。

6.雨注無風，五日後始晴。

7.候晴六十日者，以甲子雨者，二日止。乙丑雨者，二日止。丙寅雨者，即日止。……。半天雲霧，見日在洞中，雨止，天遂晴（所言「半天雲霧，見日在洞中，」表示半天雲霧中，日已顯露，地面溫度增高，雲霧隨之消失，自屬將晴之徵兆）。

註 1：《周書》，唐高祖武德八年（西元 625 年）令狐德棻撰。

註 2：《晉書》，唐太宗貞觀九年（西元 635 年）間房玄齡（字喬）等人所撰。

註 3：《觀象玩占》，唐太宗貞觀年間（西元 635 年左右）李淳風撰，全書共五十卷。

註 4：《詩疏》，唐太宗貞觀十四年（西元 640 年）孔穎達著。

註 5：《禮記注疏》，唐太宗貞觀十四年（西元 640 年）孔穎達著。

註 6：《朝野僉載》，唐玄宗年間（西元第八世紀）張鷟撰，記唐代軼事。

註 7：《開元天寶遺事》，五代時王仁裕撰，記唐玄宗時遺事。

註 8：《南海百詠》，北宋時代（八～十世紀）方信孺撰，記廣州物產、文物、建築物等，全書一卷，校譌一卷，續校一卷。

註 9：《舊唐書》，五代後晉時劉昫等奉敕撰。

註 10：《太白陰經》，唐肅宗乾元二年（西元 759 年）李筌撰，該書係兵家之書。

註 11：《嶺表錄異》，唐代劉恂撰，記唐代嶺南之事跡和自然界現象。

註 12：《投荒雜錄》，唐代房千里著。

註 13：《通典》，唐憲宗元和七年（西元 812 年）杜佑撰。

註 14：《唐國史補》，唐憲宗元和十五年（西元 820 年）李肇撰，全書共三卷。

註 15：《新唐書》，北宋仁宗嘉祐六年（西元 1060 年）歐陽修、宋祁撰。補正劉昫，舊唐書之舛漏。

註 16：《文獻通考》，元代馬端臨撰。

註 17：〈農家望晴詩〉，唐代雍裕之著。

註 18：Joseph Needham,《*Science and Civilisation in China,*》Vol.3 Chapter 21, Meteorology.

註 19：《相雨書》，唐代黃子發撰，全書共七篇。

第八章　宋代

（自北宋太祖建隆元年至南宋端宗景炎二年，西元 960 年～西元 1277 年）

氣象學術蓬勃發展的時代

宋代外患頻仍，宋初以還，西北方的西夏和北方的金、遼等對宋室的寇邊剽掠，年年無已，靖康之亂後，又有金人之久據中原。這些因素促使宋人對科技和武器發明特別重視，故宋代有活字板印刷術、霹靂砲和砲車、突火槍等之發明，同時航海術亦大為進步，數學家楊輝和秦九韶在數學上亦有極輝煌的成就。宋代有關氣象學術文獻之記述亦不少，計有虹、梅雨、舶趠風、梅雨多雨原因等之解釋，首次描述龍捲風和靄霧，首創雨量和雪量之觀測技術和計算方法等。茲分別論述如下。

第一節　《太平御覽》首次收編前人之氣象學術和見解

《太平御覽》（註1）係北宋初年李昉等人奉宋太宗之喻而編撰之書，全書凡一千冊，完成於北宋太宗太平興國八年，書中多轉引前人之著。在天部中之氣象見解及占候方法亦多援引前人之說，惟並不完備。

《太平御覽‧天部》引〈荊州星占〉云：

「箕舌一星動，則大風至。」

按「箕」係二十八星宿之一，乃風師也，即箕星主風也。乃中國先民經長期觀察天文和氣象現象以後所得到的經驗。上段所言乃本書前述數章中所未曾見者，故作者乃引述於此。

第二節　《辨姦論》中的占風卜雨方法

北宋初年，蘇洵《辨姦論》（註2）有云：

「月暈而風，礎潤而雨。」

按「月暈而風」意謂有月暈出現時，即將有低氣壓風暴發生，因為月暈係月光射至卷雲或卷雲層時，因冰晶之折射作用或反射作用而成者，卷雲或卷層雲以及月暈出現時，在中國北方常為秉性乾燥低氣壓（雨量少）即將來臨之朕兆，故常能預測有風。礎，礎也，乃柱下石礩也，當礎上潮濕時，表示空氣之濕度增高，天將雨，此與相雨書中所言「壁上自然生水者，天將大雨。」與「石上津潤出液，將雨⋯⋯。」之原理相同。

第三節　蘇軾釋詠天氣現象之詩

北宋仁宗、英宗年間，蘇軾（東坡）所著之詩詞文極多，其中有關氣象學術之詩、詞、文計有下列三者（註3）。

一、詠積雨雲和雷暴雨

蘇軾有詩云：

「⋯⋯，今日江頭天色惡，砲車雲起風暴作。」

按「砲車雲起風暴作」意謂夏日午前，若有滿天堡狀般厚積雲和積雨雲時，則午後將下雷暴雨。今日夏季亦常有這種天氣情況發生。可見其見解正確。

二、〈中秋月詞〉中述及地勢與氣溫之關係

蘇軾〈中秋月詞〉中有云：

「⋯⋯，我欲乘風歸去，又恐瓊樓玉宇，高處不勝寒。」

按蘇軾詞中之「瓊樓玉宇，高處不勝寒」係引自南唐李後主之詞，可見李後主和蘇軾已經知道高度愈高，氣溫愈低，故高處不勝

寒。

三、解釋舶趠風

由近世考古學之發現，證明距今二千多年前（秦代）中國之商船和漁民就已航行在南海之波濤中，至西漢，南海更成為中國重要的海上航線，可知當時中國之造船技術和航海事業已相當發達。迨唐宋時代，江南及東南沿海各省先民更利用冬季和夏季之季風風向紛紛下南洋，從事拓殖及貿易工作。南海諸島及錫蘭近世曾先後發現唐宋時代之錢幣、磁器、陶器、鐵刀、鐵鍋等生活工具，即可為明證。

蘇軾舶趠風詩有曰：

　「三時已斷黃梅雨，萬里初來舶趠風。」

並附註云：

　「吳中梅雨既過，颯然清風彌旬，歲歲如此，湖人謂之舶趠
　風，是時，海舶初回，云此風自海上與舶俱至云爾。」

按《農圃六書》：「夏時後半月為三時」，文中所言「舶趠風」即夏季東南季風，乃長江中下游和江南久晴之徵兆，故曰「三時已斷黃梅雨」。每屆冬季北風盛行，吳越及東南沿海之船舶便揚帆南下南洋和西洋（印度洋及阿拉伯海），至夏初梅雨季節過後，東南風盛行，復乘風返航。可見當時中國人對夏季東南季風之特性已有相當的認識。

第四節　《師友談紀》記述占風旗和風之觀測紀錄工作，遼代國人使用鐵鳳凰觀測風向

北宋英宗神宗年間，李廌《師友談紀》[註4]載：

　「蘇仲豫言：蔣穎叔之為江淮發運也，其才智有餘，人莫能
　欺。漕運絡繹。蔣，吳人，暗知風水。嘗於所居公署前，立一
　旗，曰占風旗。使人日候之，置籍焉。今諸漕綱日程亦各紀風
　之使逆。

> 蓋雷雨雪雹霧露等或有不均，風則天下皆一。每有運至，取其
> 日程歷以合之，責其稽緩者，綱吏畏服。
>
> 蔣去，占風旗廢矣。」

按「立一旗，曰占風旗。使人日候之，置籍焉。」意謂設置風向旗，逐日觀測，並將觀測結果記錄在觀測簿上。此與今日日常之氣象觀測工作雷同也。惟謂「風則天下皆一」則實謬誤。因為各地之風向在同一時刻不會完全一樣。又「蔣去，占風旗廢矣。」由於占風術未推行全國使用，以致蔣氏離開以後，竟告廢棄，實在可惜。

2003 年 12 月，氣象人員在山西省渾源縣的遼代（即北宋仁宗時代）圓覺寺釋迦舍利磚塔上，發現一個鐵質鸞鳳（鳳凰）風向標，至今已有九百多年的歷史。該風向標通體呈黑色，構造精巧，不銹不蝕，轉動自如，是中國現存最古老的風向標，也可說是一具鐵鳳凰（見圖二十二）。（見 2003 年 12 月 18 日臺灣聯合報 A13 兩岸版之報導）

第五節　《宋史》記載奇異光象和靄霧

《宋史》^(註 5)對於天氣現象和自然界所造成之災害的記載不少，其中有關奇異光象和靄霧之記載可以下述諸文為代表。

一、有關奇異光象之記載

《宋史‧天文》第十一卷〈雲氣篇〉有云：

> 「……。宋太祖乾德三年七月己卯夜，西方起蒼白氣，長五丈
> 餘，貫天船五車，更井宿。……。」

> 「北宋仁宗景祐元年八月，年壬戌，青黃白氣如彗，長七尺
> 餘，出張翼之上，凡三十三日不見。……。」

按上述兩文中所言「蒼白氣」及「青黃白氣」皆是當時發生的奇異之光象，因未有詳細之敘述和說明，故無法判定是何種光象。

二、有關靄霧之記載

圖二十二　山西省渾源縣遼代佛塔上的鐵鳳凰。

《宋史‧天文》第十一卷〈雲氣篇〉有云：

「……北宋仁宗慶曆四年五月甲子夜，黑氣起東北方，近濁，長五丈許，良久散。十一月甲子夜蒼白，雲起南。近濁，久方散。慶曆八年二月辛卯夜，西方近濁。……。」

「北宋仁宗天聖四年十月甲午昏霧四塞，……。」

「宋高宗紹興七年……，氛氣翳日。……。」

按上述諸文中所言之「濁」和「氛氣」乃今人所言之靄，亦即《太平御覽》（見註1）及《廣韻》（註6）中所稱之「氛祲」。「氛氣翳

日」謂靄氣掩蔽了太陽。

第六節　《蠡海錄》論雨雪之成因和花信風的意義，並記述占候之諺語

北宋仁宗英宗年間，王逵在《蠡海錄》[註7]中曾論述雨雪之成因、雨雪與雲之關係，又詳細說明二十四番花信風之意義，並記述觀月占風雨之諺語，茲分別討論如下：

一、《蠡海錄》論述雨雪之成因

《蠡海錄》有云：

> 「雪者，雨之凝也，因高而寒極，故雨凝而為雪也。其雨雪相雜者，雲有高低之異也，低者為雨，高者為雪。」

按此說明雲與雨雪之間的關係，言溫度極低時，雨滴或雲滴才凝結成雪，雨雪相雜者，則雨雪由雲之高低來決定。其論雪之成因，相當於今人之雪之「液體形成說」。今人謂，兩百餘年後（西元1270年左右）阿拉伯哲人阿布雅赫亞（Abu Yahyaal-Qazwini）始有如此相似之見解。

二、詳細說明二十四番花信風

《蠡海錄》有云：

> 「十二月天氣運於子，地氣臨於丑，陰呂而應於下，古人以為候氣之端，是以有二十四番花信風之語，一月二氣六候，自小寒至穀雨，凡四月八氣二十四候，每候五日，以一花之風應之。詳言之：小寒，一候梅花，二候山茶，三候水仙；大寒，一候瑞香，二候蘭花，三候山礬；立春，一候迎春，二候櫻桃，三候望春；雨水，一候菜花，二候杏花，三候李花；驚蟄，一候桃花，二候棣棠，三候薔薇；春分，一候海棠，二候梨花，三候木蘭；清明，一候桐花，二候麥花，三候柳花；穀雨，一候牡丹，二候酴醾，三候楝花。」

可見《蠡海錄》已將二十四番花信風之意義說得極為詳細。

三、記述觀月以占風雨之諺語

《蠡海錄》有云：

> 「月如仰瓦，不求自下；月如張弓，少雨多風。」

此為當時中國先民藉觀察月亮之下弦月（月如仰瓦）及上弦月（月如張弓）來預卜風雨之諺語。

第七節　《事物紀原集類》論述相風術

北宋神宗時，高承《事物紀原集類》（註8）第二卷〈相風篇〉云：

> 「黃帝內傳有相風制，疑黃帝始作之也，拾遺記曰：少昊母
> 曰：『皇娥游窮桑之浦，有神童稱為白帝子與皇娥讌戲汎于
> 海，以桂枝為表，結芳茅為旌，刻玉為鳩，置於表端，言知四
> 時之候。』今之相風鳥亦其遺像。古今注曰：相風為夏禹所
> 作。周邊輿服雜事曰：相風，周公所造。即鳴鳶之象。禮曰：
> 前有塵埃，則載鳴鳶，後代改為烏。梁沈約輿服志曰：相風
> 烏，秦制。」

由前文所述，可見北宋時代尚使用「相風烏」，又言在相風烏發明之前，古人係「以桂枝為表，結芳茅為旌，刻玉為鳩，置於表端」以測四時之風候。又古人將相風烏之創製歸諸於黃帝、夏禹、周公、秦人等，實非彼等所創製，而係東漢時張衡所創製也。

第八節　《夢溪筆談》和《景表議》中的氣象學術和氣象思想

沈括（西元1031年～1095年）是中國北宋時代的偉大科學家，博學多才，於天文、方志、律曆、音樂、醫藥、地理、卜占、數理等

無所不通，他當時所創的「招差術」即今日所使用之高等級數，「隙積術」即今日高等數學中求總和之方法。並詳細描述石油之性質，預言石油後必大行世（見《夢溪筆談》卷二十四〈雜誌一〉）。並詳細描述古生物化石和鐘乳石之成因，在物理學和天文學上亦有極大之貢獻，後人稱讚沈括在科學上之尋求真理精神實在不下於義大利之偉大科學家伽利略。

沈括在《夢溪筆談》(註9) 和《景表議》中曾以嚴謹合理的科學觀念解釋靄、雷擊、虹等之大氣現象，並發現月令和物候有古今時地之不同，茲分別論述如下：

一、設觀天臺以觀測雲物

《夢溪筆談》卷八〈象數二〉有言：

> 「國朝置天文院於禁中，設漏刻、觀天臺、銅渾儀。……見雲物祺祥及當夜星次。」

可見當時的天文觀測人員除了從事觀測星次以外，還要觀測雲物以預測風雨。

二、解釋靄

《宋史》(見註10) 卷四十八〈天文志〉第一敘述熙寧七年七月沈括上《景表議》，曰：

> 「……然測景之地，百里之間，地之高下東西不能無偏，其間又有邑屋山林之蔽，倘在人目之外，則與濁氣相雜，莫能知其所蔽，而濁氣又繫其日之明晦風雨，人間烟氣塵氛，變作不常。」

清人阮元於《疇人傳》第二十卷有曰：

> 「括於步算之學……，其景表一議尤有特見，……所謂烟氣塵氛出濁入濁之節，日日不同，即西人『蒙氣差』所自出也。」

按文中所謂「濁氛」，「烟氣塵氛」皆指靄也，與本章第五節中所言「濁」，「氛氣」，「氛祲」意義相同。惟沈括已經明白它繫其

日之明晦（暗）風雨，且由地球表面低層大氣中之烟氣灰塵及塵土等微細質點所構成者。今人言霾（mist）又稱輕霧（light fog），乃較霧滴細而疏之水滴群或吸水性甚強之煙塵等質點懸浮於空中之淺灰色薄幕景色，其水平能見度小於一公里，空氣濕度比霧低，呈淺灰色或灰白色，為介於霧與靄間之中間物。

又「蒙氣差」為清代末葉時之名辭，乃太陽光透照大氣層，因空氣密度之不同所生折射之差異。

三、對雷擊現象之描述和解釋

《夢溪筆談》卷二十〈神奇篇〉有曰：

> 「李舜舉家曾為暴雷所震，其堂之西室雷火自窗間出，赫然出簷，人以為堂屋已焚，皆出而避之。及雷止，其舍宛然。牆壁窗紙皆黔。有一木格，其中雜貯諸器，其漆器銀釦者，銀悉鎔注於地，漆器曾不焦灼，有一寶刀極堅鋼，就刀室中鎔為汁，而室亦儼然。人必謂火當先焚草木然後流金石，今乃金石皆鑠，而草木無一燬者，非人情所測也。佛書言龍火得水而熾，人火得水而滅，此理信然。人但知人境中事耳，人境之外，事何有限，欲以區區世智情識，窮測至理，不其難哉。」

此為沈括經過仔細的觀察雷擊的結果以後，所作的詳細記述，而西人類此周詳而客觀的記述，在數百年以後方有之。

四、對虹之描述及合理的解釋

沈括曾於北宋神宗熙寧三年（西元 1070 年）出使契丹（今之甘肅省境），途中看到重虹現象，乃仔細加以觀察，並把它記述在《夢溪筆談》中。《夢溪筆談》卷二十一〈異事（附異疾）篇〉有云：

> 「世傳虹能入溪澗飲水，信然，熙寧三年，予使契丹，至其極北黑水境，永安山下卓帳，是時，新雨霽，見虹，下帳前澗中，予與同職扣澗觀之，虹兩頭皆垂澗中，使人過澗，隔虹對立，相去數丈，中間如隔絹縠，自西望東則見（蓋反虹也），立澗之東西望，則為日所鑠，都無所觀，久之，稍稍正東踰山

　　而去，次日行一程，又復見之，孫彥先云：虹乃雨中日影也，
　　日照雨則有之。」

　　由此可見，當時沈括和孫彥先皆認為虹係由於浮游於空中水滴，
經日光反射而形成者，比唐初孔穎達的解釋又進了一步，而西人則在
沈括之後兩百餘年，才予虹霓現象以如此完善之解釋。今人言虹乃日
光照射在空中，由水滴所組成之幕上時，所呈現在觀察者眼中之彩色
弧，亦可由地面上之露點，瀑布之水點，或噴泉及花園噴水等造成
之。

　　當人面對遠處陣雨，而太陽在人之背後時，即可見到主虹（Pri-
mary rainbow）。僅有內反射一次，為吾人所見強度最強之虹，由偏
向角公式 $D = 2(i - r) + 2n(90° - r)$。

　　式中 D 為偏向角，乃入射方向與反射方向間方向角之差。i 為入
射角，r 為折射角，n 為內反射之次數。

　　當 $n = 1$，$i = 58°\sim59°$，$r = 39°\sim40°$ 時，則 $180° - D \approx 42°$，
即可得見主虹中之紅色圈，故主虹又稱為 42°虹，其圖解見圖二十三
中之（A）與（B）即可明瞭。

　　當 $n = 2$，$i = 71°$，$r = 44°\sim45°$ 時，則 $180° - D \approx 50°$，即可見
及第二級虹之紅色圈，此時主虹之上有與主虹顏色排列逆轉（即相
反）之第二級虹（Secondary rainbow），亦稱霓，其圖解見圖二十三
中之（C）即可明瞭。

　　當 $n = 3$，$i = 76.5°$，$r = 46.5°$ 時則 $180° - D = 138°$，即可在
太陽同一方向見到與主虹之顏色排列相同，但光度較淡弱之第三級虹
之紅色圈，其圖解見圖二十三中之（D）即可明瞭。

　　主虹和第二級虹即宋代沈括所見之重虹現象也（見圖二十四）。

　　五、記述物候，並言物候有古今時地之不同

　　《夢溪筆談》卷二十四〈雜誌一〉有云：

　　「北方白雁於秋深則來，白雁至則霜降，河北人謂之霜信，杜
　　甫詩云：故國霜前白雁來。即此也。」

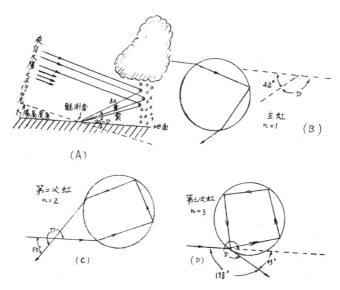

圖二十三　（A）（B）為主虹之圖解。
　　　　　　（C）為第二次虹之圖解。
　　　　　　（D）為第三次虹之圖解。

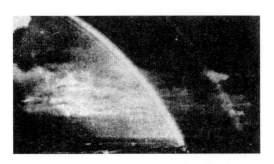

圖二十四　主虹和第二級虹所構成之重虹現象。

　　按上文言中國中原地方若有白雁從北方來時，則氣候將轉寒，並將開始降霜。

　　《夢溪筆談》又云：

> 「土氣有早晚，天時有愆伏，……嶺嶠微草，凌冬不凋，并汾
> 喬木，望秋先隕，諸越則桃李冬實，朔漠則桃李夏榮，此地氣
> 之不同也。」

沈括認為月令物候有古今時地之不同，月令物候與高度、緯度、
植物品種皆有極密切的關係。故南嶺草木凌冬不凋，汾河流域則樹木
望秋先隕，說明地氣之不同。

第九節　《侯鯖錄》記占候家劉師顏之成就

中國歷代多有文獻記載占候家（即今日之氣象預報員和天氣學專
家）之事跡，北宋神宗哲宗年間，趙令時（字德麟）在《侯鯖錄》中
亦曾記載北宋占候家劉師顏之成就。

趙令時《侯鯖錄》(註10) 卷四有云：

> 「鄰幾云：劉師顏視月占水旱。問之，云諺有之，月如懸弓，
> 少雨多風；月如仰瓦，不求自下。」（亦見於《談苑》卷二）

按月如懸弓，指上弦月。月如仰瓦，指下弦月，不求自下，指多
雨。此為古人觀新月以卜風雨方法之一，得自於長期之經驗，至明
初，中國人尚使用此諺（見第十章田家五行論月篇），足見此諺流傳
之久遠。

第十節　《談苑》中的占候歌謠

北宋哲宗時，孔平仲在《談苑》(註11) 中記載：

> 「京東一講僧云：雲向南，雨潭潭；雲向北，老鸛尋河哭；雲
> 向西，雨沒犁；雲向東，塵埃沒。老翁言：雲向南與西行，則
> 有雨，向北與東行，則無雨。」

該講僧把雲向和晴雨之預測連繫起來，在天氣預報上很有意義，
因為雲之行向及高空氣流之方向，氣流所經地形不同（例如山林、沼

澤、沙漠、海洋等），氣流和氣團之寒燠燥濕自然不同，能影響天氣，故乃形成上述之種種天氣現象。

第十一節　《毛詩名物解》論霧與雲同類

遠在周朝時代，《爾雅·釋天》即曾經對霧的成因加以解釋，到了北宋哲宗時，蔡卞在《毛詩名物解》[註12]中更進一步指出霧與雲同是一類東西，云：

> 「水氣純化，在天成霧，霧，雲之類也。」

按上文說明水汽在空中形成霧，霧和雲是同一類東西。這個正確的見解比近代德國氣象大師柯本所言「雲為空中之霧，霧為地面之雲」一語要早數百年。

第十二節　《唐語林》記載風信和蜃景現象

北宋徽宗大觀年間，王讜之《唐語林》[註13]中有風信及蜃景之記載，茲敘述如下：

一、有關風信之記載

《唐語林》卷八〈補遺〉有云：

> 「東北風謂之信風，七月八月有上信，三月有鳥信，五月有麥信。」

按此段所述與唐代李肇所撰唐國史補中所述「江淮船泝流而上，待東北風，謂之信風，七月八月有上信，三月有鳥信，五月有麥信」相同。依期而至無差忒之風，謂之風信或信風，時言春季盛行之東北季風為信風，又上信係指秋信。

二、有關蜃景之記載

中國自漢代以還，即有有關蜃景現象之記載，例如漢代司馬遷之《史記·天官書》有云：「海旁蜃氣象樓臺，廣野（壄）氣成宮闕

然。」晉伏琛之《三齊略記》云：「海上蜃氣，時結樓臺，名海市。」《隋唐遺事》云：「張昌儀恃寵，請託如市，李湛曰：『此海市蜃樓比耳，豈長久耶？』」惟皆未作較詳細之描述。《唐語林》卷八〈補遺〉則有更詳細之記載，云：

> 「海上居人時見飛樓如結構之狀，甚壯麗者，太原以北，晨行則煙靄之中觀城闕狀如女牆雉堞，天官書所謂蜃也。」

按《唐語林》中已說明山西太原以北有煙靄天氣時才可見到蜃景現象，即低層空氣非常穩定，下冷上暖，有逆溫層存在時，才可見到上現蜃景（Superior Mirage），惟王讜對蜃景現象之成因未作解釋。

第十三節　《步里客談》首次解釋梅雨及其多雨之原因。〈觀物篇〉說明雨水之來源

宋代以前中國先民雖然一再言及梅雨一詞，但是對梅雨之定義以及其所以多雨的原因，都未曾有所解釋，直到北宋末年，陳長方始加以解釋。陳長方《步里客談》（註14）卷下有云：

> 「江淮春夏之交多雨，其俗謂之梅雨也。蓋夏至前後各半月，或疑西北，不然。余謂東南澤國，春夏天地氣變，水氣上騰，遂多雨，於理有之。」

此為陳長方首次對「梅雨」一詞所下之定義，並首次解釋梅雨所以多雨的原因。陳長方認為因為「春夏天地氣變」，故多水汽上升到空中，以致多雨。乃應用本書前述各章中所言之水文循環原理來解釋梅雨所以多雨之原因。今人則有謂梅雨係春夏之交，暖海變性西伯利亞冷氣團（鄂霍次克海氣團）和太平洋副熱帶高壓暖氣團（小笠原暖氣團）相衝擊而造成者，亦有謂係極鋒南下與間熱帶輻合帶北上，交綏於日本以迄長江流域一帶，形成一連串之氣旋波和梅雨鋒面所造成者（見圖二十五），乃春末夏初有名之氣旋雨也。在中國江淮丘陵地區，春夏之交，由於有西南氣流源源供應水汽，故在江淮丘陵區上空

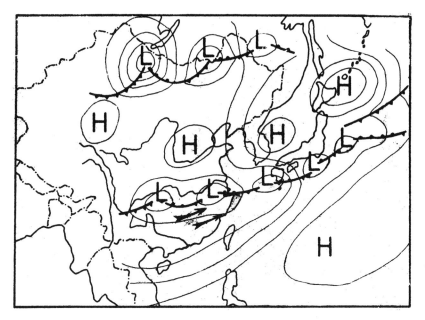

圖二十五　今日所分析之梅雨天氣型地面天氣圖。

最易形成停滯之氣旋，連續下持久性氣旋雨，故春末夏初，梅雨期間，天氣惡劣，時雨時晴，有長達三週以至閏月之久者，誠謂「黃梅時節家家雨」，但偶亦有雨量稀少，好天持續甚久之年，乃「梅子黃時日日晴」之情況也。

又北宋時代邵雍《皇極經世書·觀物篇》（註15）有云：

「雨者，水氣之所化。……」

說明雨乃水汽所變來者，其見解亦正確，然而邵雍並沒有詳細說明水汽如何變成雨。

第十四節　《避暑錄話》描述舶趠風、雷陣雨和龍捲風

南宋初年，葉夢得在《避暑錄話》^{（註16）}中曾再度論及舶趠風，並且首次描述雷陣雨及龍捲風，茲分別論述如下：

一、舶趠風

「舶趠風」一詞原源自東漢時代《四民月令・農家諺晴雨占》中之「舶趠風雲起」一句，至南宋初年，《避暑錄話》卷上又曰：

> 「今夏不雨四十日，自江左連湖外皆告旱。常歲五、六月間梅雨時，必有大風連晝夕，踰旬乃止，吳人謂之舶趠風，以為風自海外來。」

按江南常歲在梅雨季節期間，由於梅雨氣旋（指氣旋波）停滯其間，所以有連晝夕的暴風雨，此大風若為東南風——舶趠風，則梅雨不久即將停止，故舶趠風主旱，乃將久晴之徵兆。

二、首次描述雷陣雨及龍捲風

今人對夏季雷陣雨之短暫特性以及極富局部性都非常熟悉，中國先民早在宋朝時代即已體會到夏季雷陣雨之特性。《避暑錄話》卷下有云：

> 「吳越之俗，以五月二十日為分龍日，據前此夏雨行雨之所及必廣，……，自分龍後，則有及有不及，若命而分之者也。故五六月之間，每雷起雲後，忽然而作，類不過移時，謂之過雲雨，雖三兩里間亦不同。或濃雲中見若尾墜地，蜿蜒屈伸者，亦止雨其一方，謂之龍掛，屋廬林木之間，時有震擊。」

按上文中所指「類不過移時」，謂大體上所歷之時間很短暫，為夏季雷陣雨之特性，「過雲雨」即今人所稱之午後雷陣雨也，夏季雷陣雨非常富於局部性，所謂「夏雨隔秋田」是也，故「雖三兩里間亦不同」。「濃雲中見若尾墜地」及「龍掛」即今人所稱之龍捲風

（Tornadoes）也（見圖二十六）。此為中國歷史上首次描述雷陣雨及龍捲風之文獻。

第十五節　《通志》列出當時之氣象預報書籍

南宋高宗紹興二十年，鄭樵在他所撰之《通志》（註17）卷六十八〈風雲氣候占〉中曾列出當時之氣象預報書籍多種，計有：翼氏占風一卷，天文占雲氣圖一卷，雜望氣經八卷，候氣占一卷，章賢十二時雲氣圖二卷，天機應馬占一卷，推占母探珠詩一卷（以望氣占說為詩六十首），推占青霄玉鏡經一卷，占風雲氣候明星辰上下圖一卷，乾象占一卷，雲氣測候賦一卷（劉啟明撰），占候風雨賦一卷（劉啟明撰），至氣書七卷（隋志），雲氣占一卷（隋志），……。按其中多為雲圖，惜今皆已失傳，不得見矣！

又《通志》卷六十八〈風雲氣候占〉有云：

「……雲氣如亂穰，大風將至，視所從來避之。雲甚潤而厚大，雨必暴至；四始之日有黑雲如陣，厚重大者多雨。」

按「雲氣如亂穰，大風將至，視所從來避之」係取自唐代瞿曇悉達之《開元占經》，「雲氣如亂穰」表示空中之大氣非常不穩定，騷動非常激烈，有風暴產生，故大風將至。「雲甚潤而厚大，雨必暴至」與第七章第二節之一《晉書・天文志》所論者相同。「黑雲如陣，厚重大者」表示層積雲雲層非常厚，故多雨。

圖二十六　今人所見之龍捲風（象鼻形之雲管接觸地面）。

第十六節　《演繁露》論花信風和鍊風，並區別梅雨和連綿春雨

南宋孝宗時，程大昌《演繁露》^{（註18）}卷之一曾再度討論花信風，並在卷四中區別梅雨和連綿性春雨，茲分別論述如下：

一、討論花信風

《演繁露》卷之一有載：

「花信風：三月花開時風名花信風，初而泛觀，則似謂此風來報花之消息耳。按呂氏春秋曰，春之德風，風不信，則其花不成，乃知花信風者，風應花期，其來有信也。徐錯歲時記春日。」

又曰：「鍊風：颶或颱繫帶來之風信，謂之鍊風。」

按程大昌在《演繁露》中所稱之三月花開時風名花信風係指東南季風。

二、區別梅雨和連綿性春雨

梅雨和連綿性春雨之性質非常相似，惟兩者發生之季節不一樣，所以南宋孝宗時，程大昌乃加以區別。程大昌《演繁露》卷四有云：

「梅雨：江南梅子黃熟時，雨常淹久，故目為梅雨，北方則無此矣！裏九年夏四月，晉伐偪陽，宿師久，士匄日，水潦將降，懼不能歸，請班師。杜預曰，向夏恐有久雨也，此之謂夏，即指周代之四月，而夏代之二月也。案時序而言，則此之夏雨，自謂春雨，不為梅雨也。」

此為程大昌解釋梅雨，並區別梅雨和春雨之記載。宋陸佃所撰《埤雅・釋天篇》亦云：

「江、湘、兩浙四五月間，梅欲黃落，則水潤土溽，蒸鬱成雨，謂之梅雨。」

今日亦稱國曆五、六月間（農曆四、五月間）所下之霢雨為梅

雨，而二、三月間（農曆正月、二月間）所下之霪雨為春雨。按江南和東南沿海諸省常年二、三月間（農曆正月、二月間）多為晴雨參半之天氣，但是有時候，北方大陸性冷高壓和南方副熱帶高壓所形成之鋒面，會南北徘徊不定，而連綿不斷地下雨，且因大陸性冷高壓之冷空氣不斷地南灌，故天氣寒冷，乃造成料峭春寒、春雨連綿達閱月之久的天氣。此與梅雨有季節上之分別也。

第十七節　《吳船錄》記載氣象歌諺，並首次描述峨嵋光

南宋孝宗時，范成大在他的四川及華中、江南遊記——《吳船錄》[註19]中曾記載一些著名的氣象歌諺，並首次描述他在四川峨嵋山所見到的著名峨嵋光（Brocken spectre），茲分別論述如下：

一、氣象歌諺

《吳船錄》卷下有諺云：

> 「朝霞不出門，暮霞行千里。」

按此諺可媲美於歐美極盛行之歌諺——朝霞紅時舟子愁，晚霞紅時舟子喜（Sky red in morning is a sailor's warning, Sky red at night is the sailor's delight.）。以今日而言，上述東西兩諺皆正確，因為日中時，對流作用旺盛，空中水汽易凝結成雲，到日落時，若是空中之水汽多，濕氣重，則雲層一定很厚，不能見霞，晚上見霞，乃是空中水汽不多之故，所以主晴，夜間地面因為起輻射冷卻作用，故不會有對流作用，但是能產生霧，霧不會形成彩色之天色——彩霞，若晨有霞，則表示夜間曾發生平流作用，乃天將降雨之兆也。

《吳船錄》卷下又云：

> 「丙申……晚入城廬山，雲繞山腰則雨，雲翳（掩）山頂則晴，俗云：『廬山戴帽，平地安竈，廬山繫腰，平地造橋。』」

　　按此語表示雲之高下與天氣之即將轉好或轉壞有關，在山嶺區域，若雲慢慢上升，乃示天晴之預兆；若是慢慢下降，則表示將下雨。

二、描述峨嵋光

范成大在《吳船錄》卷上中曾載：

> 「……己申後，……雲出巖下，……即雷洞山也，雲行勃如儀仗，即當巖，則少駐，雲頭現大圓光，雜色之暈數重，倚立相對，有水墨影，若仙聖，跨象者一杯茶頃，光沒，而後復現，……。丙申復登望巖，後岷山萬重，少北則瓦屋在雅州，西域雪山，有頃，大雨傾注，氛霧辟易，羅錦雲復布巖下，……。雲頭現大圓光雜色之暈數重。……。雲平如玉地，時雨點有餘飛，俯視巖腹，有大圓光，偃平雲之上，外暈三重，每重有青黃紅綠之色，光之正中虛明，凝湛觀者各自見其形現於虛明處，毫釐無隱，一如對鏡，舉手動足，影皆隨形而不見傍人，僧云攝身光也。……凡佛光欲現，必先布雲，所謂兜羅錦世界光相依雲，不依雲，則謂之清。」

　　按文中所載「雲頭現大圓光雜色之暈數重」「有大圓光，偃平雲之上，外暈三重，每重有青黃紅綠之色，光之正中虛明，……僧云攝身光也」皆指峨嵋光，此峨嵋光在四川峨嵋山，一般善男信女稱之為佛光，其原理與虹相同，但是普通的虹在地面上見之，只能見到半個圓圈，而在山頂上，由於觀測者立足點高，所以能見到整個圓圈，圓圈中央有龐大的佛首，乃山頂上人頭之影子，迷信者誤以為是如來佛現身，故名之為佛光。中國之泰山、黃山、廬山亦有，惟不若峨嵋山多，在峨嵋山，平均每年出現峨嵋光達七十次之多，在德國薩克遜（Saxony）之哈次山脈（Harz Mountains）之一山峯——布洛肯（Brocken）上面亦常出現，故稱之為「布洛肯山妖」（Brocken Spectre）。

　　當觀測者立於山頂，而前方有大水滴所成之雲霧時，即可見到這

種巨像幻影，故曰：「凡佛光欲見，必先布雲，……」，它乃是反日華（Anticorona）之繞射效應（Diffraction）所形成者，觀測者人影被圍以三重或數重有色光環，所形成之一個巨大形象則於下方之雲層頂上，晚近，此種現象被解釋為觀測者近處人影穿過下方之薄雲層，而映在遠處之目標上所致，即雲霧與觀測者較近時所現出之甚大影子。至於三重（或數重）之光環，其最內部之 A 環色彩，係自內而外，依序排列為藍、綠、黃、橙、紅。B 環與 A 環之距離，約為各該環寬度之倍，B 環之色彩排列與 A 環相反，A 環與 B 環之間有淡藍色，因其甚暗，故幾可謂無色，C 環及 B 環間之距離與 A 環及 B 環間之距離相若，C 環色彩之排列與 B 環相反而與 A 環相同，惟僅綠、黃、橙三色而已，紅色則已糢糊不清，B、C 兩環間無淡藍色光存在，僅作霧白色而已。故三環中以 A 環色彩最明顯，B 環次之，C環最弱（見圖二十七）。

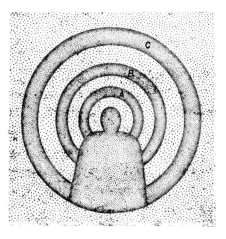

圖二十七　峨嵋光之圖解說明。

第十八節　《緯略》收編前人候雲占風雨之文獻

南宋孝宗時，高似孫在《緯略》[20]中曾收編前人有關候雲占風雨之文獻甚多，惟多已在本書前面數章中見之，本節僅將未曾出現者敍述如下：

一、有關花信風者

《緯略》卷六有載：

「徐鍇歲時記曰：三月花開，名花信風。

東皋雜錄曰：江南自初春至初夏，有二十四番風信。

徐師川詩：一百五日寒食雨，二十四番花信風。

晏元獻詩：春寒欲盡復未盡，二十四番花信風。

崔德符詩：清明烟火尚闌珊，花信風未第幾番。」

此說明江南自初春至初夏的四個月中，有二十四種花信風，且「花信風」和「二十四番花信風」在宋代使用已相當普遍，前已數度闡明矣！

二、有關候雲占風雨者

《緯略》曾引述〈雲貫斗〉，文曰：

「雲貫斗：北斗不欲雲覆之。有黑雲，天大雨。」

其意謂北斗星出現時，將象徵好天。若北方有濃黑之積雨雲或層積雲出現時，表示鋒面即將過境，故天將大雨。

第十九節　《數書九章》中的天池測雨、竹器驗雪和圓罌測雨、峻積驗雪

南宋理宗時代之秦九韶不但是一位中國古代偉大的數學家，而且是一位農業氣象學家以及首創精密測算一地雨量、雨水深、以及雪量、雪深之偉大水文氣象學家，他在《數書九章》之序文中，曾經明

確地指出農業生產的豐收與否和所下的雨量或雪量很有關係，所以雨量和雪量的觀測很重要，序文中有曰：「三農（指平地、山地、沼澤）務穡厥（之）施，自天以滋以生，雨膏（潤澤土壤）雪零（落），司牧（官吏）閱馬尺寸驗之，⋯⋯。」而吾人今日一讀其《數書九章》第二章天時一文，即不禁驚服其測算技術之精密和高超，謹將原文錄載於下（並加標點），俾供氣象學家和水文氣象學家及洪水預報人員等參考。

《數書九章》[註21] 第二章〈天時〉一文中有以下之記載：

「天池測雨。

問：今州郡多有天池盆以測雨水，但知以盆中之水為得雨之數，不知器形不同，則受雨多少亦異，未（不）可以所測便為平地得雨之數，假今盆口徑二尺八寸，底徑一尺二寸，深一尺八寸，接雨水深九寸（見圖二十八），欲求平地雨降幾何？

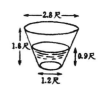

圖二十八　宋代的天池盆（測雨器）。

答曰：平地雨降三寸。

術曰：盆深乘底徑為底率，二徑差乘水深，併底率為面率，以盆深為法，除面率得面徑，以二率相乘，又各自乘三位，併之，乘水深，為實盆深，乘口徑以自之，又三因為法除之，得平地水深。

草曰：以盆深及徑皆通為寸，盆得一十八寸，底徑得一十二寸，相乘，得二百一十六寸為底率，置口徑二十八寸，減底徑一十二寸，餘一十六寸為差，以乘水深九寸，得一百四十四寸，併底率二百一十六寸，得三百六十寸為面率。以盆深一十八寸為法，除面率得二十寸，展為二尺，為水面徑，以底率二百一十六寸乘面率三百六十寸，得七萬七千七百六十寸，於上以底率二百一十六寸自乘，得四萬六千六百五十六寸，加以又

以面率三百六十寸自乘，得一十二萬九千六百，併上，共得二十五萬四千一十六寸，以乘水深九寸，得二百二十八萬六千一百四十四寸為實，以盆深一十八寸乘口徑二十八寸，得五百四寸，自乘得二十五萬四千一十六寸又三，因得七十六萬二千四十八寸為法，除實，得三寸，為平地雨量。合問。

竹器驗雪。

問：以圓竹籮驗雪，籮口徑一尺六寸，深一尺七寸，底徑一尺二寸，雪降其中，高一尺，籮體通風，受雪多，則平地少，欲知平地雪高幾何？

按：籮體通風一語，與算術不相涉，或籮口所降之雪，歸於籮底，與前天池測雨相同。然依上步算平地雪深，只七寸餘，今其數又不合，殆故為是語以誤人也。

答曰：平地雪厚九寸三千四百二十九分之七百六十四。

術曰：口徑減底徑，餘乘雪深，半之，自乘，為隅，以籮深冪乘雪深，併隅，又乘深冪為實，隅實可約，約之，開連枝三乘方，得平地雪厚。

草曰：列問各通為寸，置口徑一十六寸，減底徑一十二寸，餘四寸，乘雪深一十寸，得四十寸，以半之，得二十寸，自乘得四百寸，為隅。以籮深一十七寸，自乘得二百八十九寸，為籮深冪次，置雪深一十寸，自乘得一百寸，為雪深冪，以乘籮深冪數，加隅，又乘深冪，得二百九十三萬寸，為實隅，實求等，得四百俱，約之，得七千三百二十五為實（現代代數表示法為 $x^4 - 7325 = 0$），得一為隅，開三乘方，步法不可超，乃約實，置商九寸，與隅一相生得九，為下廉，又與商相生八十一寸為上廉，又與商相商生，得七百二十九，為從方，乃命上商除不盡七百六十四，已而復以商生，隅入二廉，至方，陸續又生畢，以方廉隅，共併之得三千四百三十九分寸之七百六十四，為平地雪厚九寸三千四百三十九分寸之七百六十四，合

問。

按此法之意不可見，然以數考之，非通法也，設原題雪深為一寸，以口徑底徑較四寸乘雪深一寸，仍得四寸，半之，得二寸，自之，得四寸，為隅，以籮深一十七寸自之，得二百八十九寸為籮深冪，雪深一寸，自之，仍得一寸，為雪深冪，二深冪相乘，仍得二百八十九寸，併隅，得二百九十三寸，再以雪深冪乘之，仍得二百九十三寸，為實，隅實相約，得七十四寸二千五百分，為實，一為隅，開三乘方，得二寸又六千四分之五千七百二十五，是平地雪，反深於籮內矣！

列問數各通，為十口徑，得一十六寸，深一十七寸，底徑一十二寸，籮中雪高一十寸。

一丅	一∥	一丅	一〇
16	12	17	10

乃以底徑減口徑，餘四寸，乘雪深一十寸，得四十寸，以中得數二十寸，自乘，得四百寸，為隅。

=〇 |||〇 ||||	2 0 4 0 4
=〇 ||	2 0 2
||||〇〇=〇一	4 0 0 2 0 1

以籮深一十七寸，自乘，得二百八十九寸，為籮深冪。

一丅	一丅	||上	丌	上
17	17	289		8

次置雪深一十寸，自乘，得一百寸，為雪深冪。

一〇	一〇	一〇〇
10 × 10 ＝ 1 0 0

以雪深冪一百寸乘籮深冪二百八十九寸，得二萬八千九百寸，併隅四百寸，得二萬九千三百寸為止。

一〇〇　　‖⊥Ⅲ　　‖⊥Ⅲ〇〇　　Ⅲ〇〇　　‖⊥Ⅲ〇〇
100　　 289　　 28900　　 400　　 29300

置頭位數二萬九千三百寸，又乘雪深冪一百寸，得二百九十三萬寸為實，開三乘方。

‖⊥Ⅲ〇〇　　一〇〇　　‖⊥Ⅲ〇〇〇〇　　〇　　〇　　〇　　Ⅲ〇〇
29300　　 100　　 2930000　　 0　　 0　　 0　　 400

以隅實求等，得四百，俱為約之，得七千三百二十五為實，一為隅，開之。

⊥Ⅲ＝Ⅲ　〇　〇　〇　一
7324　 0　 0　 0　 1

步法不可超，乃約實，置商九寸，與隅相乘，得九，為下廉。

Ⅲ　⊥Ⅲ＝Ⅲ　〇　〇　Ⅲ　一
9　 7324　 0　 0　 9　 1

下廉九又與商九相生，得八十一為上廉。

Ⅲ　⊥Ⅲ＝Ⅲ　〇　⊥｜　Ⅲ　一
9　 7324　 0　 81　 9　 1

上廉又與商相生，得七百二十九為從方。

Ⅲ　⊥Ⅲ＝Ⅲ　Ⅱ＝Ⅲ　⊥｜　Ⅲ　｜
9　 7324　 729　 81　 9　 1

乃以從方七百二十九，命上商九，除實七千三百二十五訖，實餘七百六十四，既而後以商生隅，入下廉。

Ⅲ　Ⅱ⊥Ⅲ　Ⅱ＝Ⅲ　⊥｜　一Ⅲ　｜
9　 764　 729　 81　 18　 1

下廉得一十八，又與商九相生，入上廉。

〿 〿⊥〿 〿＝〿 ‖≡〿 一〿 丨
9　7 6 3　7 2 9　2 4 3　1 8　1

上廉得二百四十三，又與商相生，入方得二千九百一十六。

〿 〿丅〿 ＝〿一丅 ‖≡〿 ＝〿 丨
9　7 6 4　2 9 1 6　2 4 3　2 7　1

又以商九生隅，一入下廉一十八內，得二十七

〿 〿丅〿 ＝〿一丅 〿⊥丅 ＝〿 丨
9　7 6 4　2 9 1 6　4 8 6　2 7　1

〿 〿丅〿 ＝〿一丅 〿⊥丅 ≡丅 丨
9　7 6 4　2 9 1 6　4 8 6　3 6　1

又以商九生下廉，二十七入上廉，二百四十三內，得四百八十六，又以商生隅，入下廉二十七內，得三十六，為求圖，乃以末圓方廉隅四者併之，得三千四百三十九為母，以實餘七百六十四為子。

〿 〿丅〿 ≡〿≡〿
9　7 6 4　3 4 3 9

命為平地雪厚九寸三千四百三十九分寸之七百六十四，合問。

圓罌測雨

問：以圓罌接雨，口徑一尺五寸，腹徑二尺四寸，底徑八寸，深一尺六寸，並裏明接得雨水深一尺二寸，圓法用密率，問平地雨水深幾何？

按：此題問平地雨深無關，圓法密率句贅，若求罌中雨積數，則當加此語。

答曰：平地雨深一尺八寸七萬四千八十八分寸之六萬四千四百八十三。

按答數誤，改正見後。

術曰：底徑與腹徑相乘，又各自乘，併之，乘半，罌深以一十一

乘之，為下率，以四十二為下法，除得下積。以半礨深併雨深，減元
礨深，餘為上深，以口徑減腹徑，餘乘上深，為次；以半礨深乘口
徑，加次，為面率，以半深除面率，得水面徑，以半深乘腹徑為腹
率，置面率與腹率相乘，又各自乘，併之以一十一，乘之為上率，以
半深自乘為冪，以乘下法為上法，上法除上率，得上積，半深冪乘下
率，併上率為總實，口徑冪乘上法為總法，除實，得平地雨高。

　　草曰：置底徑八寸與腹徑二十四寸相乘，得一百九十二寸於上。
又底徑八寸，自乘得六十四寸，加上；又腹徑二四寸，自乘，得五百
七十六寸，併上共得八百三十二寸，以乘半礨深八寸，得六千六百五
十六寸，又以一十一乘之，得七萬三千二百一十六寸，為下率（按此
法不合，皆為題中圓法句所誤。），置密率法一十四，以所併三因
（倍）之，得四十二為下法，以半深八寸併雨深一十二寸，得二十
寸，以減元深一十六寸，餘四寸為上深，以口徑一十寸五分減腹徑二
十四寸，餘一十三寸五分，以乘上深四寸，得五十四寸，為次。以半
礨深八寸乘口徑一十寸五分得八十四寸，加次，共一百三十八寸，為
面率，以半深八寸乘腹徑二十四寸，得一百九十二寸，為腹率。置面
率一百三十八寸與腹率一百九十二寸相乘，得二萬六千四百九十六寸
於上，又以面率一百三十八寸，自乘得一萬九十四，加上，又以腹率
一百九十二寸自乘得三萬六千八百六十四，併上共得八萬二千四百四
寸（按此條內落以上高四寸乘之一層）。以一十一乘之得九十萬六千
四百四十四寸為上率，以半深八寸自乘，得六十四寸為半深冪，以乘
下法四十二，得二千六百八十八為上法，以半深冪六十四寸乘下率七
萬三千二百一十六寸，得四百六十八萬五千八百二十四寸，併上率九
十萬六千四百四十四，共得五百五十九萬二千二百六十八寸為總實。
以口徑一十寸五分自乘，得一百一十寸二分五厘，以乘上法二千六百
八十八寸（面積），得二十九萬六千三百五十二寸為總法，除實得一
尺八寸不盡，二十五萬七千九百三十二寸與法求等，得四俱約之，為
一尺八寸七萬四千八十八分寸之六萬四千四百八十三，為平地雨深，

合問。

　　按此法有二誤：法實皆當用圓冪或皆用方冪，今以圓冪率乘實方冪率乘法，法實不同類，一誤也。罍內雨，自腹徑截之，為兩圓臺體，下高八寸，上高四寸，於下體併三冪以高乘之於上體，只併三冪，未以高乘之，二誤也。有此二誤，故得平地雨深少三十五分之十七，今依本法改正於後。

　　法：以腹徑底徑相乘，又各自乘，併三積，以半罍深八寸乘之，得六千六百五十六寸，為三倍方罍內腹下雨積，又以口徑腹徑相減，餘一十三寸五分，以雨深減罍深，餘四寸，相乘以半罍深，除之，得六寸七分五厘，與口徑相加得一十七寸二分五厘，為雨面徑，與腹徑相乘，又各自乘，併三積以雨上深四寸乘之，得五千一百五十寸二五，為方罍內三倍，腹上雨積，併二雨積，得一萬一千八百零六寸二五，為方罍內三倍，共雨積為實，口徑自乘三因（倍），得三百三十寸七五為法，除實，得三尺五寸又一千三百二十三分寸之九百二十，為平地雨深。若不先用除，則以口徑腹徑較與罍深雨深較相乘之，五十四寸為雨面徑較，加一半罍乘之數（應以半罍除之，得雨徑較，今不除即如雨徑較，以半罍乘之。），即為雨面徑口徑較，此數既加一半罍，乘則諸數皆以半罍乘之，得口徑八十四寸，腹徑一百九十二寸，以口徑與雨面徑口徑較相加，得雨面徑一百三十八寸，與腹徑相乘，又各自乘，併三冪，以腹上雨深四寸乘之，得三十二萬九千六百一十六寸，為三倍上雨積，又以半罍深冪乘前三倍下雨積，得四十二萬五千九百八十四寸，為三倍下雨積，併二積得七十五萬五千六百寸，為三倍共雨積，為實，以半罍深冪乘三因（倍）口徑冪，得二萬一千一百六十八寸，為法，除之，得數亦同。

峻積驗雪

　　問：驗雪占，年牆高一丈二尺，倚木去址五尺，梢與牆齊，木身積雪厚四寸，峻積薄平，積厚，欲知平地雪厚為何？

　　答曰：平地雪厚一尺四分。

術曰：以少廣求之，連枝入之，以去址，自乘為隅，以牆高自乘，併隅於上，以雪厚自之乘上為實（可約者約而開之），開連枝平方，得地雪厚。

草曰：以問數皆通為寸，置去址五十寸，自乘得二千五百為隅，以牆高一百二十寸自乘，得一萬四千四百寸，併隅得一萬六千九百寸於上，以雪厚四寸自乘，得一十六，乘上，得二十七萬四百寸（現代代數表示法為 $25x^2 - 2704 = 0$），為實，開連枝平方，今隅實可求等，得一百俱約之，得二千七百四為實，得二十五為隅，開平方，得一十寸四分，展為一尺四分，為平地雪厚。合問。

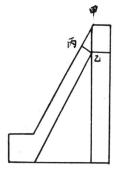

圖二十九　宋代秦九韶測算雪厚之圖解。

按此術理法皆確然，實用勾股不曰勾股，而曰少廣，曰連枝者，猶有所閉匿，而不肯盡廢也，試以圖明之（見圖二十九），甲乙為牆，上雪厚即平地雪厚，乙丙為木，上雪厚甲乙丙勾股形，與木倚牆所成勾股形同式，牆高為大股，木為大弦，木去址為大勾，甲乙為小弦，甲丙為小股，乙丙為小勾，以牆高大股自乘，木去址大勾，自乘，併之為大弦冪，為實，以木上雪厚乙丙小勾冪乘之，以木去址大勾冪除之，得甲乙小弦冪，開平方，即為平地雪厚也。」

按作者曾在本書第四章第二部分第二節中述及中國測雨器在東漢時即已有萌芽，到了宋代，測雨器之形式和種類已發展得更多，故數書九章天池測雨中乃有「器形不同」之語，又云「州郡多有天池盆以測雨水」，可見在宋代，每一省、及每一都會城市皆有測雨器之設置，而且以尺、寸、分寸為雨量之單位，以測定雨量的多少。又天池測雨和圓罌測雨（圓罌係口小腹大之圓錐形或樽形測雨器——作者注，見圖三十）中所述者乃秦九韶憑「天池盆」和「圓罌」所集之降雨深度，推算某地點之降水量和某地區之面積雨量之技術也。而歐洲，則直到西元 1639 年（明末）始由伽利略之友人卡士特里（B.

圖三十　宋代中國人所使用的圓罌形雨量器。

Castelli）首先使用雨量器，比秦九韶時代尚晚四百年之久。

又因為南宋時代，長江流域及江南區域氣候寒冷多雪（見竺藕舫著《中國歷史上氣候之變遷》第九〇頁——《東方雜誌》第二十二卷第三期 1925 年 2 月版），故南宋時，中國人特別重視雪之觀測，由天時之竹器驗雪及峻積驗雪兩篇所述，吾人可知宋代中國人已使用竹製大型筐器以承集降雪，並加以觀測，且將之安置在山谷與高原上，秦九韶不但對雪之形體已有所辨認，而且首創推算降雪量之技術和方法。若當時各地方之觀測者均能按照秦氏之計算方法，將各地所測得和所算得之降雨量、降雪量和面積雨量等紀錄，傳遞到中央，則中央官員將能看出各地方雨量之分佈情形，進而籌議堤防及水利設施之整治與修護。若有一如今日之快迅通訊設備，則當局將能做洪水預報工作和防洪措施。

第二十節　《朱子語類》中的氣象學術思想

南宋度宗時，朱熹撰，黎靖德編之《朱子語類》（註22）係記載宋代理學大師朱熹之學說與見解之書，細研此書，可見朱熹對自然界各種現象之觀察相當深入。該書中也有許多有關氣象學術思想者，以今

日而言，其中見解正誤皆有，茲分別論述如下：

一、論雨露霧霜雪

《朱子語類》有云：

> 「雨與露不同，雨氣昏，露氣清。氣蒸而為雨，如飯甑蓋之，其氣蒸鬱而汗下淋漓。氣蒸而為霧，如飯甑不蓋，其氣散而不收。」

按「氣蒸而為雨，如飯甑蓋之，其氣蒸鬱而汗下淋漓」之喻，驟觀之，似乎與地面水汽蒸發而為雲，再降落為雨之理尚暗合，惟觀乎下文「氣蒸而為霧」一段，則其主要意旨實在彼不在此，朱子對於成雨之理，似乎尚未十分瞭解。以今日之氣象學而言，霧係水汽凝結成小水滴而浮游於空中之層雲，其與雨之區別，並非如朱熹飯甑蓋與不蓋之喻所可解釋。朱氏以此喻霧與雨之區別，不特將霧之成因詮誤，即其對於雨之見解，亦令人覺得彼並非真知雨者也。

《朱子語類》又云：

> 「今高山頂上，雖晴亦無露，露只是下蒸上。……或問：高山無霜霧，其理如何？曰：上面氣漸清，風漸緊，雖微有霧氣，都吹散了，所以不結。若雪只是雨遇寒而凝，故高寒處雪先結也。」

> 「雪花所以必六出者，只是霰下被猛風拍開，故成六出。……」

按「高山頂上，雖晴亦無露」確係當時觀測所得。至於所謂「露只是下蒸上」，「雖有霧氣，都吹散了。」似指露為霧所凝結者，則謬。高山無露之理在於高山上之空氣與高山上物體接觸時，乃冷卻，密度增加，重量加大，乃致下墜，而另易以較暖之空氣，迨較暖空氣又復冷卻時，乃又先下墜，而另易以較暖之空氣，如此往復下去，乃使高山上空氣恆無達飽和點之可能。故高山頂上不能結露。

又按朱子謂：「雖晴亦無露，」特言「雖晴」兩字，可見朱熹已覺察出惟晴時，地面上始有結露之可能，是亦實地觀測之經驗。至於

晴始有露之理由係因陰天時，雲有阻止夜間空氣冷卻作用之故。

又按：「若雪只是雨遇寒而凝，故高處雪先結也」之句，確係真理。說明雪是雨滴遇冷凝結而成的，相似於今人之雪之「液體形成說」。

朱熹又言「雪花所以六出」，可見當時已觀察到雪花結晶呈六角分枝狀。朱熹又言「只是霰下被猛風拍開，故成六出」，這是謬誤的，實則雪花之結晶形式乃受其結構成分的影響與昇華過速所致。

二、論虹

《朱子語類》云：

> 「虹非能止雨也，而雨氣至是已薄，亦是日色射散雨氣。」

按此確切中事實，因雨尚未至將晴之際，雲必佈滿天空，日光不能露出，故虹不現。迨雨止，天將放晴時，必係雲層稀薄，或雲已不全遮天空，以致太陽出現，而鄰近之雨尚未停止，因而映出虹彩。這比歐人培根（西元 1214 年～1294 年）主張虹是空中無數水滴所引起的說法早一二百年，可見中國人到了唐宋時代，對虹的天氣現象已有合乎科學的解釋。

三、論風

《朱子語類》云：

> 「風只如天相似，不住旋轉。今此處無風，蓋或旋在那邊或旋在上面，都不可知。」

由此文可見朱熹當時已洞曉各地風向在同一時刻不能一律之理。

第二十一節　《夢粱錄》中之航海氣象學識及《舟子歌詠》之天氣諺語

南宋恭帝時，吳自枚《夢粱錄》(註23) 卷十二〈江海船艦篇〉有云：

> 「……雨上略起朵雲，便見龍現全身，光如電，爪角宛然（指

海龍捲），獨不見尾耳。頃刻大雨如注，風浪掀天，可畏尤甚。

舟師觀海洋中日出日入，則知陰陽。驗雲氣，則知風色順逆，毫髮無差。遠見浪花，則知風自彼來。見巨濤拍岸，則知次日當起南風。見電光，則云夏風對閃。如此之類，略無少差。相水之清渾，便知山之近遠。……。

每月十四、二十八日，謂之大等、日分。此兩日若風雨不當，則知一旬之內多有風雨。……。」

上述所言皆古時航海人員經過長期觀察海上之風雲，海浪之變幻以後所得來之經驗。文中所言是指雷雨和水（海）龍捲之現象。

第二十二節　《性理會通》論述長安西風則雨之原因，並論降雨之原理

宋代《性理會通》[註24] 中有關氣象學術之記載計有下列兩者：

一、論述長安西風則雨之原因

《性理會通》有載：

「程子曰：長安西風則雨，終未曉此理。……今西風而雨，恐是山勢使然。」

按文中所言長安西風則雨即晉張華在博物志中所云「關西西風則雨」者也，「西風而雨」，程子推測「恐是山勢使然」，的確是其發生之原因。

二、論降雨之原因

《性理會通》又云：

「……習習谷風，以陰以雨，……春之時，地氣上騰，天氣下降，故蒸溽而成雨，秋亦然，夏則亢陽，冬則過陰，是以多晴。」

按性理會通中所言「習習谷風，以陰以雨」係引自《詩經》卷一

谷風篇，其中谷風解作東風，與「東風急，備簑笠」之諺，意義相同，東風急，表示氣旋風暴已至，故乃造成陰雨之天氣。因為水汽蒸發上升，形成雲層，再下降成雨，故曰「蒸瀚而成雨」，此說明春秋兩季所以多雨的原因，文末並說明夏冬兩季多晴之原因。

註 1 ：《太平御覽》，宋太宗太平興國八年（西元 983 年），李昉等奉勒撰，共一千卷。

註 2 ：《辨姦論》，北宋真宗、仁宗年間蘇洵著。

註 3 ：《中秋月詞》、《舶趠風詩》等，宋仁宗、英宗年間蘇軾（東坡）著。

註 4 ：《師友談紀》，北宋英宗至神宗年間李廌撰，記蘇軾、黃庭堅等人之談話而成此書。

註 5 ：《宋史》（西元 960 年～1279 年）元朝順帝至正五年（西元 1345 年），脫脫和歐陽玄等人所撰。

註 6 ：《廣韻》，北宋真宗大中祥符年間（西元 1008 年～1016 年），陳彭年、邱雍等人撰。

註 7 ：《蠡海錄》，北宋仁宗英宗年間王逵撰。

註 8 ：《事物紀原集類》，北宋神宗元豐八年（西元 1085 年），高承撰，五十五類，十卷。

註 9 ：《夢溪筆談》，北宋哲宗元祐元年（西元 1086 年），沈括撰，內有筆談二十六卷，補筆談三卷、續筆談一卷。

註 10：《侯鯖錄》，北宋神宗、哲宗年間，趙令畤著。

註 11：《談苑》，北宋哲宗紹聖二年（西元 1095 年），孔平仲撰，全書共四卷。

註 12：《毛詩名物解》，北宋哲宗紹聖二年（西元 1095 年），蔡卞撰。

註 13：《唐語林》，宋徽宗大觀年間王讜著，全書共八卷。

註 14：《步里客談》，宋徽宗大觀四年（西元 1110 年），陳長方著。

註 15：《皇極經世書》，北宋神宗時范陽人邵雍撰，共十二卷。

註 16：《避暑錄話》，南宋高宗紹興二十年（西元 1150 年），葉夢得（字少蘊）撰。

註 17：《通志》，南宋高宗紹興二十年（西元 1150 年），鄭樵撰。

註 18：《演繁露》，南宋孝宗淳熙二年（西元 1175 年），程大昌著。

註 19：《吳船錄》，南宋孝宗淳熙四年（西元 1177 年），范成大著，全書一冊凡兩卷。

註 20：《緯略》，南宋孝宗淳熙十二年（西元 1185 年），高似孫撰。

註 21：《數書九章》，南宋理宗淳祐七年（西元 1247 年），秦九韶撰，全書共有九章。

註 22：《朱子語類》，南宋度宗咸淳六年（西元 1270 年），朱熹撰，黎靖德編。

註 23：《夢粱錄》，南宋恭帝德祐元年（西元 1276 年），錢塘人氏吳自枚撰，記南宋舊典及雜事。凡二十卷。

註 24：《性理會通》，著者不詳，所記皆宋儒及理學家之說。

第九章　元代

（元世祖至元十四年～元順帝至正二十七年，西元 1277 年～西元 1367 年）

開始將占候歌諺加以韻語化

　　元朝為蒙古族乞顏特氏所建，初期國勢強盛，其領土東瀕日本海，南連暹羅（泰國）與印度，西至歐洲而臨地中海，北至西伯利亞，征服之地包括韓國、越、緬、中東、俄國、匈、芬等地，故元代疆域之廣為中國歷朝之冠，然而對於日本卻因為兩次征日時，皆遇颱風之襲擊，以致未能加以征服。

　　元代國祚僅九十三年，惟有關氣象學術思想方面的記載卻不少，例如元司天監在南京設立觀象臺，《廣輿圖》記載經過韻語化的完備的占候歌謠，《平江記事》首次記載入梅、出梅之意義，並解釋舶趠風，《山居新話》之描述水龍捲等等，茲分別論述如下。

第一節　兩次激烈風暴挫折了忽必烈征日之舉

　　氣象因素有時會成為決定歷史上重大事件的主宰，甚至會使歷史也因而改寫，因為氣象因素不但與陸上戰爭的關係非常密切，而且與海戰及兩棲登陸戰的關係也非常密切。當海軍艦隊在進行海戰或兩棲登陸戰時，需要有「有利的天氣狀況」，否則將功虧一簣，遭遇失敗的命運。例如西元前 480 年（中國春秋時代）發生在希臘愛琴海外薩拉密海灣之薩拉密戰役，當時，龐大而強盛之波斯海軍艦隊在狹窄之薩拉密海灣因為遇到強盛的海風，以致為較弱之希臘艦艇所乘、攻擊，波斯艦隊乃全軍覆沒，波斯大帝國從此一蹶不振。又如第二次世界大戰末期，美歐聯軍係利用所預報之有利之氣象情況，進行諾曼第登陸戰，終於擊敗了德義軸心國。同樣地，忽必烈兩次征日之舉，亦

兩次皆遭遇到颱風之襲擊，以致未能達成征服大和民族之目的。

根據中國《元史》^(註1)、《元書》^(註2)、《新元史》^(註3)之記載以及西方歷史家 Sir George Sansom 氏、Murdoch 氏，以色列耶路撒冷希伯萊大學（Hebrew University）氣象家 J. Neumann 氏等人的考證^(註4)，忽必烈兩次征日的經過大致如下所述。

一、第一次征日之經過

強盛的蒙古人於西元 1230 年（宋理宗紹定三年）征服了中國北方之金和遼，接著又分別於宋理宗紹定四年及嘉熙二年（西元 1231 年和西元 1238 年）越過鴨綠江征服了朝鮮。宋理宗開慶元年（西元 1259 年）成吉思汗之孫忽必烈即位，是為元世祖，他即位後即繼續其父未竟之功業，南下攻宋，並於宋度宗咸淳三年（西元 1267 年）首次派遣使節由韓國前往日本，但是在赴日途中之海上遇到惡劣天氣，只得折返朝鮮半島。

元至元三年（西元 1268 年）八月，元世祖忽必烈復派遣特使黑的和殷弘兩人前往日本九州大宰府（今福岡市郊）會見日本九州之防禦司令官，並呈遞忽必烈之詔書，要求日本稱臣入貢於元，詔書略謂：「高麗業已向大元帝國稱臣納貢，而日本迄未派人入朝進貢，想是未沐天威，不知我元朝之盛。希見書之日，火速來朝，永保社稷，否則天兵一到，宗廟為墟，屆時悔之晚矣！……。」等語。但是當詔書送到鎌倉（Kamakura）之幕府（Bakufu）北條時宗將軍手上時，北條時宗卻報以輕蔑的態度，並下令日軍積極作各種防禦措施，準備迎擊元軍之攻擊。元至元六年（西元 1271 年）忽必烈再度派遣特使趙良弼赴日招降，仍又受到北條時宗之峻拒，自此忽必烈乃決定對日用兵。首先下令朝鮮建造戰船、訓練水師，並在朝鮮半島普遍地種植稻米，以供應征日軍隊的需要。

至元八年（西元 1273 年）十一月（農曆十月），忽必烈派遣忻都、洪茶丘、金方慶三將分別率領蒙、漢、朝鮮三族軍隊，組成龐大之聯合艦隊，從朝鮮港口出發攻打日本，這一支聯合艦隊共有大型船

隻三百艘，小型船隻五百艘，兵員共三萬人，其中有漢蒙陸軍兩萬
人，漢韓海軍一萬人，而日本全國可動員之軍隊有四十萬人，但備多
力分，而且戰鬥力亦遠不如忽必烈之軍隊。

　　忽必烈之聯合艦隊首先佔領了九州西北部的對馬、壹岐兩島（見
圖三十一），並殲滅了當地的日軍，然後於十一月十九日（農曆則為
十月二十日），登陸於九州西北部之博多（今日之福岡市）和今宿，
並向東推進，當時中國軍隊之裝備有吊索和十字弓、槍、砲、毒箭等
攻城奪堡之利器，據近世史家之考證，當時中國軍隊尚有火箭。據史
家 Sir George Sansom 之研究，十一月十九日中國軍隊攻下博多和今
宿以後，繼續向東推進，日軍在將領小貳景資、大友賴泰、菊池武房
等率領之下力阻中國軍隊之東進，苦戰一天，日軍已居下風，天黑以
後，中國軍隊怕日軍實施夜襲，乃鳴金收兵，返艦休息，不幸是日午

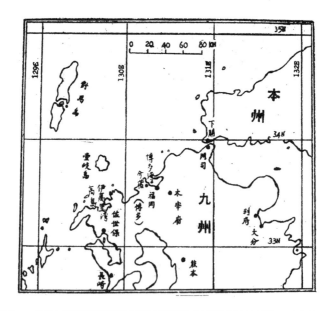

圖三十一　　日本九州西北部形勢圖（取自周明德著〈太平洋氣象爭霸戰〉一文中之圖）。

夜，強烈颶風突然猛襲博多一帶，聯合艦隊之許多船隻因而被颶風吹翻沉沒，兵員喪生失蹤者達一萬三千人，剩餘的中國軍隊乃於次日黎明時分悄悄地、神情沮喪地乘艦返抵朝鮮半島，有一艘載有一百人之船隻則擱淺在海岸岬角上，船上人員則被日軍俘虜殺戮。時為日本文永十一年，故日人乃謂之「文永之役」。

二、第二次征日之經過

忽必烈和大臣們都相信，第一次征日之失敗在於遭遇到激烈風暴之故，而非人力所能抗拒者，故忽必烈於至元九年（西元 1274 年）再度派遣特使杜世忠等人赴日招降，但是悉遭日本幕府將軍北條時宗殺害。至元十四年（西元 1279 年），忽必烈征服了中國的華南，南宋亡，因此忽必烈的海軍力量大為增強，乃決定再度對日用兵，此時派往日本招降的特使周福和欒忠等人再度為北條時宗殺害，忽必烈大怒，乃於至元十六年（西元 1281 年）五月命大將忻都和洪茶丘率領四萬漢、蒙、朝鮮軍隊分乘戰船九百艘，從朝鮮半島海港出發，同年六月又命南宋降將范文虎率領江南軍十萬人，分乘戰艦二千五百艘自江南海港出發，希望在颱風季節來臨之前能到達九州，與忻都和洪茶丘之四萬大軍會合，而日本軍方則希望元寇之役能曠日持久，拖延數星期，讓颱風來解救他們，據馬可波羅說，日本人當時相當害怕忽必烈的群蚊艦隊（船海艦隊），而且當時中國的戰船也很大，大者每艘可乘兵員二百至三百人。

由於日軍在河野道明、同道時、小貳景資、大友貞親、菊池武房、竹崎秀長等諸將指揮下在九州西岸採取堅壁清野策略，築高壘深溝，以逸待勞，且中國軍隊之士氣亦不若第一次征日時之高，以致苦戰月餘，戰事尚呈膠著狀態，不料，8 月 15 日和 16 日兩天，一個颱風又吹襲九州，在伊萬里海灣（見圖三十一）的中國船隻遭受北來暴風和巨浪之猛襲，互相撞擊沉沒者不計其數，在船上的兵員十萬人有一半遭受溺斃，在岸上作戰的中國軍隊也多被殺或被俘，大多數歷史家都同意韓國史上之記載——此役中國軍隊損失三分之一。中國軍隊

之統帥認為颱風太可怕了，於是下令撤退，時為日本弘安四年，故日人稱之為「弘安之役」。

由於「文永之役」和「弘安之役」兩役，皆因為各有一次颱風之吹襲九州，而吹垮了忽必烈之征日大軍，挽救了日本之命運，故日人認為有神靈保佑他們，乃讚美此兩次颱風為「神風」，此亦為第二次世界大戰末期日軍「神風特攻隊」（自殺航空隊）所冠「神風」兩字之濫觴。

如果忽必烈在執行征日軍事行動之前，能夠得到日本西南部之長期氣候資料，知道何時不會有颱風吹襲日本西南部，而選擇無颱風吹襲之季節攻打日本，則恐怕大和民族將難逃被忽必烈征服的命運。

第二節　《廣輿圖》之〈占驗篇〉──供漁夫舟子使用的占候術，並已加以韻語化

元仁宗時朱思本的《廣輿圖》[註5]不但是一本地理學名著，而且是一本元代最好的水利工程、航海術、航海氣象名著。《廣輿圖》在第一卷首先敘述禹貢之地圖誌以及中國各地之地理誌，然後再敘述直隸、山東、山西、河南、浙江、廣西、廣東、……等各省之輿圖及建置情形。在第二卷則敘述治河要略以及中國長江流域及江南、東南沿海之航海術，並列出〈占驗篇〉供給當時從事航海之漁夫舟子使用。

中國自秦漢以還，航海事業即已相當發達，至唐宋時代，中國人已依靠航海術來往於江南、東南沿海、南海、南洋、印度洋等地之間，經過長期之海上經驗，深深感到氣象變化對他們的航海事業影響相當重大，當暴風雨來臨時，狂風怒吼，天地晦冥，巨浪如山，暴雨盆瀉，最使他們見之而興愁，憂心忡忡，默禱早日風平浪靜。覆舟之危，每為舟子所懼。故如何預測風雲晴雨之變幻，對他們而言，是最感迫切的需要，朱思本將自古以來江南及東南沿海漁夫舟子相傳之占候經驗輯錄於《廣輿圖》中，並加以韻語化，俾當時漁夫舟子得以歌

詠易記，以增進航海之安全，其貢獻相當重大。故明代周履靖的《天文占驗》和張燮的《東西洋考》，張爾歧的《風角書》等皆奉朱思本之〈占驗篇〉為圭臬。茲將《廣輿圖》中的〈占驗篇〉條列於下，並加詮釋於括弧中，聊供留心短期天氣預報及航海氣象人士之參考。

《廣輿圖》卷之二〈占驗篇〉：

占天：朝看東南黑，勢急午前雨（雲出現之方向，與未來之天氣變化有關，「東南黑」指東南方有積雨雲，夏季多南風，如果早上東南方有積雨雲，則午前可能會過境而降驟雨）。

暮看西北黑，半夜看風雨（在中緯度地區，氣旋鋒面係來自西方，且自西向東移動，故傍晚若西北方有黑雲出現時，則半夜之前鋒面將過境，並將有風雨出現）。

占雲：天頂早無雲，日出將漸明（早上天頂無雲，則日出後將繼續是晴天）。

暮看西無雲，明日便晴明（因為大氣環流係自西向東移動，故傍晚西方無雲時，則次日將繼續是晴天）。

遊絲天外飛，久晴便可期（蜘蛛張網結網可兆晴天）。

清朝起海雲，風雨罨時辰（清晨天空出現波紋狀高積雲時，主風雨）。

風靜鬱蒸熱，雲雷必震烈（夏日如風力微弱，天氣悶熱，則午後多有雷雨）。

東風雲過西，雨下不移時（地面吹東風，而空中之高積雲或層積雲則自西向東行，即空中雲向與地面風向相反，表示大氣上下層有性質不同氣流存在，乃鋒面附近之現象，故主雨）。

東風卯時雲，雨下已時辰（指東風急，披簑笠之意）。

雲起南方暗，風雨辰時見（清晨南方起黑雲，並漸次擴大，主雨）。

日出卯遇雲，無雨亦天陰（久晴之後，晨間日出，東方即有陰雲蔽日，主陰雨）。

雲隨風雨急，風雨霎時息（雷雨或強烈冷鋒面，多伴隨大風雨，移動至速，來時快，去時快，故此種陣風雨為時不甚長）。

迎雲對風行，風雨轉時辰（雲和地面風向相反時，主雨，此與「東風雲過西，雨下不移時」之道理相同）。

日沒黑雲接，風雨不可說（日落時西方有黑雲蔽日，則為大氣騷動迫近之徵兆，多有風雨）。

雲佈滿山低，連宵雨亂飛（若山區佈滿低雲，則到了夜間，因輻射冷卻之關係，將連夜下雨）。

雲從龍門起，颶風連急雨（「龍為辰」指東南方。若東南方有伴隨惡劣天氣之濃積雲來襲時，主暴風雨，中國颱風多來自東南方）。

西北黑雲生，雷雨必聲訇（在中國高緯地區，夏季來自西北方之積雨雲常帶來雷雨夾帶冰雹之天氣）。

雲勢若魚鱗，來朝風不輕（高積雲和卷積雲乃風暴之前驅，故高積雲和卷積雲出現時，來日早上風勢必大）。

雲鈎午後排，風色屬人猜（下午鈎卷雲出現時，多見晴天，且主風）。

夏雲鈎內出，秋風鈎背來（夏季鈎狀卷雲出現時，主風。秋季起大風之前多出現鈎狀卷雲）。

曉雲東不利，夜雨愁過西（清晨東方有雲層移過來，夜晚雲層移向西方，皆主雨或風）。

雨陣兩雙煎，大颶連天惡（颱風來襲時，陣風驟雨，天氣最為惡劣）。

惡雲半開閉，大颶隨風至（颱風將至前，晴陰不定，而碎積雲與碎層雲，連接自東飛來，乃顯示颶風將至之兆）。

亂雲天頂絞，風雨來不少（夏季濃積雲及積雨雲正在發展時，因為對流作用非常激烈，上升氣流和下降氣流翻騰於其中，故

呈攪絞現象，將下雷雨）。

風送雨傾盆，雲過都晴了（傾盆大雷雨或急移冷鋒過境時，常伴有大風，惟為時不久，即雨止雲散）。

紅雲日出生，勸君莫遠行（久晴之後，如果晨間日出，即陰雲四佈，而生紅霞，表示雲層濕潤，可能即將下雨）。

紅雲日沒起，清明不可行（久晴之後，如果日落地平線後，天空即出現濕潤之紅雲，亦表示可能將下雨）。

占風：秋冬東南風，雨下不相逢（秋冬吹東南風，應主旱）。

春夏西北風，下來雨不從。

訊頭風不長，訊後風雨毒（當風暴過境時，常有這種情況。此與本書第七章第十三節《相雨書‧觀雲篇》第二十八條「訊頭風不長，過後風雨愈毒也」相同）。

春夏東南風，不必問天公（春夏東南風，多主旱）。

秋冬西北風，天光晴可喜（秋冬吹西北風，氣流乾冷，不雨）。

長夏風勢輕，舟船最可行（夏季風勢小，表示無強大旺盛之西南氣流，又無颱風來襲，故舟船最可行）。

深秋風勢動，風勢浪未靜（深秋時，若風勢大，則浪亦大）。

夏風連夜雨，不晝便晴明。

雨過東風至，晚來越添巨（雨漸止後，東風仍繼續不已，則必有氣旋繼至，主繼續陰雨）。

風雨朝相攻，颶風難將避。

初三若有颶，初四還可懼。

望日二十三，颶風均可畏。

七八必有風，訊頭有風至，春雪百二旬，有風君須記（春雪久霽後，必會有風，百二為倍之意）。

二月風雨多，出門還可記（農曆二月時，東北季風盛行，故風雨多）。

初八及十三，十九二十一，三月十八雨，四月十八至。

風雨帶來潮，傍船人難避（暴風雨時逢漲潮時節，會帶來大潮巨浪，漁夫舟子要特別小心）。

端午訊頭風，二九君還記。

西北風大狂，回南必亂地（颱風過境後，猛烈的西北風轉南風時，地面陣風必強）。

六月十一二，彭祖連天忌。

七月上旬來，爭秋莫船開。

八月半旬時，隨潮不可移。

占日：烏雲接日，雨即傾滴。

雲下日光，晴朗無妨。

早間日珥，狂風即起（早上有日暈，表示有卷層雲滿佈天空，乃氣旋前部之雲狀，故氣旋迫近，將有大風或雨）。

申後日珥，明日有雨（原理同上）。

一珥單日，兩珥雙起。

午前日暈，風起北方（午前有日暈，表示有卷層雲滿佈天空，乃氣旋前部之雲狀，俟氣旋鋒面過境後，乃吹北風）。

午後日暈，風勢須防（午後日暈，可能將有強冷鋒面和氣旋或颮線通過，故須防大風）。

暈開門處，風色不狂。

早白暮赤，飛沙走石（日出時作白色，而日落時作紅色，表示水汽增多，有陰雲四佈，氣旋或大氣騷動將至，以致飛沙走石）。

日沒暗紅，無雨必風（其理同前一條）。

朝日烘天，晴風必揚。

朝日燭地，細雨必至。

暮光燭天，日色陰連（久晴之後，如果日落時，天空呈暗紅色，表示空氣中水汽增多，天將陰雨）。

日光晴彩，久晴可待。

日光早出，晴朗不久。

返照黃光，明日風狂（此種諺語多來自中原；華北多風沙，日落後，天空呈現黃色，表示遠方有冷鋒伴生之風沙，氣旋鋒面正在迫近，故次日可能有大風）。

午後雲遮，夜雨滂沱。

占虹：虹下雨垂，晴朗可期（下雷陣雨時，每每一邊有雨，一邊晴朗，乃生虹象，雷陣雨將過境。天際現虹，即示雷陣雨已近尾聲，不久雨止，天氣乃即轉晴）。

斷虹晚見，不明天變（虹出現之方向與日及雷陣雨所在方位有關，在上午，虹在西方，則表示西方有雷陣雨，而且即將過境；下午，虹在東方則雷陣雨已過境，故下午見殘虹，不及天明即可望轉晴）。

斷虹早掛，有風不怕。

占霧：曉霧即收，晴天可求（普通之輻射霧多成於夜，見於晨，日出即漸消，故主晴）。

霧收不起，細雨不止（日出後，仍然不消之霧必甚濃，它乃鋒前霧，鋒面接近時，即可見細雨）。

三日霧蒙，必起狂風（如連日有霧，忽見消隱，則表示天氣將變得不穩定，必起狂風）。

白虹下降，惡霧必散。

占電：電光西南，明日炎炎（在中國大陸中緯度地區，夏季雷雨多來自西南，此種雷雨多為熱雷雨，持續不會太久，即告停止，故次日還是晴天）。

電光西北，雨下連連（在中國大陸中緯度地區，春及秋冬季鋒面，雷雨多來自北及西北，故鋒面雷雨過境時，多下持續較久的大風雨）。

辰闖電光，大颶可期（早上七、八點鐘看見有閃電時，則可能

　　將有大風雨降臨）。

　　遠來無慮，邇則有危（雷電相隨，雷電遠則無慮，近則霹靂繼
　　至，能有危害）。

　　電光亂明，無雨風晴（夏季夜間，如果四方均有遠電，則大氣
　　必暖濕逾恆，未來天氣多甚悶熱）。

　　閃爍星光，雨下風狂（星光閃爍不定，表示大氣層對流作用旺
　　盛，或上下層間有不同性質氣團存在，故可兆大風雨）。

占海：螻蛄放洋，大颶難當。

　　兩日不至，三日無妨。

　　滿海荒浪，雨驟風狂。

　　大海無慮，至近無妨。

　　金銀徧海，風雨立待。

　　海泛沙塵，大颶難禁（海泛沙塵表示颱風外緣之長浪已至，將
　　有颱風來襲）。

　　若近山岸，仔細思尋。

　　烏鱗弄波，風雨必起。

　　二日不來，三日難抵。

　　水上鵝毛，風大難拋（水上浪濤如鵝毛，則風勢必大）。

　　東風可守，回南暫遨（吹東風，則表示颱風將臨，應守港；風
　　向轉南，則表示颱風已過，可以暫時遨遊去也）。

　　白蝦弄波，風起便和。

第三節　《平江紀事》解釋梅雨、入梅、出梅和舶趠風之意義

　　中國古代有關梅雨之記載很多，到了元代，中國人對梅雨的特
性，體驗更多，所以元文宗時，高德基《平江紀事》^{（註6）}有云：

　　「吳族以芒種節氣後遇壬，為入梅，凡十五日；夏至中氣後遇

庚，為出梅；入時三時亦十五日，前五日為上時，中五日為中
時，後五日為末時。入梅有雨為梅雨，暑氣鬱蒸，而雨沾衣多
腐爛，故三月雨為迎梅，五月為送梅，夏至前半月為梅後，半
月為時雨，遇雷電謂之斷梅。入梅須防蒸濕。……。梅雨之
際，必有大風連晝夜，踰旬而止，謂之舶䟰風，以此風自海外
來，舶船上禱而得之者，歲以為常，鄉氓不知，訛此為白草
風，又曰拔草風云。」

　　按文中所稱「入梅」、「出梅」係今日所稱「梅雨開始時為入
梅」，「梅雨終止時為出梅」者之根源，而當時人對梅雨季節之風雨
特性和氣候學知識已有相當的瞭解，故能指出「入梅」、「出梅」、
「迎梅」、「送梅」之季節，並云「歲以為常」，又「梅雨之際，必
有大風連晝夜，踰旬而止」，與宋代蘇軾舶䟰風詩、葉夢得避暑錄話
（見本書第八章第三節與第十四節）中所言者相同，指梅雨時有強盛
之西南季風和東南季風。

第四節　《月令七十二候》詳細解釋節氣和物候

　　中國古時之二十四節氣和七十二物候係完成於漢代，漢代許慎以
及唐代房玄齡、宋代張虙（著月令解）對二十四節氣與七十二物候都
曾經加以註釋，惟皆不夠詳密；至元文宗時，吳澄對二十四節氣和七
十二物候始作深入的研究，他在所著《月令七十二候》（註7）中，對
於二十四個節氣和七十二個物候之意義、節氣和物候隨季節之變化情
形、七十二物候上所列動植物之名稱等等；都解釋得至為詳盡，至明
代，關於這方面之著作更多，例如李泰之《四時氣候集解》，盧翰之
《月令通考》，馮應京之《月令廣義》、吳嘉言之《四季須知》等
等，不勝枚舉。

第五節　元順帝勒司天監在南京雞籠山再度設置
　　　　觀象臺

　　南北朝劉宋元嘉年間，祖沖之在南京雞籠山所設置之司天臺（觀象臺），於陳亡後拆遷長安，自此，南京不再有觀象臺，元初，偉大天文學家郭守敬曾在北平（京）設觀象臺，元順帝又在至正元年（西元 1341 年），勒司天監於雞籠山再度設置觀象臺，臺中所使用之儀器係元代偉大天文學家郭守敬（見圖三十二）所造，極精巧^{（見註1）}。斯臺之建，尚早於英國格林威治觀象臺及法國巴黎觀象臺三百三十餘年，並成為後來明太祖再建觀象臺之基礎。

圖三十二　元初建北京觀象臺，並創造十三種精巧觀象儀器的郭守敬。

第六節　《山居新語》描述水龍捲

元順帝至正二十年楊瑀在其所著之《山居新語》^{（註8）}中有以下之記述：

> 「至正八年（西元 1348 年）十二月十五日申初（午後三時），南向有烏龍四自雲而下吸水，稍頃又一現於東南方，經久而後始隱，此象見於嘉興城。」

按「有烏龍四自雲而下吸水」即指有四個水龍捲（Waterspouts）在吸水，此為中國歷史上關於描述水龍捲之最早記載（今人所見之水龍捲見圖三十三所示）。

圖三十三　今人所見之水龍捲（象鼻形之雲管接觸水面）。

註1：《元史》，明宋濂等奉勒撰，凡二百十卷。

註2：《元書》，明曾廉所著，共一百二卷。

註3：《新元史》，明柯劭忞著，凡二百五十七卷。

註4：《 Great historical events that were significantly affected by the Weather ： The Mongal invasions of Japan》 J. Neumann. Israel Hebrew University（Jereusalem）, Dept. of Atmospheric sciences. Bulletin of the American Meteorological Society. Vol.56. No.11. Nov. 1975.

註5：《廣輿圖》，元仁宗延祐七年（西元 1320 年），朱思本著。

註6：《平江紀事》，元文宗至順元年（西元 1330 年），高德基著，全書僅一卷。

註7：《月令七十二候》，元文宗至順年間，吳澄撰。

註8：《山居新語》，元順帝至正二十年（西元 1360 年），楊瑀著。

第十章 明代

（明太祖洪武元年～明思宗崇禎十七年，西元 1368 年～西元 1644 年）

占候諺語更加豐富，明末以後中
國之氣象學術開始落在西人之後

　　由於元代爭奪皇位之權力鬥爭非常激烈，代代傾扎不已，加上元
人之卑視漢人、元人對原有社會之蹂躪，元末連年鬧旱災和饑荒等因
素，於是不甘元人統治之漢人乃趁機揭竿而起，以致元末群雄並起，
天下復陷入紛亂之局面，最後勢力較強的朱元璋終於擊敗群雄，並將
元帝逐出關外，而即位於南京，是為明太祖。明太祖即位後，為籠絡
讀書人，並控制讀書人之思想，乃於洪武十五年大行科舉制，以考八
股文取士；洪武十七年復頒科舉條式，從此八股文成為讀書人致身通
顯之工具，中國人的科技發明和創造遂從此停滯不前，故明代之氣象
學術思想亦不及春秋戰國、漢、唐、宋諸朝之可圈可點。在氣象學術
思想方面僅江南農夫婁元禮《田家五行》之占候術，郎瑛《七修類稿》
之解釋水文循環原理及海市蜃樓現象，陳霆《兩山墨談》之合理解釋海
市蜃樓現象等有較大之貢獻，至於氣象觀測方面的建樹，則除了在南京
北極閣設觀象臺以外，可說絕無僅有。以致到了明末，西人相繼發明濕
度計、溫度表、水銀氣壓表以後，中國的氣象學術從此即遠落於西人之
後。茲將明代之氣象學術思想依年代之先後，分別論述如下。

第一節　明太祖在雞鳴山上再度建觀象臺

　　作者曾於前一章第五節中述及元人曾於元順帝至正元年（西元
1341 年）在南京雞籠山（亦即雞鳴山，乃今日之北極閣）設觀象臺，
明初，明太祖因之設欽天臺（即觀象臺）於斯地。明《金陵梵剎

志》^{（註1）}有云：

> 「明洪武十八年明太祖於江寧雞鳴山上建觀象臺，其上安置圭
> 表、風向計之類。」

按圖三十四即是明熹宗天啟年間所繪明初設置之雞鳴山觀象臺。
明末義大利傳教士利瑪竇來華後，曾前往考察，見該臺之天文氣象人
員終夕觀測具報，工作非常認真，極為讚美。直到明亡，該臺始拆遷
北平（京）。

第二節　明代繼續有雨量之觀測

顧炎武之《日知錄》^{（註2）}卷十二〈雨澤篇〉有云：

> 「洪武中，令天下州長吏，月奏雨澤。蓋古者龍見而雩，春秋
> 三書，不雨之意也。承平日久，率視為不急之務。

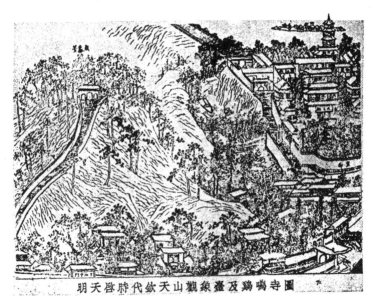

圖三十四　明熹宗天啟年間所繪金陵欽天山（今北極閣）觀象臺及雞鳴寺圖。

永樂二十二年十月，仁宗即位，通政司請以四方雨澤章奏類送
給事中收貯。上曰：『祖宗所以令天下奏雨澤者，欲前知水旱
以施恤民之政，此良法美意。今州縣雨澤，乃積於通政司，上
之人何由知？又欲送給事中收貯，是欲上之人終不知也。如此
徒勞州縣何為？自今四方所奏雨澤，至即封進朕親閱也。』」

由「洪武中，令天下州長吏，月奏雨澤。」一節，可知從明太祖
開始，中國人尚繼續從事雨量之觀測。明仁宗不愧是一位英明的君
主，他所說的「欲前知水旱，以施恤民之政」（其意為要先知道全國
之水旱情況，才能實行救濟民眾之措施），確為至理良言，他想要防
患於未然，用意至善。又說「自今四方所奏雨澤，至即封進朕親閱
也。」，可見明仁宗是如何地重視各地之雨量觀測工作。

至於明代之雨量器，則比宋代末年之雨量器更加進步，此可以朝
鮮（韓國）之歷史文獻記載證之，朝鮮《文獻備考》及日本藤原咲平
之《雲を摑む話》（註3）皆言朝鮮之有雨量器始於李朝世宗七年，即
明仁宗洪熙元年（西元 1425 年），當時之雨量計長一尺五寸，圓徑
七寸，與現代所使用之雨量筒極為相似。明太祖和明仁宗既然極為關
心雨量之觀測工作，則當時朝鮮之雨量器必傳自中國無疑，聞明代之
雨量器在朝鮮今尚有存者，獨在中國則未之見也。

第三節　《大全》論降水現象之原理

中國古代有關降水原理極多，前面數章已一再言及矣！至明太祖
洪武初年，高啟《大全》（註4）有云：

「嚴陵方氏曰：『自上而下者皆曰雨。然北風凍之則凝而為
雪，東風解之乃散而為水。孟春，東風既解凍矣，於是始雨
水。』」

按方氏之言，確合科學原理，「自上而下者皆曰雨。然北風凍之
則凝而為雪」句中之雨與雪皆為今人所稱之降水（Precipitation），

若僅指雨而言，則為今人所稱之「降雨」（Rainfall）。

第四節　《易經大全》引錄朱熹之論降水之原因

明成祖永樂年間胡廣等人撰之《易經大全》（註5）有云：

> 「朱子曰：凡雨者，皆是陰氣盛，凝結得密，方濕潤下降為
> 雨。且如飯甑，蓋得密了，氣鬱不通，四旁方有濕汗。」

按朱熹以為「雨者，皆是陰氣盛」，其實降雨的原理並不是如此
單純。又云：「氣凝結得密，方濕潤下降為雨。且如飯甑，蓋得密
了，氣鬱不通，四旁方有濕汗。」似乎與地面水蒸汽蒸發而為雲，再
降為雨之理尚暗合。

第五節　明仁宗《天元玉曆祥異賦》中的祥異圖
　　　　　說

中國古代之帝皇大多數皆不重視科技，惟明仁宗則不然，明仁宗
不但非常重視雨量之觀測（見本章第二節），而且非常重視天文、氣
象、地震之觀測，他以皇帝之尊而不恥於對這些自然現象之研究、引
證和解釋，他在《天元玉曆祥異賦》（註6）祥異圖說中曾親繪許多有
關天文及氣象上之現象，例如日暈（見圖三十五）、日珥、天雨雹
（見圖三十六）、天雨雪、……等等，並且加以例證解釋，真是難能
可貴。

又明仁宗在《天元玉曆祥異賦》中有謂：

> 「風者，氣也，生於四時，起於八方，……。立春有條風而艮
> 生；條，達也；主此方風來生萬物也。春分有明庶風而東作，
> 明庶風者，明萌也，庶眾也；此方風至，眾物生也。清明風
> 出，當立夏之時，風從乾處來，歲饑，人多疾疫，蝗蟲大動。
> 景風南來，入夏至之日，景風強也，言萬物強盛也。立秋分風

圖三十五　明仁宗（朱高熾）所作《天元玉曆祥異賦》中關於日暈兩頁。

圖三十六　明仁宗在《天元玉曆祥異賦》中所繪之天雨雹圖。

氣涼，故有涼風至。秋分閶闔風欲剝，陽氣隨而入，陰氣隨以
出，如門之啟閉也。立冬來不周風，不交也，陰陽未合化也。
冬至來廣莫風，言廣大莫測也。」

此為明仁宗對漢代八風之明晰解釋，而前人對「八風」則未曾有
如此清楚的解釋。

第六節　《田家五行》之農家占候謠諺及占候術

中國本以農立國。在古代，農事尤為先民生活之中心。與農事最
有關係者，莫若氣象要素。審天時以應種植，由來尚矣！畎畝隴中，
更是遍詠農諺和占候謠諺。此等農諺和占候謠諺皆為先民累積千百年
之豐富經驗而得到之結晶，用來預卜風雨，往往奇確，《田家五行》
（註7）即明代中葉婁元禮收集大量集中在太湖流域之農家占候謠諺最
早而且最完備之農學全書之一，其中有很多合乎今日氣象學原理者，
惟亦有根據干支及日期（例如初一，十五等等）以預測風雨，跡近迷
信者，此類跡近迷信之謠諺，則在本書擯棄之列。茲將《田家五行》
中之農家占候謠諺、占候術及氣象學術略加闡釋如後。

《田家五行》卷上〈天文類〉論日

日暈則雨，諺云：月暈主風，日暈主雨（月暈主風，即辨姦論中
所言「月暈而風」也。日暈主雨，源自師曠占，當日暈出現時，表示
有卷積雲，高積雲，常為低氣壓風暴即將前來之朕兆，故常能預測有
雨。根據美國賓州氣象臺之統計，日暈出現後 48 小時內發生降雨者
平均頻率為 77 ％——夏季為 69 ％，冬季為 87 ％，相反者即無暈出
現而有降雨者僅 50 ％——夏季 48 ％，冬季 58 ％，可見一斑）。

日腳占晴雨，諺云：朝又天，暮又地，主晴。反此，則雨。

日沒後起青白光數道，下狹上濶，直起互天，此特夏秋間有之，
俗呼青白路，主來日酷熱。

日生耳（即日暈之珥），主晴雨。諺云：南耳晴，北耳雨；日生雙耳，斷風截雨。若是長而下垂通地，則又名白日幢，主久雨。

日出早主雨，出晏主晴。老農云此特言久陰之餘，夜雨連旦，正當天明之際，雲忽一掃而捲，即日光出，所以言早少刻必雨，立驗。言晏者，日出之後，雲晏開也，必晴。日沒返照，主晴。日沒臙脂紅，無雨也有風（返照在日沒之前，主晴。日沒臙脂紅，表示日落以後，氣旋風暴逼近，空中水汽增加，故呈暗赤色，無雨也有風）。

日落雲裏走，雨在半夜後。

諺云：日落烏雲半夜枵（空虛、空洞），明朝曬得背皮焦。此言半天原有黑雲，日落雲外，其雲夜必開散，明必甚晴也。又云：今夜日沒烏雲洞，明朝曬得背皮痛（如黑雲係弧立者，則多屬向晚層積雲，仍可見日落，此種雲係由晴天積雲蛻變而成，半夜會散去，為天氣穩定之兆，故次日亦晴，夏季和秋季常有這種天氣）。

論月

月暈主風，何方有闕，即此方風來（月暈主風是是對的，何方有闕，即此方風來則太牽強，不足信）。

新月卜雨，諺云：月如挂弓，少雨多風，月如偃瓦，不求自下。又云：月偃偃；水漾漾，月子側，水無滴。

論星

諺云：一個星，保夜晴。

星光閃爍不定，主有風（當大氣層不穩定時，上下層之空氣性質互異，以致夜間星光，每閃爍不定，空氣中之氣壓、氣溫正在急驟變化中也，故主有風）。

夏夜見星密，主熱（空中之水汽能吸收一部分太陽之長波輻射，並阻止一部分太陽光線透過，使其熱度不能全部到達地面。故空氣愈乾，愈易致熱。夏夜見星密，乃表示夏夜天空透明度強，即空中之水汽少，次日之太陽光線易於射至地面，故主熱）。

諺云：明星照爛地，來朝依舊雨。

論風

夏秋之交，大風先有海沙雲起，俗呼謂之風潮，古人名之曰颶風，言其具四方之風，故名颶風。有此風必有霖淫大雨同作，甚則拔木偃禾，壞房室，決堤堰，其先必有如斷虹之狀者見，名曰颶母。航海之人見此，則又名破帆風（此為時人對颱風及其所帶來災害之描述）。

東風急，備簑笠（東風過急，則示氣旋暖鋒面正在接近，即將下雨）。

風急雲起，愈急必雨（風勢愈急，則天氣變動愈速，故必雨）。

諺云：東北風，雨太公。言艮方風雨，卒難得晴。俗名曰牛筋風雨，指丑位故也（鋒面過境，東北季風盛行時，多雨，尤適於東南沿海和華南以及臺灣北部、東北部，因東南沿海和華南以及臺灣多山，東北風經海面長途跋涉而至，故易致雨）。

春南夏北，有風必雨（春季有南風，則天氣不穩，故有風有雨。夏季吹北風，表示在中國北方地區有極地大陸性氣團南下，多有風雨隨至；「夏北」亦可能指颱風來前之北風，故「有風必雨」）。

冬天南風，三兩日必有雪（冬半年，如有南風，則表示暖空氣加劇，天氣不穩定，即活躍冷鋒將臨之兆，故三兩日必有雪）。

論雲

雲行占晴雨。諺云：雲行東，雨無蹤，車馬通；雲行西，馬濺泥，水沒犁；雲行南，雨潺潺，水漲潭；雲行北，雨便足，好曬穀。

雲若砲車形起，主風起（積雨雲發展時，將有雷雨前強烈陣風——犁頭風過境，故「主風起」）。

諺云：西南陣，單過也落三寸。言雲陣起自西南來者，雨必多；尋常陰天西南陣上亦雨。凡雨陣自西北起者，必雲如潑墨，又必起作眉梁陣，主先大風而後雨終，易晴（前半節言夏季在熱帶赤道氣團

內，午後多大雷雨。後半節言鋒面雷雨起自西北方，當其過境時，大風暴雨來時快，去時快，故易晴）。

諺云：魚鱗天，不雨也風顛；此言細細如魚鱗斑者。一云：老鯉斑雲障，曬殺老和尚。此言滿天雲大片如鱗者，故云老鯉。往往試驗，各有所準（前段言卷積雲乃氣旋鋒面前部之雲狀，故彼等一經出現，表示氣旋鋒面已接近，將有風雨。後段之歌諺則相當於中國之古諺——天上鯉魚斑，明朝曬穀不用翻。亦相當於西方古諺「鯖魚鱗天，將晴朗十二小時」——Mackerel sky, twelve hours dry，言高積雲出現時，天氣將晴朗）。

論霞

諺云：朝霞暮霞無水煎茶，主旱。此言久晴之霞也。

諺云：朝霞不出市，暮霞走千里（與本書第八章第十七節吳船錄中所言「朝霞不出門，暮霞行千里」同義）。

論虹

俗呼曰鱟，諺云：東鱟晴，西鱟雨（按鱟音候，亦名鱟魚，乃魚類，爾雅翼曰：「鱟者，候也，鱟善候風，故謂之鱟。」故古人呼虹為鱟。又該諺與「東虹日頭，西虹雨」同義，原源自元代廣輿圖占驗篇之「斷虹晚見，不明天變」及周代詩經之「朝隮于西，崇朝其雨。」因為大陸上的天氣系統多由西向東移動，故東邊有虹時，東邊之雨不會向西移過來，故主晴。西邊有虹時，則西邊之雨將向東移動，故主雨）。

諺云：對日鱟，不到晝，主雨，言西鱟也。若鱟下便雨，還主晴（按前段所言之西鱟，其源同上條，後段所言則源自元代廣輿圖占驗篇之「虹下雨垂，晴朗可期」）。

論雷

東州人云：一夜起雷，三日雨。言雷自夜起，必連陰。

論霜

每年初一只一朝，謂之孤霜，主來年歉。連得兩朝以上，主熟。上有蒼芒者吉。平者凶。春多霜，主旱。

論雪

下雪而不消，名曰等伴，主再有雪。久經日照而不消，亦是來年多水之兆也（久經日照而不消，必為厚雪，待來年春末雪溶時，將多水）。

論電

夏秋之間，夜晴而見遠電，俗謂之熱閃。在南主久晴，在北主雨。諺云：南閃千年，北閃眼前。北閃俗謂之北辰閃，主雨立至。諺云：北辰三夜無雨，大怪，言必有大風雨也（按「南閃千年，北閃眼前。北閃俗謂之北辰閃，主雨立至」，源自元代廣輿圖占驗篇之「電光西南，明日炎炎」及「電光西北，雨下漣漣」。在大陸，冬春及秋季鋒面雷雨多來自北或西北，而且鋒面過境時多大風雨。而夏季雷雨多來自西南，多為熱雷雨，持續不會太久即告停止，故次日還是晴天）。

論氣候

凡春寒必多雨，諺云：春寒多雨水。元宵前後必有料峭之風，謂之元宵風。凡春有二十四番花信風。……。清明斷雪，穀雨斷霜，芒種後雨為黃梅雨。夏至後為時雨。此時陰晴易變。……（此為記述一年中各季節之風雨情形者。按「春寒多雨水」，在宋代，程大昌曾經在演繁露中述及。元宵前後之料峭之風正是今人所謂料峭春寒之情況。二十四番花信風係取自晉代宗懍之《荊楚歲時記》）。

論山

遠山之色，清朗明爽，主晴。嵐氣昏暗，主作雨。（此為觀測能

見度之濫觴。觀測能見度可以知空氣中所含水氣之多寡，足為預報天氣之助也）。

起雲主雨，收雲主晴。尋常不曾出雲，小山忽然雲起，主大雨。（此為觀測遠山之雲層，以卜雨之法，其理正確）。

久雨在半山之上，山水爆發。久雨一月，主山崩，非尋常之水。

論地

地面濕潤甚者，水珠出如流汗，主暴雨。若得西北風解散，無雨。石礫（礎）水流亦然。四野鬱蒸亦然。（表示空氣中所含之水汽大增，濕度增加，天將雨。在濕度表未發明以前，用此法亦足為預測天氣之參考）。

卷下・論飛禽

諺云：鴉浴風，鵲浴雨，八哥兒洗浴斷風雨，鳴鳩有還聲者，謂之呼婦，主晴；無還聲者，謂之逐婦，主雨。唐《朝野僉載》云：海燕忽成群而來，主風雨。諺云：烏肚雨，白肚風。赤老鴉含水叫雨，則未晴，晴亦主雨。老鴉作此聲者亦然。鴉若叫早，主雨多。叫晏（遲），晴多。夜間聽九逍遙鳥叫卜風雨，諺云：一聲風，二聲雨，三聲四聲斷風雨。鸛鳥仰鳴則晴，俯鳴則雨。鵲噪早報晴。冬寒天，雀群飛翅聲重，必有雨雪。鬼車鳥即是九頭蟲，夜聽其聲出入卜晴雨。自北而南，謂之出窠；自南而北，謂之歸窠，主晴。鷗叫。諺云：朝鷗晴，暮鷗雨。夏秋間雨陣將至，忽有白露過雨竟不至，名曰截雨，家雞上宿遲，主陰雨（此皆為古人藉飛禽及鳥類之感覺和行動以預測風雨者也，這些諺語在本書前面數章中已屢見不鮮。例如「鴉浴風，鵲浴雨」係源自東漢時代之《四民月令》農家諺，「烏肚雨，白肚風，赤老鴉含水叫雨，則未晴，晴亦主雨」亦見於唐代張鷟之《朝野僉載》）。

論走獸

獺窟近水主水，登高主旱。圍塍上野鼠爬沙主有水，必到爬處方止。狗爬地主陰雨，每眠灰堆高處亦主雨。鐵鼠其臭可惡，白日銜尾成行而出，主雨。貓兒吃青草，主雨（此為古人藉走獸之感覺和行為以預測風雨者）。

拾遺

一、論夏季雷陣雨

《田家五行・拾遺》有云：

> 「崑山日日雨，常熟只聞雷。丞相謂有此理，悉聽所陳。諺
> 云：夏雨隔田塍。又云：夏雨分牛脊。又云：龍行熟路。」

按此段所言皆指夏季雷陣雨之極富局部性，亦即所謂「夏雨隔邱田」是也。

二、論梅雨

《田家五行・拾遺》有云：

> 「梅雨西南風急，名曰哭雨風，旺雨立至，易過；若微微之
> 風，雨最毒。」

按此段言，梅雨時常有旺盛之西南氣流，風大則豪雨即至，但不會持續太久，若風小則雨勢將連綿不止。

三、論天氣酷熱則生風

《田家五行・拾遺》又云：

> 「天氣濕熱鬱蒸，主有風。古云：熱極則生風。」

某地空氣酷熱，則空氣將因而膨脹，空氣密度減少，氣壓降低，而他處氣壓較高，空氣乃自他處流向某地而生風。此係今日科學中之定理，而中國古代先民已經知道這個事實。

四、以琴瑟弦索之鬆弛及爐灰帶濕作塊占天將雨

《田家五行・拾遺》有云：

> 「琴瑟弦索，調得極和，則天道必是一望略無纖毫，方能如

　　是。若是調猝不齊，則必陰雨之變，蓋亦氣候所到而然也。若
　　高潔之弦忽自寬，則因琴牀潤濕故也；主陰雨之象。春末夏
　　初，天氣暴暄，凡庭柱與板壁之類，溫潤如流汗，主有陣頭雨
　　至。」

　　按琴瑟弦索之鬆弛乃空氣濕度增加之結果，故可預卜陰雨。其原
理與今日毛髮濕度計相似，故可謂毛髮濕度計之雛形。

　　《田家五行‧拾遺》又云：

　　　「爐灰帶濕作塊，乃天將雨之兆。」

　　按「爐灰帶濕作塊」乃表示空氣中之水汽含量大增，濕度極大，
故天將陰雨。

第七節　明憲宗以來的颱風調查報告

　　中國自宋代以來即有颱風災害調查紀錄，惟不若明憲宗以來所記
載之可怖。例如明代《浙江通志》云：

　　　「明憲宗成化二年平陽颶風，大雨三日夜，山崩屋壞，平地水
　　　高六尺，人多淊（淹）死。」

　　又如《廣東通志》云：

　　　「明世宗嘉靖三年，萬州颶風大作，雨下如注，民居十僅存
　　　一，舟飄陸二三里，浮蓴苴（眾多的麻）於木，父老駭之，謂
　　　從未有云。」（見《圖書集成‧庶政典》）

　　此等記載極似於今日之颱風災害調查報告。

第八節　明代中葉以後的特殊降雨現象

　　明代中葉以後（明世宗以後）各地有一些很特殊的降水現象，例
如《廣東通志》有云：「明世宗嘉靖六年，廣東境內先後曾雨錢、雨
血、雨土、雨桂子。」《湖南通志》云：「嘉靖十三年二月，安仁等

地雨黑水。嘉靖十七年，南漳雨穀，細粒如五穀狀。」《福建通志》云：「嘉靖三十年，雨石於連江縣境，有聲如雷。」（以上見《圖書集成・庶政典》）。

第九節　《七修類稿》詳論水文循環原理，記載紅雨、黑雨之特殊現象，論述夏季雷陣雨的性質和預卜旱潦的方法，並解釋蜃景現象

　　明世宗嘉靖九年郎瑛在所著之《七修類稿》[註8]中曾詳細討論水文循環原理、記載天降紅雨和黑雨之特殊現象、並論述雷雨之性質、預卜旱潦之方法、解釋蜃景現象之起因等等。茲分別論述如下。

　　一、詳論水文循環原理

　　中國先民早在春秋戰國時代即已觀察到自然界水汽蒸發和降水之間的關係，其後有關這一方面的論述也不少，但是論述都不詳明完備，直到明代，郎瑛才加以詳細的描述，郎瑛在《七修類稿・天地類》卷一〈水氣天地篇〉云：

　　　　「氣自卑（低下）而升上，水出於山，氣之化也；水自高而趨下，入於大海，水歸本也，蓋水氣一也，氣為水之本，水為氣之化，氣鍾而水息矣！水流而氣消矣！天地間萬物由氣以成，由水以需養，一化一歸，一息一消也，天地之道耳。」

　　按此段所言，乃論水汽、雲雨、流水三者之間互相循環的關係，而且說明極為詳盡。不像春秋戰國和漢代、宋代時人所記之語焉不詳。

　　二、記載天降紅雨和黑雨之特殊現象

　　《七修類稿・天地類》卷二〈紅雨黑雨篇〉有云：

　　　　「正德三年，吾杭已故都御史史錢鉞家，一夕天雨，明日起而

視，鄰皆清水，而本家則紅者。又嘉靖八年夏，杭城內外遠近
皆下黑雨，人有衣服被其污染者而後知，予意紅雨即歷代所謂
雨血，災變兆。」

按此為明代天降紅雨和黑雨之記載之一。

三、論述夏季雷陣雨的性質

吾人都知道，夏季雷陣雨之產生極富局部性，明世宗時，郎瑛
《七修類稿・天地類》卷二〈夏雨篇〉有云：

> 「夏則陽氣盛極，雲從龍者，陰氣附陽而升也，升必降雨為雨
> 埠，所謂蛟龍雨也，龍各有域，故扃輒也，至於咫尺而分者，
> 俗謂過雲雨。」

此段所指蛟龍雨乃夏季之雷陣雨，「龍各有域」、「咫尺而分」
係言夏日雷陣雨之極富局部性。此等特性在本書第八章第十四節及本
章第六節中曾一再述及，茲不贅述。

四、論述預卜旱潦的方法

氣候的旱潦對農業的影響極大，故中國古代先民對氣候的旱潦非
常關心，經過長期天文上的觀察以及氣候上之經驗，他們認為兩者之
間有極密切的關係，所以《七修類稿・天地類》卷二〈月諺篇〉有
云：

> 「月借日為光，月生時，如仰瓦，是行陰道矣！如弓弦異樣，
> 是行陽道矣！俗云：月而仰，水漸長；月而異，水無滴。月有
> 九行，青白赤黑各二道，皆出入於黃道之中，故曰九行道，不
> 中而過南，則為陽道；不中而過北，則為陰道。行陽道則旱，
> 行陰道則潦，故知旱潦者以此。」

言月如仰瓦，是行陰道，天將多雨；月如弓弦，是行陽道，天將
旱。今人亦有研究太陰與長期天氣預報（例如旱潦冷熱及颱風之發展
等）之關係者，惟這些研究目前尚在起步階段。

五、解釋蜃景現象之起因

中國古代有關海市蜃樓的記載極早，自西漢以還即屢見不鮮，此

作者已在本書第八章第十二節述及。

可是以前都沒有加以合理的解釋，直到明代時，郎瑛始加以較詳細而合理的解釋。《七修類稿·事物類》卷四十一有云：

> 「登州海市，世以為怪，不知有可格（研究）之理，第（但是）人礙於聞見之不廣，故於理有難窮，觀其所見之地有常，而所見之物亦有常，又獨見於春夏之時，是可知也，春夏之時，地氣發生，則於水下積久之物而不散者，薰蒸以呈其像也，故秋冬亦然，無煙無霧之時又不然矣！觀今所圖海市之形不過城郭山林而已，豈有怪異也。即蘇人徐大參翊常云：陝西郊野忽日起烟霧，漸有人物車騎之形。又聞淞江春霧時，亦忽有樹木屋舍之形。廣西象州山中，雨後遍有象狀。豈三方所見亦鬼怪也耶？或新結氣空中，遇天地絪，則隨氣以見，……，何足為怪。」

按「遇天地絪」中之「絪」字係絪縕之意，乃空氣交密之狀。由於蜃景現象所成之像，因光線之屈折作用及氣層之搖動作用，因而常變動形態，顯現出駭人之怪異景象，故古人多以為怪，郎瑛則認為它係天地間空氣密度不同所造成的現象，故不足為怪。由登州海市、陝西郊野所現人物車騎、淞江所現樹木屋舍、廣西象州山中所現象狀皆在有烟霧時或雨後方出現，可見當時低層空氣非常穩定，下冷上暖，有逆溫層存在，故能顯現「上現蜃景」（Superior Mirage）。今人謂海上或陸地上空氣，下層密於上層時，則由船舶或車騎人物、樹木屋舍等反射之光線，其依某入射角斜向上行者；漸次折射而呈全反射後，折而斜向下行，再到達觀測者眼中，故觀測者所見之像乃倒立於空際，且在原物之上部。圖三十七所示即是上現蜃景現象之說明圖，上下層空氣之間有逆溫層存在。

另一種在天氣晴朗之白天，發生於極度受熱之公路上或沙漠中者，則謂之：「下現蜃景」（Inferior Mirage）。蓋晴朗之白天，沙漠或公路極度受熱時，則靠近地面之下層空氣熱於上層之空氣，若空

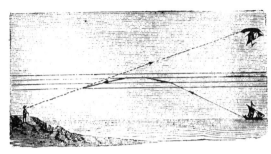

圖三十七　上現蜃景現象之原理說明圖。上層之空氣暖於下層之空氣。實線示自目標物來之彎曲射線，虛線示觀測者之視線。

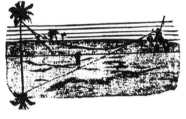

圖三十八　下現蜃景現象之原理說明圖。接近地面之空氣熱於上層之空氣。實線示自目標物來之彎曲射線，虛線示觀測者之視線。

氣非常穩定，則空氣之冷暖密疏非常顯著，則從沙漠上景物（或遠處低而藍之天空）反射之光線，其依某入射角斜向下行者，最初由密介質進入疏介質，故漸向下深入，入射角漸增，等到呈全反射後再斜向上行，復由疏介質進入密介質，漸次折射而及於人目，故所見之景象倒立於原物之下，如水邊之樹影然（而沙漠遠處低而藍之天空，則成為一個湖面或水面之外觀）（見圖三十八），天空之像在公路上則呈水狀。此種下現蜃景現象，郎瑛並未提及。

六、描述龍捲風

　　南宋初年，葉夢得曾經在《避暑錄話》卷下中簡單地描述龍捲風，到了明代郎瑛也在《七修類稿・事物類》中對龍捲風加以較詳細的描述。《七修類稿・事物類》卷四十四有云：

　　　　「世人見龍見掛或鬥，或經過或取水，則必風雨交至，雷電晦暝（昏暗），甚至敗屋拔木，不過閃閃於雲烟中見其盤旋之勢

耳！……。」

今人謂龍捲風常伴隨雷雨出現，且雷雨雲底部有宛似倒掛之灰色漏斗或蛇形黑色雲管向下伸展到達地面，即本段文中所謂「見龍見掛」，若蛇形黑色雲管不達地面，而僅孤懸空際者，則謂之漏斗雲（Funnel cloud），龍「取水」即有蛇形之黑色雲管接觸水面，乃今人所謂之水龍捲（Waterspout）。

第十節　《兩山墨談》合理的解釋上現蜃景現象

明世宗嘉靖九年郎瑛在《七修類稿》中曾經對海市蜃樓現象加以較詳細而合理的解釋，九年以後陳霆在《兩山墨談》中也對海市蜃樓現象加以更合理的解釋。明世宗嘉靖十八年陳霆《兩山墨談》（註9）卷十一有云：

> 「壽州安豐塘積水數千頃，……，塘心平阜處，古安豐府也。歲久陷入塘中，今霧雨浹旬，或現城郭人馬現其處，若登州海市然。考之史傳，安豐初不聞，建府縣，廢之；後元雖有安豐路，然即今壽州是也，或者所云未足盡，然城郭人馬之狀疑塘水浩漫時為陽焰與地氣蒸鬱偶爾變幻而見者，寡知識遂妄云已耳！」

陳霆言塘之上方在霧雨浹旬時或現城郭人馬之像，若登州海市然，即上現蜃景現象（見圖三十七），此現象作者已於本章第九節中論及。陳霆認為是塘水瀰漫時，上方之熱氣（溫度較高）與空氣之停滯，偶爾搖動變幻而形成者，即上一節中所言低層空氣非常穩定，有逆溫層存在（下冷上暖）之情況。故陳霆對上現蜃景現象之解釋是合理而且正確的。

第十一節 《古今諺》中的占候歌謠

明世宗嘉靖年間楊慎《古今諺》（註10）〈占候篇〉有下列數條占候歌謠，茲略加詮釋如下：

山攫風雨來，海嘯風雨多（來自海水面上的潮濕氣流吹到山嶺地區時，將因山嶺之地形舉升作用，使水汽絕熱冷卻而源源凝結成雨，即地形雨是也。風狂浪高時，必是暴風雨即將來襲之兆，故雨水必多。又「海嘯」今作地震潮浪解，本句之海嘯是否即指海底地震所引起之海浪，不詳）。

早霞紅丟丟，晌午雨瀏瀏；晚來紅丟丟，早晨大日頭（此與本書第八章第十七節《吳船錄》中所言「朝霞不出門，暮霞行千里」及本章第六節《田家五行》論霞中所言「朝霞不出市，暮霞走千里」同義）。

樓梯天，曬破磚（夏日午後如果出現大塊白色晴天積雲，而且不十分厚時，則表示大氣並無騷動現象，雖然晴天積雲滿佈天空，也不會下雨，故該雲乃晴熱之徵）。

魚兒秤水面，水來淹高岸（當低氣壓風暴即將來臨時，魚兒能先感受到氣壓變動之影響而浮游水面，故主雨）。

蜻蜓高，穀子焦；蜻蜓低，一壪泥（蜻蜓高飛，則天氣將晴朗乾燥，故五穀將可以被曬乾。蜻蜓低飛，則表示天將下雨，造成地面淤泥之情況）。

第十二節 《荊川稗篇》論露、霧和霜之成因

中國古代先民對於各種天氣現象的解釋，到了後來，有愈來愈合理的趨勢，例如明世宗嘉靖年間唐順之《荊川稗篇》（註11）有云：

「觀物張氏曰：露者，土之氣，升則為霧，結則為霜。」

按唐順之認為露係土中之水分所形成者，其見解正確，當其凝結時，若溫度在冰點以下，則結成霜，亦正確，「升則為霧」指露水因太陽光輻射增溫而起蒸發作用，形成短暫之霧象。

第十三節　《天中記》論黎風雅雨之原因

現代的氣象人員都知道局部區域的地形與風雨之變化有極密切之關係，明世宗嘉靖末期陳耀文《天中記》[註12]卷三〈引梁益〉記載：

> 「大小漏天，在雅州西北（今四川省雅安縣），山谷高深，沉晦（暗）多雨。黎縣常多風，故有黎風雅雨之稱。」

可見雅州之多雨乃由於山高谷深，易受上升之風，使來自海洋上或平地上之氣流易起地形舉升作用，而源源降雨於迎風坡上之故（見圖三十九）。

第十四節　《滇行紀略》論雲南省之風雨情況

前節述及局部區域之地形與風雨之變化有極密切的關係，明神宗

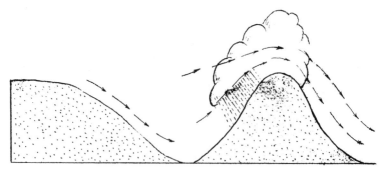

圖三十九　黎風雅雨說明圖。由圖可見氣流被迫上升而源源降雨於迎風坡上。

萬曆年間馮時可著《滇行紀略》^(註13)，其中亦有載：

> 「滇地無日無風，春尤顛狂。凡風皆西南風，若東南風即媒
> 雨。滇中多風，至大理風常寂寂，蓋滇風常來自西北，城正當
> 點蒼西障，風為所捍耳。」

此為論述雲南省中部一帶，局部區域風雨情況之一例。又該文所
述之各種風，前後顯有矛盾之處。

第十五節　《書肆說鈴》論述春季花信風

自東晉以還，中國先民常常論及花信風，至明神宗萬曆年間，葉
秉敬之《書肆說鈴》^(註14)亦云：

> 「花信風：花信風與寒食雨前後稍異，寒食雨自冬至起至清明
> 前一日，合七氣得三個月零十五日，花信風自小寒起至穀雨，
> 合八氣，得四個月，每氣管十五日，每五日一候，計八氣，分
> 得二十四候，每一候以一花之風信應之。」

此亦為論述春季二十四番花信風之文獻之一，北宋時，王逵已將
其意義說得極為詳細（見本書第八章第六節）。明神宗時，葉秉敬不
過再申論而已。

第十六節　《本草綱目》論露霜與海市蜃樓

李時珍是一位中國古代最偉大的藥物學家和博物學家，他的巨著
——《本草綱目》（見圖四十）早已馳名中外。有關他在科學上的貢
獻，已有很多中外科學家撰文介紹過，茲不贅述。

李時珍於明神宗萬曆六年完成他的不朽名著——《本草綱
目》^(註15)，其中曾論及露霜與海市蜃樓之成因，茲分別論述如下。

一、露霜

中國自古以來，有關論述露霜成因的文獻極多，本書前面數章曾

圖四十　李時珍和他的《本草綱目》。

經一再論及，至明神宗萬曆年間，李時珍又再度論及其成因，《本草綱目》有載：

> 「李時珍曰：露者，陰氣之液也。夜氣著於物而潤澤於道旁
> 也。陰盛則露凝為霜，霜能殺物，而露能滋物。」

按「夜氣著於物而潤澤於道旁也」，確係實地觀察所得，且其看法相當正確。因為來自植物根部之水分和植物在夜間散熱，其溫度已降到與其相觸空氣之飽和點以下，故水汽乃凝成液體，故謂「著於物而潤澤」。若氣溫降到冰點以下，則露能「凝為霜」，又謂「霜能殺物，而露能滋物。」此等皆確係事實。

二、海市蜃樓

《本草綱目・鱗部蛟龍下》，李時珍曰：「蛟之屬有蜃，其狀似蛇而大，有角，能呀氣成樓臺城郭之狀，將雨即見，名蜃樓，亦名海市。」又《本草綱目・介部車螯下》，陳藏器曰：「車螯生海中，是

大蛤，即蜃也，能吐氣為樓臺。」

　　李時珍及所引述陳藏器之言，認為蜃（稱為車螯之大蛤）能吐氣成海市樓臺，故謂海市蜃樓，是錯誤的，其實海市蜃樓係大氣光象之一種，今人稱為上現蜃景，其成因作者已於本章第九節及第十節中論述。

第十七節　《農政全書・占候篇》合理地整理《田家五行》中的占候歌諺

　　明末徐光啟所著的《農政全書》（註16）是一本農學上之鉅著（見圖四十一），由於天氣之變化和氣候之否泰與農業之關係非常密切，

圖四十一　徐光啟（右圖中之右者）和他的《農政全書》。立於徐光啟之左者為利瑪竇。

故《農政全書》中列有〈占候篇〉一篇供給當時的農官和農夫參考。〈占候篇〉進一步整理《田家五行》中之占候歌謠和占候術，並刪去迷信的部分，又補充論霧一節，此在純化天氣諺語上，提供不少的貢獻。茲將論霧部分詮釋如下：

> 論霧——《莊子》曰：騰水上溢為霧。《爾雅》云：地氣發為霧。凡重霧三日主有風，諺云：三日霧，起西風；若無風，必主雨。

按前半段係言水面上及地面上之水汽蒸發而成霧，以今日而言，地面上及水面上水汽之蒸發，確為霧成因之一。

後半段所言乃指如連日有霧，則天氣將轉變成不穩定狀態，氣旋鋒面旋即到來，故將起西風或下雨。此係位居溫帶之中國大陸的一種天氣情況。

第十八節　《風角書》是一本專論風的書

明末張爾岐所撰之《風角書》（註17）係專論占風候雨術之書（見圖四十二），惟內容多係收編古人已有之作，故在本書前面數章中已出現過者，本節中不再重複，茲將本書前面數章中未曾出現者列述如下。

一、區分各種風勢

《風角書》卷一〈風角占總例〉有云：

> 「風名狀：清涼溫和，塵埃不起者，謂之和風。暗冥昏濁寒冱者，謂之霾曀風。發屋折木，揚沙走石者，謂之怒風。狂亂不定之風，謂之亂風。無雲晴天，忽起大風，不經刻而止，旋復忽起，謂之暴風。鳴條擺樹，蕭蕭有聲，謂之飄風。風勢迅速，觸塵蓬勃者，謂之勃風。迴旋羊角，古云扶搖羊角者，謂之回風，亦稱旋風，其狀有上而下者，有自下而上者，或平條長直，或摩地而起，皆謂之回風。」

此為古人憑目力觀察風的形態，而將各種風的形態加以區分者，

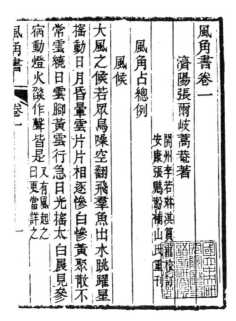

圖四十二 風角書第一頁。

與第七章第三節李淳風所論者大同小異。

二、論花信風

《風角書》卷八〈海運風占〉有云：

「春有二十四番花信風，梅花風打頭，楝花風打末。」

此與晉代荊楚歲時記所云：「始梅花，終楝花，凡二十四番花信風。」意思相同（見本書第五章第七節）。

三、論四季之季風

《風角書》卷八〈海運風占〉有云：

「風旺（盛行於）四時：春旺（盛行）東風，夏旺南風，秋旺西風，冬旺北風。」

按此為古時中國大陸上一年四季盛行之季節風情況，確與今日四季之季風情況大致相同。

四、長期預報術

《風角書》卷八〈海運風占〉有云：

「亢、尾、箕、危、昴、井、翼七宿臨朔日，此月必多風雨。」

按「亢、尾、箕、危、昴、井、翼」係二十八宿中之七宿，此等七宿星在農曆初一同時出現時，則該月將多風雨。此亦為古人由長期天文學上之觀察和氣象、氣候上之長期經驗和統計、瞭解到氣候之有週期性，或可提供今人從事長期氣象預報時參考。

第十九節　《表異錄》中的氣象學術和氣象學知識

明思宗崇禎十三年王志堅所撰的《表異錄》（註18）中，有很多收集前人之作或經驗、經歷之異事者，在卷一〈天文部象緯類〉中有數條氣象學術係本書前面數章所未曾舉出者，茲列述如下。

一、《表異錄》卷一〈天文部象緯類〉有載：

「舟人占雲，若砲車起，則有暴風。」

這是說航海人員和漁夫觀測風象，如果發現有堡狀積雲和積雨雲時，則將有雷暴雨產生，而且雷暴雨前方之猛烈下衝氣流所造成的強陣風——犁頭風將來襲。故可以預報將有暴風。此與《田家五行·論雲篇》所言「雲若砲車形起，主風起」相似。

二、《表異錄》卷一〈天文部象緯類〉引《酉陽雜俎》曰：

「鸛雀群繞旋飛，謂之鸛井，必有風雨。」

此因為空氣中的濕度增加，將要下雨時，螞蟻乃出穴，而鸛鳥最愛吃螞蟻，乃群飛其上，所以觀察鸛鳥的行為，可以預測風雨。古人已在詩經東山中說過了（見本書第二章第六節）。

三、《表異錄》卷一〈天文部象緯類〉引《易林》曰：

「蟻封戶，天將大雨。」

這是因為螞蟻在封好牠們的巢穴時，空氣中之濕度已大為增加，所以天將下大雨。某些動物和植物的感覺確較人敏銳，對於天氣的變

動，每能比人類先知，此本書中已一再論及。

四、《表異錄》卷一〈天文部象緯類〉引《隋曆志》曰：

「……，庶鐵炭輕重，無失燥濕寒燠之宜，灰箭飛浮不爽陰陽
之度。……。」

這是說量鐵和炭之輕重，可以測出空氣之濕度（因為炭有吸濕
性）。觀測灰和箭之飛揚情況，可以知道風的來向。古人這些測量空
氣的濕度和風向之方法，本書中亦已一再討論到。

第二十節　《正字通》論梅雨與霉之關係

中國古代先民對梅雨之論述極多，至明思宗崇禎末葉，張自烈在
他所撰的《正字通》中(註19)有云：

「項歐東曰：『江南以三月為迎梅雨，五月為送梅雨，或言古
語黃梅時節家家雨，故云。』張蒙漢謂：『梅，當作霉，雨中
暑氣也，霉雨善污衣服，故又云霉涴，言為霉所壞也。』霉義
與黴通。」

按張蒙漢謂梅當作霉，實當作黴，以江南四五月多雨，黴極易發
生之故。其作梅者，以其時正是梅成熟的時候，又衣服遇著潮濕時，
乃生黴，而形成污點，所以俗稱為霉，亦即黴。

註 1：《金陵梵刹志》，南京尚寶司卿葛寅亮撰，成書於明熹宗天啟年間，全書共五十三
卷。

註 2：《日知錄》，清世祖順治年間顧炎武著。

註 3：〈論祈雨禁屠與旱災〉，竺藕舫引自藤原咲平著《雲を攞む話》第一百五十一頁（大
正十五年東京出版）及科學二卷五期第五百八十二頁。東方雜誌第二十三卷第十三
號，1926 年七月十日刊。

註 4：《大全》，明太祖洪武初年高啟撰，全書共十八卷。

註 5：《易經大全》，明成祖永樂初年胡廣等人撰。

註 6：《天元玉曆祥異賦》，明仁宗朱高熾於洪熙元年（西元 1425 年）親著。

註 7 ：《田家五行》，明孝宗、武宗年間吳中（江南）田舍子婁元禮編，分卷上、卷下、拾遺三卷。

註 8 ：《七修類稿》，明世宗嘉靖九年（西元 1530 年）郎瑛著，全書共分七大類，即天地、國事、義理、辨證、詩文、事物、奇謔，共五十一卷。

註 9 ：《兩山墨談》，明世宗嘉靖十八年（西元 1539 年）吳興人陳霆著，全書共十八卷。

註 10：《古今諺》，明世宗嘉靖間成都人氏楊慎（西元 1488 年～1559 年）撰。

註 11：《荊川神篇》，明世宗嘉靖年間唐順之（西元 1507 年～1560 年）撰。

註 12：《天中記》，明世宗嘉靖二十九年（西元 1550 年）進士陳耀文撰。

註 13：《滇行紀略》，明穆宗隆慶五年（西元 1571 年）進士馮時可著，成書於明神宗萬曆年間。

註 14：《書肆說鈴》，明神宗萬曆年間進士葉秉敬撰。

註 15：《本草綱目》，明神宗萬曆二十四年（西元 1596 年）出版，係偉大的藥物學家李時珍於萬曆六年所完成之巨著，全書共五十二卷。

註 16：《農政全書》，明思宗崇禎十二年（西元 1639 年），徐光啟撰。全書凡六十卷，分農本、田制、農事、水利、農器、樹藝、蠶桑、蠶桑廣類、種植、牧養、製造、荒政十二類。

註 17：《風角書》，明思宗崇禎十二年（西元 1639 年）濟陽人張爾岐撰。全書凡八卷。

註 18：《表異錄》，明思宗崇禎十三年（西元 1640 年）王志堅撰。全書凡二十卷。

註 19：《正字通》，明思宗崇禎末年，張自烈撰，凡十二卷。或題廖文英撰者，乃廖文英以金購張自烈原稿而掩為己有之故。

第十一章　清代

（清世祖順治元年～清宣統三年，西元 1644 年～西元 1911 年）

中葉以後氣象學術最落後的時期

　　明朝末年，由於關內關外連年乾旱，饑荒頻仍，乃有流寇張獻忠、李自成之亂和滿人之頻頻南下叩關，明室因而覆沒。滿人遂入關代明稱帝，是為清朝。

　　清初，西方的傳教士一如明末一樣繼續東來，他們所帶來的西方學術（尤其是科技方面），對一向較封閉的中國傳統思想有巨大的影響，故為中國近代學術史上的一件大事。可惜後來雍正禁教，西學遂告中斷，乾隆嘉慶以後的一百餘年間，閉關自守，由於缺乏外來的刺激和交流，一般學者只能在故紙堆中鑽研，中國之科技遂告落後，這是近代中國的悲劇。

　　清朝兩百六十餘年中，除了清初西方傳教士南懷仁曾將溫度計和濕度計傳入中國，使中國在氣象觀測技術上向前邁進一步以外，氣象事業竟無任何建設，而所有的氣象臺和氣象測站都由外人興建並越俎代庖，其所獲之氣象觀測資料則都各呈送其政府，作為侵略的參考。清廷之欽天監（天文氣象臺）以儀器窳陋，故步自封，又不求精進，自然遠落西人之後了！後來又遭受八國聯軍的搶劫，貴重儀器，多被搶走，於是所餘設備更加破敗不堪，更不必談氣象建設和發展了！

　　茲將清代的氣象史分成清代中國人的氣象學術和外人在中國建立氣象事業的經過兩部分，並分別敘述如下。

第一部分　清代中國人的氣象學術

第一節　《農家占候書》

清初《農家占候書》[註1]係一本記述農家占候經驗的筆記。其中有一些合理的占候術，茲列舉如下。

一、〈占日篇〉有云：

> 「日赤如血主大旱。」

由於西北風帶來黃沙，使能見度欠佳，故日色呈赤色，且因西北風秉性乾燥，故主乾旱。

二、〈占雲篇〉有云：

> 「自旦至暮無風雲，主大收；召青雲主蟲發；黃雲主百物成；赤雲主旱，黑雲主潦，白雲主不寧。」

按上述諸色雲中除「赤雲主旱，黑雲主潦」可信以外，其餘皆為不可採信者。

〈占雲篇〉又云：

> 「東方召黑雲，主春多雨；南方召黑雲，主夏多雨；西方召黑雲，主秋多雨。北方召黑雲，主冬多雨。」

因為春夏秋冬各個季節皆有各個不同的盛行風——季風，如果各個盛行風能帶來潮濕之氣流，則該季將多雨，所以上段〈占雲篇〉所言是正確的。

第二節　《管窺輯要》敍述預測風雨的方法

自殷代以還，中國先民就很注意雲的觀測，後來發現雲形和雲色之觀察，可以預卜風雨，其間之關係，本書前已一再述及！至清初，黃鼎撰《管窺輯要》[註2]，其中卷六十一〈風角候風法晴雨占備

篇〉引《乾坤秘錄》亦亦云：

> 「黑雲氣如牛甗者，有暴雨。黑雲氣如浮船者，雨。蒼黑雲細
> 如棉蔽日月，有暴雨。黑氣如群羊奔走，五日內雨。四望見蒼
> 白雲，名曰天寒之雲，雨徵也。」

按「黑雲氣如牛甗」指濃積雲及積雨雲；「黑雲氣如浮船」指層
積雲，都是雨徵。其餘不詳原意，茲略而不論。

《管窺輯要・晴雨占備》引《乾坤秘錄》又云：

> 「日旁有赤雲如冠珥者，不有大風，必有大雨。」

按「赤雲如冠珥」係日暈之附屬現象，日暈之成因與月暈相同，
故主雨。其原理已在本書第八章第二節「辨姦論中的占風卜雨方法」
及第三章第四節師曠占中討論過，茲不贅述。

《管窺輯要・晴雨占備》引《乾坤秘錄》又云：

> 「蟻封穴，大雨將至。鸑鵲飛鳴上騰，雨將至。」

此與本書第十章第十九節《表異錄》中所述：「蟻封戶，天將大
雨。」與「鸑雀群繞旋飛，謂之鸑井，必有風雨」原理相同，故不再
贅述。

第三節　南懷仁首次將西方之濕度計和溫度計傳入中國，並建立北京觀象臺

南懷仁（Ferdinandus Verbiest，西元 1623 年～1688 年）（見圖
四十三）係一位清初來自西方比利時的耶穌會傳教士，他於清世祖順
治年間來到中國，清聖祖即位後即派他擔任欽天監正（相當今日之天
文氣象科科長），他在康熙九年（西元 1670 年）首次將西方科學家
所發明之鹿腸衣濕度計（用鹿的腸衣筋製成，筋弦長二尺厚一分，與
今日所使用之毛髮濕度計不同，見圖四十四中之左圖）以及溫度計
（見圖四十四中之右圖）自西方引入中國，當時之濕度計筋弦能隨濕
度之變化而起鬆緊作用，下有地平盤，筋弦垂線正對地平盤中心，中

圖四十三　穿中國官服的南懷仁，其旁為觀象儀器。

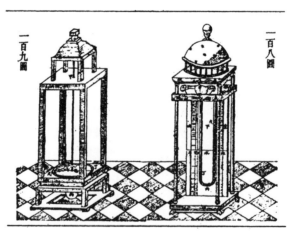

圖四十四　清康熙初年，傳教士南懷仁自西方傳入中國之溫度計（右圖）及鹿腸衣濕度計（左圖）（取
　　　　　自《圖書集成・曆法典》第 95 卷儀象部）。

心安有龍魚之形為飾，天氣燥則龍表左轉，天氣濕，則龍表右轉，氣之燥濕加減多少，則表左右轉也加減多少，地平盤左右各刻劃十度，左為燥，右為濕。至於該溫度計則極似伽利略（Galileo）之空氣溫度表，上面刻劃十二分（每分六十秒），能指示氣溫之高低，由一到十二，分數愈高，表示氣溫愈高，惟對氣溫之感應會受到氣壓的影響，是其缺點。上述兩種儀器皆見於雍正初年之《圖書集成・曆法典》中。惟尚未見水銀氣壓表傳來中國。

　　康熙初年，南懷仁復受清聖祖之命建立北京觀象臺，由南懷仁和湯若望製造天文儀器，並裝設各種天文氣象觀測儀器，觀象臺直到光緒二十六年（西元 1900 年）才毀於八國聯軍之役。

第四節　黃履莊自製驗冷熱器和驗燥濕器

　　清聖祖康熙二十二年（即癸亥年，西元 1683 年），張潮曾經編成《虞初新志》^{（註3）}一書，其中曾收編戴榕所著的〈黃履莊傳〉一文（文僅五百餘字），文中曾經述及所製驗器兩件，曰：

> 「冷熱燥濕皆以膚驗而不可以目驗者，今則以目驗之。
>
> 一曰驗冷熱器：
>
> 此器能診試虛實，分別氣候，……其用甚廣。別有專書。
>
> 二曰驗燥濕器：
>
> 內有針，能左右旋。燥則左旋，濕則右旋，毫髮不爽。並可預證陰晴。」

　　按黃履莊生於清世祖順治十三年（西元 1656 年），而中國最早的溫度計是由比利時傳教士南懷仁所介紹來的，時在康熙九年（西元 1670 年），當時黃氏年齡僅十五歲，可見黃履莊自製驗冷熱器（溫度計）是在南懷仁引進西方溫度計之後，但是戴榕說黃履莊所製的驗冷熱器「能診試虛實，分別氣候」、「其用甚廣」，則該器必然指包括體溫計在內的溫度計，黃履莊對西方傳入的溫度計必有相當深的研

究，故能製出能診試虛實的體溫計和用途甚廣的溫度計，因此云：
「別有專書」，可惜該書已失傳了，吾人無法再窺其究竟。後來（道
光七年，西元 1827 年），雖然又有浙江人黃履「作寒暑表……與常
見者迥別。」但是詳情已無資料可查，故也無法判定是何種溫度計
（見陳文述《西泠閨詠》卷十三〈天鏡閣詠黃穎卿〉）。

　　又黃履莊所研製的驗燥濕器，係利用弦線隨濕度之變化而伸縮的
原理來測定濕度（乃後世毛髮濕度計之前身），並言「內有針，能左
右旋。燥則左旋，濕則右旋，毫髮不爽」。此與作者在本章第三節中
所述南懷仁介紹到中國來的濕度計原理大致相同，故黃履莊所研製的
驗燥濕器必然是黃氏細研西方傳來的濕度器以後，加以仿製而成的，
而非黃氏所發明者。

第五節　《明詩綜》敍述海水溫度對大陸上氣候之影響

　　現在的氣象人員都知道海水溫度的高低對陸上氣候的影響非常重
大，故也能影響農作物收成的好壞。三、四百年前，中國的先民對此即
已有深刻的認識，此吾人可自清康熙年間，朱彝尊之《明詩綜》^(註4)
一書中見之，該書引《瓊州諺》云：

> 「海水熱，穀不結。海水涼，穀登場。」

　　按上述所言雖為俚諺，實有至理含在其中，因為如果沿海海水溫
度高，則海面上氣壓將因而降低，而大陸上之氣壓增高，使氣流由陸
地吹向海洋，所以陸地上之雨量必減少，收成必不好。反之海水涼
時，則海面上之氣壓將升高，而陸地上之氣壓將降低，使暖濕氣流由
海面吹向陸地區域，陸地區域之雨量因而將很豐沛，收成必佳。

第六節　清初《風颱說》對颱風之描述

自晉代以還，中國先民對颱風之描述不絕如縷，至清康熙二十四年，季麒光作《風颱說》[註5]，亦云：

> 「夏至後必有北風，必有颱信，風起而雨隨之越三四日颱即倏來。少則晝夜，多則三日。或自南轉北，或自北轉南，……，土人謂正二三四月發者為颶，五六七八月發者為颱。颱甚於颶，而颶急於颱。……船在洋中，遇颱則難甚，蓋颶散而颱聚故也。」

此乃清初臺閩人士對颱風之描述，而文中之「颶」似指陸上龍捲，似有海上颱風和陸上龍捲識別之意義，故謂颶散而颱聚，此乃我國颱颶有別之較早論述，而且也是颱字最早出現之文獻。

第七節　《廣陽雜記》論述月令和物候有古今時地之不同，並記述甘肅平涼一帶先民使用槍砲消雹

自古以來，中國先民對節氣和物候情況即非常注意，本書前已一再論述矣！至清康熙三十四年（西元 1695 年），劉獻廷在他所撰之《廣陽雜記》[註6]中亦有曰：

> 「諸方七十二候，各各不同。如嶺南之梅十月已開，桃李臘月已開；而吳下梅開於驚蟄，桃李開於清明，相去若是之殊。今世所傳七十二候，本諸月令。乃七國時中原之氣候。今之中原已與七國時之中原不合，則曆差為之。今於南北諸方細考其氣候，取其核者詳載之為一。傳之後世，則天地相應之變遷，可以求其徵矣。」

由此文之記述，可見劉獻廷的看法和宋代沈括的看法相同，劉獻

廷曾在南北各地，細研其氣候，乃發現月令物候有古今時地之不同。由同一區域月令物候在古今時間上之不同，吾人也可以據以研究歷史上氣候之變遷，元代金履祥即根據對禮記月令之研究，和元代月令物候之比較，發現秦漢時之驚蟄遠早於元時。吾人可由此而推斷元時氣候必較寒。又由《廣陽雜記》中所述「吳下桃李開於清明」一節與今日吳下之物候互相比較，吾人可以發現清初吳下桃李開花之季節較今日遲約一旬至一個月之久（今日桃始華之季節為陽曆三月上旬到下旬，而「清明」則在四月上旬），可見清初氣候較今日為寒。

劉獻廷在《廣陽雜記》卷三記載說：

> 「子騰言：平涼一帶，夏五、六月間常有暴風起，黃雲自山來，風亦黃色，必有冰雹，大者如拳，小者如粟，壞人田苗，此妖也。土人見黃雲起，則鳴金鼓，以槍炮向之施放，即散去。」

說明清初甘肅平涼一帶先民已使用槍砲轟擊雹雲，成功地消雹。

第八節　清初的氣象觀測和氣象觀測紀錄

清康熙時曾製小旗以測風向，康熙皇帝又下令直隸各省命記逐日晴雨，並觀測雨、雪、風、雷等項（註7）。近世北平（京）故宮文獻館所保藏清代各地晴雨日錄，最早始自康熙十六年（西元 1677年）。各地有連續性晴雨錄，且紀錄年代較久的有北平（京）、江寧、蘇州、杭州四處。其中北平（京）的紀錄最為悠久可貴，計自清雍正二年以至光緒二十九年（西元 1724 年～1903 年），凡一百八十年之久，此等紀錄雖缺乏雨量的記載，但對降雨之起訖時間均曾以時辰表示，故此等紀錄對於一地之歷史氣候，即寒、燠、濕、燥、風、雨的變化，尚可與各地志書互相參證，以研究古今氣候的變遷。惟上述故宮文獻館所保藏各地晴雨日錄只有質的記載，而無量的記載，真正科學性的，以數值表示氣溫、氣壓、雲量、風向、風速、雨量等氣象要素的，則要等到乾隆以後，西人在北平（京）作氣象觀測時才有。

圖四十五　日人在韓國境內所發現之清代乾隆庚寅年（即乾隆三十五年）所製測雨臺圖。

　　至於清初的雨量觀測，根據《朝鮮文鮮備考》之記載，清康熙時（朝鮮肅宗時代），中國製有測雨器，分頒各郡，測雨器高一尺，廣八寸，並有雨標，以量雨之多少，每於雨後測之，均係黃銅所製。清朝末年，日人和田雄治曾在韓國之大邱、仁川、咸興等地，先後發現清乾隆庚寅年（即乾隆三十五年，西元 1770 年）所製之測雨臺，如圖四十五所示[註8]。

第九節　康熙年間，甘肅之喇嘛曾以砲火轟擊雨雲。雍正年間，許宏聲在甘肅固原提倡鳥槍消雹法。清朝中葉，甘肅和四川先民亦以槍砲消雹

　　數十年前，德國氣象學家霍維志（H. T. Horwitz）曾考證十六世紀末葉（明末）之法國《薛立尼自傳》（Benve nuto Cellini Autobiography, 1500～1571 年）以及清康熙年間之《巴斯汀遊記》（Bastian Travels）⁽註9⁾，發現中國之僧侶喇嘛在明末及康熙年間曾在甘肅境內以砲火轟擊雨雲，以求消雹，而且在儀式進行時，地方官吏還要向山川神祇祈禱，以求恕於此舉。中國歷史上有很多雹災之記載，可想而知古代中國人亦極希望能夠消除雹害。清康熙三十四年（1695 年）劉獻廷在《廣陽雜記》卷三裏也曾經有記載（見本章第七節）。

可見《薛立尼自傳》和《巴斯汀遊記》所記載的史實是真實的。近世西人曾嘗以臼礮或火箭轟擊濃積雲及積雨雲，希望能夠求得降雨或消雹，以解苦旱或保護農作物。明末及清初，中國之喇嘛在甘肅省境內以砲火轟擊雨雲，以求消雹，實為近世（十九世紀以來）人造雨及消雹技術之濫觴。

清朝初年和中葉，我國甘肅先民一再使用槍砲轟擊雹雲，來消滅冰雹。《武進陽湖合志》卷二十四〈宦績篇〉曾記載江蘇武進舉人許宏聲，曾於雍正年間，在寧夏省（寧夏回族自治區）固原縣使用烏槍向雹雲發射，來防雹之事，其文曰：

> 「許宏聲，字聞繡，雍正己酉舉人，授中書，遷平涼府鹽茶同知（官名），駐固原，與州牧分土治、軍民雜處，號繁劇。宏聲惠孤貧，徵蠹役，興學校，政令一新。有黑雲（雹雲）烈風（暴風）自西來，吏馳報曰：大雹至矣！一城盡驚。宏聲曰：是可力驅也。極請（立即請求）提督，令軍士排烏槍齊發，槍聲震天，雹遂卻。民廬獲全，沿邊因得卻雹法。」

嘉慶年間（1796～1820 年）姚元之在《竹葉亭雜記》卷十裏也記載說：

> 「甘肅微縣多蝦蟆精（此為迷信），往往陡作黑雲（很快出現積雨雲），遂雨雹。禾稼人畜甚或被傷，土人謂之白雨（冰雹）。其地每見雲起，轟聲群振，雲亦時散。皋蘭（蘭州）沈大尹仁樹，少府時，有陣雲，眾槍齊發，……。」

刊刻於清文宗咸豐七年（1857 年）的《四川省冕寧縣志》卷一
〈天文氣候篇〉也記載以槍砲防雹的措施，文曰：

> 「雹之來，雲氣雜黃綠，其聲訇訇，有風引之，以槍砲向空施
> 放，其勢稍殺。多在甲酉時（午後三四五六時）而不久，近年
> 亦漸少矣！」

可見自明末至清代，我國先民有兩種防雹方法，一種是使用土炮
轟擊雹雲，另一種是以烏槍或槍轟擊雹雲，兩者的爆炸聲波和衝擊
波，都能把雹雲（積雨雲）內氣流的運動規律打亂，促進雲內外空氣
交換，加速雲中處於攝氏零度線以上的過冷水滴提早凍結，使之不易
形成大雹塊；又能打斷雲根，打散烏雲，使雲轉向，截殺雲頭，使雹
粒變小，更能使冰雹互相撞擊而破碎成小冰雹，這些都能達成防雹的
目的。

第十節　《幾暇格物編》描述並解釋海市蜃樓，記述風向不連續現象，檢驗相風烏

清康熙皇帝玄燁非常重視自然界現象之觀察和氣象觀測，所以在
全國巡視時，不忘探索自然科學和氣象問題，由他本人口述，並由盛
昱筆錄之《幾暇格物編》（註10）一書中有關氣象方面的資料有以下三
條。

一、描述並解釋海市蜃樓

《幾暇格物編》上冊卷上〈山氣條〉曰：

> 「海市見之於書，人皆知之，不知山巒之氣亦然。塞外瀚
> 海，早行，春秋之際，空闊之處，望之，亦有如城郭樓臺
> 者，有如人物旌旗者，有如樹木叢生，鳥獸飛舞者，達觀景
> 象，無不刻肖，逼視之，則不見，是皆山氣所融結，可與海
> 市並傳。」

按玄燁指出，上現蜃景現象不僅限於山東登州之海市，而且塞外

內蒙古地方山嶺之上，春秋之際，它也會出現，各種形狀都有，有像城郭樓臺者，有像人物旌旗者，有如樹木叢生，鳥獸飛舞者。如往前走近去看，則不見，這是因為觀察者不在全反射光線位置上之故。「皆山氣所融結」，如解釋為都是山嶺上空之穩定空氣，且有霾（古人稱之為烟霧）時，所形成的，則通。這種蜃景現象之成因和海市一樣，故「可與海市並傳」。

二、記述風向不連續現象

《幾暇格物編》下冊卷上〈風隨地殊條〉載：

> 「諺云：千里不同風，百里不同雨。昔人謂雨有咫尺之殊，何必百里，不知風亦有不可以千里論也。嘗記驗風候，如畿內（北京）是為西北風，山東去京為近，而其日，風乃東南，蓋風隨地而殊。……」

按康熙皇帝「常立小旗占風，並於直隸各省，凡起風下雨之時，一一奏報，見有京師（北京）於是日內起西北風，而山東於是日起東南風者」。因而確立了千里不同風的古諺，這是風向不連續的概念，也可以說是氣旋鋒面觀念的萌芽，在當時而言，是很可貴的。

三、表明當時尚在使用相風鳥

《幾暇格物編》下冊卷上〈風無正方條〉載：

> 「……朕留心觀察，凡風自西南起為主風，餘俱屬客風，……蓋風之所起不自東西南北；正向皆從四隅而發，而其及其旋轉，則有時而偶值正方，曾以比喻海西人，彼未深信，今至觀星臺驗相風鳥，乃難服焉！此皆切近之事，卻未有人道出。」

可見清初我國先民尚在使用相風鳥。

第十一節　《聊齋誌異》中有關夏雪和海市蜃樓之記載

清聖祖康熙年間，蒲松齡在《聊齋誌異》(註11)中曾將當時所發生的很特別自然界現象和事跡記載下來，其中屬於氣象方面的計有以下兩者。

一、夏雪的記載

清初我國氣候較寒，和明末同屬於小冰河時代，故《聊齋誌異》卷十五〈夏雪條〉記有夏雪之史實，文曰：

「丁亥年（康熙四十六年，1707 年）七月（農曆）初六日，蘇州大雪，百姓皇駭，共禱諸大乏（神名）之廟。」

「丁亥年（康熙四十六年，1707 年）六月初三日，河南歸德村，大雪尺餘，禾皆凍死。」

由前文之記載，可見清初氣候相當酷寒。

二、海市蜃樓之記載

自魏晉南北朝以來，我國先民將出現在海面上的蜃景現象稱為「海市」，出現在陸地平原（平地）之蜃景現象稱為「地市」，出現在水面上的蜃景現象稱為「水市」，出現在沙漠上的蜃景現象稱為「漠市」，出現在山上的蜃景現象稱為「山市」，《聊齋誌異》卷十四〈山市條〉也記載我國魚山的「山市」，文曰：

「魚山（山名），色八景之一也，然數年恆不一見。孫公子萬年與人同飲樓上，忽見山頭有孤塔聳起，高插青冥（天空），相顧驚疑，念近中無此禪院。無何（不久），見宮殿數十所，碧瓦飛甍（駕空之棟樑），始悟為山市。未幾，高垣睥睨，連亙六七里，居然城郭矣。中有樓若（似樓）者，堂若（似堂）者，坊若（似坊）者，歷歷在目，以億萬計。忽大風起，塵氣莽然（擴散），城市依稀而已。既而風定天清，一切烏有，惟

危樓一座，直接霄漢。樓五架，窗扉皆洞開，一行有五點明
處，樓外天也。層層指數，樓愈高，則明漸少，數至八層，裁
如星點，又其上，則黯然縹緲，不可計其層次矣。而樓上人往
來屑屑（雜碎眾多之貌），或凭（憑靠）或立，不一狀。踰
時，樓漸低，可見其頂；又漸如常樓，又漸如高舍，倏然如拳
如豆，遂不可見。又聞有早行者，見山上人煙市肆，與世無
別，故又名鬼市云。」

按蒲松齡在前文中敘述了魚山地方所出現之「山市」，描寫其變
化之經過，並記述了當時天氣變化情形。這是我國古代有關「山市」
之較詳細記載，因不明其理，故又名「鬼市」。

第十二節　《圖書集成》和《東華錄》中之氣象
　　　　　災害紀錄

清雍正四年（西元 1726 年）陳夢雷所編纂的《圖書集成》係收
編春秋以至明代許多前人之著作和其間歷代內閣之檔案和紀錄而成之
巨著，其中〈庶政典〉曾收編歷朝之氣象學識（但是並不完備）和各
種自然界災害——水災、霜害、旱災、蟲災、震災、酷暑、瘟疫、風
災，以及各種特異天氣現象——雨血、雨霜、雨魚、雨石、大雪等
等。而清高宗乾隆年間蔣良驥所編的《東華錄》（註12）中，也列出清
代各朝各地的旱災和水災情形。研究這些長久歷史上的水旱災和寒暑
紀錄，吾人可以追溯中國古今氣候的變遷情形。

第十三節　《玉函山房輯佚書》收編漢朝以來之
　　　　　請雨止雨書以及請雨止雨的措施

古代中國人在久旱不雨時即進行求雨禮，在淫雨連綿不止時即進
行止雨禮，故歷代都有很多請雨止雨書以及請雨止雨的措施流傳後

世。

　　清文宗咸豐三年（西元 1853 年）馬國翰將它們收編於《玉函山房輯佚書》^{（註13）}中，其中有引唐初歐陽詢、令狐德棻合撰之《藝文類聚》卷一百以及宋代羅泌所撰之《路史餘論》卷二云：

　　　「春夏久旱不雨，使人舞之，……，積薪擊鼓而焚之。……。」

　　今日氣象家已證實燃燒的大煙火可以引起上升氣流，增強氣流的輻合作用，且其煙質點乃良好的凝結核，被上升氣流攜帶升空以後，可以增加高空中水汽之凝結核，以致成雲致雨。唐宋以來中國人以燃燒大量的薪柴求得降雨，其理有之，絕非偶然。

第十四節　合信首先將西方的氣壓觀念以及新式的氣壓表、溫度表介紹到中國來

　　合信（Benjamin Hobson M.B, M.R.C.S）係英國的一位醫生，他在清宣宗道光十九年（西元 1839 年），也就是鴉片戰爭的前一年來到中國行醫，兩年後一度返英，道光二十八年（西元 1848 年）再度來到廣州行醫，清文宗咸豐五年（西元 1855 年），他使用中文編成《博物新編》（見圖四十六（A）（B））一書^{（註14）}，將當時的西方科技介紹來中國，此對近代中國

圖四十六（A）　合信。

新科學的引進有重大的影響。茲將該書所介紹有關氣象學術方面者敍述如下。

　　一、氣壓的觀念

　　氣壓的觀念和氣壓的高低是現代氣象學所不可缺少的要素之一，西人在十七世紀時，即首先發現氣壓的原理，並進而發明氣壓表，才使氣象學有極大的進步，而中國人直到十九世紀，因合信的介紹才知

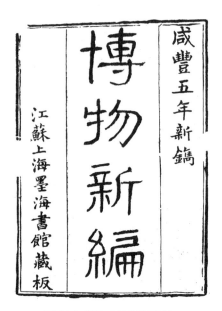

圖四十六（B）合信之博物新編。

道氣壓的原理，《博物新編》第一集〈地氣論〉有云：

　　「氣之力，其勢甚重，比如四方一寸（相當中國之八分）自地
　　起上至氣盡處，計其壓下之力，勢重十五磅（一磅相當於中國
　　之十一兩六錢），如以十五磅之物壓之，人為氣所包圍，而不
　　覺氣壓之重者，卻因上下周圍均同，如水之渾浸身體，人自不
　　覺其勢耳。」

　　這是外人最早將氣壓之觀念介紹來中國者，早期中國人因為沒有
發現氣壓的原理，所以未能發明氣壓表和氣壓計。

　　二、空氣之組成成分

　　研究大氣科學不可不知空氣之成分，而空氣的組成成分亦為西人
首先發現者，合信也把這個科學知識記載在《博物新編》第一集〈地
氣論〉中，內有云：

「地上生氣（空氣）中分數類，比如以生氣一擔（一百斤），
其內有養氣（氧氣）二十一斤，淡氣（氮氣）七十九斤，二氣
常相調和。炭氣（碳氣）者，其性有毒，與炭同類，在生氣
（空氣）中不過千分之一。」

這也是外人最早將空氣組成之知識介紹來中國者。

三、氣壓表

清初南懷仁雖然曾經把西方的溫度計和濕度計等儀器介紹到中國
來，但是獨缺氣壓表，所以合信在《博物新編》中，曾經不厭其詳地
把它的製法和妙用加以敘述。《博物新編》第一集〈風雨鍼〉有曰：

「風雨鍼者，以一玻璃製一小筩，大如筆管，長約二尺二寸，
上塞下通，筩中以平滑為貴，另製一圓甌，大如茶盃，先以頂
淨水硍（銀）一兩（水硍不淨即不應驗）內於甌中，再將玻璃
筩實以水硍，然後插入甌裏，則筩中水硍與甌裡水硍相連，豎
而直之，筩內水硍必定瀉下數寸，自與地氣之力相稱，乃將筩
甌懸於板上，畫刻度數以驗之，視水硍高低，為風晴雷雨之
候，百不失一。蓋空氣乃流動之物，或輕，或重，或升，或
降，隨時更改。風雨鍼之能自行上（升）落者，實因筩內水硍
之上，空無氣入，而甌中水硍能被外氣逼壓，故隨其輕重以或
升或降也。然一升一降不過二寸四分，西國風雨在平地逼壓之
重也。風雨鍼之為用，其功甚大，海客農夫當以是為至寶，場
圃有善識風雨鍼之人，從無漂麥漚芽之事，海船有善識風雨鍼
之客，從無檣折帆沉之慘。有某船駛行南洋，時日將夕，天色
清明，舟子唱晚，管弦甚樂，忽聞船主疾呼收帆，舟子領命而
竊怪之，整頓甫畢，颶風大起，船蕩欲覆，幸無檣帆重累，以
是獲免，實賴風雨鍼早報之力也。」

按「風雨鍼」又稱為「風雨表」或「晴雨表」，即今人所稱之水
銀氣壓表，前段所言係水銀氣壓表之製法和原理，其外型見圖四十七
中之右三者，後段所言係當時水銀氣壓表的功用——預測晴雨，因為

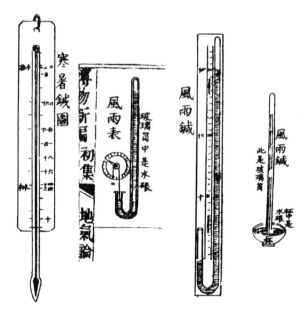

圖四十七　清文宗咸豐五年（西元 1855 年）英國之合信醫師所介紹的溫度表（圖中最左者），可直接
　　　　　測量大氣壓力的托里切利管（圖中最右兩者）以及氣壓表（圖中央標明風雨表者）。

自從托里切利（Torricelli）於西元 1643 年（明思宗崇禎十六年）發
明水銀氣壓表以後，西人即覺得氣壓的高低可能與天氣之良否有關，
至西元 1660 年（清世祖順治十七年），德人葛立克（Guericke）首
先發現暴風雨將來臨時，水銀氣壓表之氣壓值下降；天氣將轉好時，
氣壓值升高；故由水銀氣壓表氣壓值之升降，可預測晴雨，此乃「風
雨表」或「晴雨表」名稱之由來，其用作預測晴雨，亦開科學性天氣
預報的先河。而中國方面一直到清咸豐五年（西元 1855 年）由合信
的介紹，才知道其妙用。因為大約在這個時候，廣東人鄒伯奇（嘉慶
二十四年至同治八年，1819～1869）在從事測繪工作中所開列的工具
單上，也出現「風雨鍼」一種，並說：「用以計山之高數」、「山高
百尺，針得一分，故能知其高」，可見他可能受合信之介紹，才明白

其使用（見鄒伯奇《測量略要》）。

四、溫度表

西人在十六世紀末葉所發明之溫度計（清初南懷仁曾經把它介紹到中國來），太過於粗大笨重，攜帶不便，所以後來乃有小巧的溫度表的發明。《博物新編》第一集〈寒暑鍼〉有云：

> 「寒暑鍼者，以玻璃為筒，長數寸許，狀如筆管，上通下塞，下有圓膽，中貯水硍（銀），其入水硍之法，先以燈火炙熱圓膽，則筒中之氣漸行散出，乃以指頭掩壓筒口，俟圓膽復冷，即將筒口蘸入水硍之中，然後移開指頭，水硍即由筒口走入膽裡，務以滿至半筒為止，再以燈火炙熱圓膽，令水硍受熱上升，升滿筒中，即以吹筒向火吹鎔其口（如打銀匠以吹筒向火鎔銀之法），再俟筒體復冷，水硍復降如初，方可懸於板上，畫刻分寸，以驗寒暑，蓋水銀質性浮柔，遇熱則鎔而上升，遇冷必凝而下墜。以英國寒暑鍼而論，凡河冰水結之時，水硍（銀）行至三十二分。……。」

按此為十七世紀中葉以後西人所發明之水銀溫度表的製法和原理（見圖四十七中之最左者），這種水銀溫度表比清初南懷仁所介紹來的空氣溫度表更加進步、準確，而且更加靈巧方便。鄒伯奇在《測量略要》中也曾經列出「寒暑鍼」一種，可能就是合信介紹來的（因為他們兩人同一時代在廣州地區工作）。

五、論風的成因和風級的區分、風之偏向情況，並說明信風、季風、海陸風的成因

至十九世紀中葉，西人的氣象學術已有相當大的進步，對於科氏力、信風、季風和海陸風的原理已有認識，此吾人可在《博物新編》中窺見一斑。《博物新編》第一集〈風論〉有云：

> 「地氣受日熱之蒸，輕而上騰，他處之氣流動以補其缺，謂之曰風，如潵盤心之水，盤旁水即流動以填其空也。其行有徐有疾，日夜不停，一時（即一個時辰，相當兩小時）而行六里

者，人物不覺，水雲不動；一時而行三十里者，和暢宜人，水紋烟捲；一時而行百里者，松竹有聲；一時而行一百五十里者，芙蓉颭水；一時而行二百里者，飛燕斜退；一時而行二百五十里者，人不耐吹；一時而行三百里者，蓬飛茅展，帽落塵颷；一時而行四百里者，萬竅怒號，海波溯滂；一時而行五百里者，船沉屋爛，樹拔椳頓；一時而行六百里者，草木皆催，鳥獸多死，飛砂走石，物無完膚。

地球向東左旋，地氣乃輕浮之物，不能隨地體速轉，故其氣斜向西而流也。

赤道海洋之南北三十度內，四季常吹東南信風（南半球）和東北信風（北半球）。而陸地則不然，如中國東南和印緬泰越諸地，皆在赤道之北三十度之內，而夏季則吹南風，冬季則吹北風；乃因赤道之北三十度之內，陸地地面之氣熱於水面之氣，且夏季北半球朝日，其地尤熱，熱則氣輕而上升，故海風自南來補其缺；若冬季則南半球朝日，北半球陰寒，故朔風（冷風）自北而來，以補其空（至赤道4～5度而止，朔風不達南半球，此夏南冬北之原由也）。

海外諸島，地處赤道附近，自巳（上午十時）至酉（下午六時），常吹海風，自戌（晚上八時）至辰（上午八時），常吹陸風，亦因畫日陸熱於水，故風從水（海面）至，夜時水熱於陸，故風從陸來，皆此理也。」

　　按本文第一段前面所言，係論述風之成因，和本書第十章第六節《田家五行・拾遺篇》所言「熱極則生風」之道理相同。第一段後面所言風級之區分與十九世紀初期英人蒲福氏所創之蒲氏風級表實大同小異。第二段所言係說明氣流斜向西流之原因——科氏力使然。第三段係說明信風、季風、和海陸風之成因。由此可見，當時西人對氣象學之見解已經相當進步。

第十五節　《福建通志》描述颱風和東北季風的性質

清穆宗同治七年（西元 1868 年）陳壽祺等人所纂之《福建通志》（註15）中，關於颱風和東北季風的記載甚多，如風名的估定、風信的時期、風來的前兆等。茲選錄數則，以供參考。

《福建通志》有曰：

「風大而烈者為颶，又甚者為颱。颶常驟發，颱則有漸。颶或瞬發倏止，颱則常連日夜或數日而止。大約正二三四月發者為颶，五六七八月發者為颱，九月則北風初烈，或至累月，俗稱為九降風。間或有颱，則驟至如春颶。船在洋中遇颶猶可為，遇颱不可受矣！」

「臺灣府四時風信：一年之月，各有颶日，驗之多應。舟人以此戒備，不敢行船。凡清明以後，地氣自南而北，則以南風為常。霜降以後，地氣自北而南，則以北風為常。風若反常，寒南風而暑北風，則颱颶將作，不可行船。南風壯而順，北風烈而嚴。南風多間，北風罕斷。南風駕船，非颱颶之時常患風不勝帆；故商賈以舟小為速。北風駕船，雖非颱颶之時，亦患帆不勝風，故商賈以舟大為穩。」

「過洋以四月七月十月為穩，以四月少颶日，七月寒暑初交，十月小陽春候，天氣多晴順也。最忌六月九月，以六月多颱日，九月多九降也。」

「五六七月間多風時風雨俱至，即俗所稱風時雨，西北雨也。船人視天邊黑點如籬箕大，則收帆嚴舵以待之；瞬息風雨驟至，隨刻即止，少（稍）遲則不及焉。」

「十月以後，北風常作，然颱颶無定期。舟人視風隙以來往。五六七八月應屬南風，颱將發，則北風先至，轉而東南，又轉而南，又轉而西南，始止。」

「天邊有斷虹，颱亦將至。只現一片如船帆者，曰破帆；稍及半天如鷰尾者，曰屈鷰。破帆甚於屈鷰，所出之方又甚於他方。海水驟變，水面多穢如米糖，及有海蛇浮游於上面，颱亦將至。昏夜星辰閃動，亦有大風。」

按來自北太平洋西南部和南部之颱風多在中國閩粵臺三省登陸，尤以越過臺灣海峽者為多，故閩臺人對颱風之認識遠較他省人真切，由《福建通志》（當時臺灣府屬於福建省）對颱風之記載和描述可見一斑。本節文中第一段所言係颱和颶之差別。第二段所言係說明臺灣冬季盛行北及東北季風，夏季則盛行南及西南季風，若風向反常，表示將有颱風來襲，確有道理。第三段說明臺閩地區在農曆四月時，颱風少，六月時，颱風日最多，農曆九月時，則東北季風開始盛行，風勢強勁而持久，稱為九降風，此時如有颱風來襲，則颱風環流和東北季風合流，風勢尤大。第四段所言乃西北颱之情況。第五段說明颱風過境時，風向轉變的情形。最後一段言颱風將來襲時，自然界所顯示之各種徵兆，「天邊有斷虹」表示颱風外圍之「颱風前颮線」（Pre-typhoon squall lines）已至附近區域，故有陣雨出現，造成天邊斷虹現象，此乃颱風將至之先聲。「昏夜星辰閃動」表示大氣層已極不穩定，空氣中之氣壓、氣溫正在急驟變化中，所以將有大風出現。

第十六節　《測候叢談》首次將西方完整的近代氣象學術引入中國

清文宗咸豐十年（西元 1860 年）英法聯軍之後，中國漸漸體認到西洋武器的精良與科學的發達，朝野皆認為有接納西洋文化的需要，於是乃開始推行洋務運動，江南製造局便是這時候最重要的新政建設，它以製造機器、軍火為主，是當時全球有數的大兵工廠之一，也是東亞最大的兵工廠，但是它的編譯科技工作對中國近代引進西方科技的工作亦佔十分重要的地位，江南製造局翻譯舘自清穆宗同治十

年（西元1871年）至清德宗光緒三十一年（西
元 1905 年）為止，共翻譯西書達一百七十八
本，其中科技方面者佔絕大多數，真是洋洋大
觀，風靡一時。當時華蘅芳（見圖四十八
（Ａ），西元1833年～1902年）即負責算學、
地質、地學、氣象諸門之編譯工作，先後共成
書十二種，美人金楷理乃當時江南製造局之顧
問，清末首次將西方完整的近代氣象學術引入
中國的，就是他們兩個人。

圖四十八（Ａ）　華蘅芳。

　　合信醫師在其手著的《博物新編》中雖然也述及當時西方的氣象
學術，但是僅及風和當時之氣象儀器，而遠不如《測候叢談》之有系
統而完整，內容亦遠不如《測候叢談》豐富。

　　《測候叢談》（註16）成書於光緒初年，全書共四大卷（見圖四十
八（Ｂ）），書中所述有下列三大特點：

圖四十八（Ｂ）　華蘅芳所筆述的測候叢談（卷一總論）。

一、一些當時所使用的氣象學名辭與今日所使用者不同

《測候叢談》中有一些當時使用的氣象學名辭，後來才改用今名者，例如當時稱氣壓表為「風雨表」，稱溫度表為「寒暑表」，稱氣壓變量為「吧較數」，稱測候所及氣象臺為「觀象臺」，稱氧氣為「養氣」，稱氮氣為「淡氣」，稱太陽光透照大氣層，因空氣密度之不同所生折射之不同為「蒙氣差」等等。

二、已與現代氣象學之解釋極為相近

《測候叢談》對各種天氣現象之解釋與今日氣象學所作的解釋已極為相近，例如卷二〈颶風篇〉有云：

> 「孟加拉及中國東南沿海皆能起颶風，其力甚大，……空氣若旋轉流行，如水之有旋渦，即為颶風。……。其結構由四周之風向子（中心）區輻輳（輻合）而成（見圖四十九），子區（中心區）則無風，四周之風在輻輳（合）流動時呈變行之方向，如圖四十九中所示之箭形符號，所以合各變行之方向，必成一螺旋形之動。」

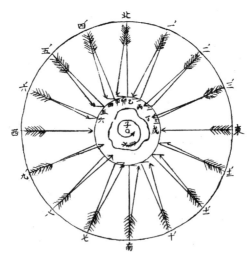

圖四十九　測候叢談卷二中所繪之颶風構造圖。

　　依現在的氣象學原理來看，這種說法是正確的。又如對雹（見圖五十）和雪（見圖五十一）的構造已相當瞭解。卷二論雪之成因云：

　　「空氣中所含之水氣遇冷而緩緩結成，則先成冰顆粒如針，而後彼此相輻輳而為六出之形，則成雪。」

又論霜的成因云：

　　「若水氣先合為露，而後遇冷而凍，則結為霜，霜之顆粒為雜亂之形，非如雪花之整齊也。」

　　而卷四論空氣含水之量篇中已使用溫度露點曲線（見圖五十二）來說明雲層之所在，以上所言皆與今日的說法極為相近。

　　三、雲狀之分類只有三種

　　《測候叢談》卷二中對雲狀的分類僅見三種——積雲、層雲、卷雲。而事實上，1894 年後西方氣象家始將雲狀分成十種，可見《測候叢談》中所列雲類仍師承霍完德（Luke Howard）時代雲形分類之觀念而來，故僅列三種而已。

圖五十　測候叢談卷二中所繪冰雹之結構圖。

圖五十一　測候叢談卷二中所繪之各種雪的結晶圖。

第十七節　《地勢略解》繼續介紹當時西方的氣象
　　　　　　學術

　《地勢略解》相當於今人所鑽研的地學通論，它是清德宗光緒十

九年（西元 1893 年）執教於北京匯文書院的美國傳教士李安德（其人之英文名字已不可考）使用中文撰寫而成者，該書繼續將當時西方的地學和氣象學術介紹來中國，茲將《地勢略解》^{（註17）}中氣象學部分較以前更加充實者引論如下：

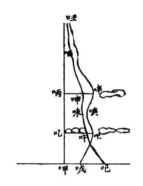

圖五十二　《測候叢談》卷四中的溫度露點曲線圖，叿吧及吶哶有雲層的地方相對濕度幾乎達 100 ％，味唻處水汽最少。

一、論雲狀

《地勢略解》第九章〈論水氣涵空〉有曰：

「察雲之形狀，可分四類。一為浮雲，其形輕如羽毛，浮於高空，西國船工稱為貓尾，約係極微細之冰塊而成。二為疊雲，因其形狀有層疊之式，惟夏季有之，且因熱氣由地面上升，將彼托住，故日出時尚少，至午則多，日落則無。三為層雲，乃層層而出，微高於地平界，多見於日暮之時，至夜或有，日出則無。四為烏雲，即降雨之雲，無一定之形，其色烏暗，能蔽天日，然不甚高，其下為雨點，中為細雨，上乃露，或濛雨。上所言之疊、層二雲，亦能變為降雨之雲──烏雲；亦有二類雲共見，即如浮、層二雲，或疊、層二雲，或浮、疊二雲，並有相兼之狀，且將降大雨之時，屢有浮雲先出，因此泛海之人每見此雲，較見他雲更為驚心。」

按文中所言之「浮雲」即今日所稱之卷雲，「疊雲」即今日所稱之濃積雲或積雨雲，「層雲」同今日所稱之層雲，「烏雲」即今日所稱之雨層雲。至於「亦有二類雲共見」和「並有相兼之狀」確係事實。

二、大氣主環流（General circulation of the atmosphere）

雖然早在十八世紀時哈得賴（Hadley）即提出他的大氣主環流觀念，十九世紀時又先後有多佛（Dove）、毛利（Maury）、費利爾

（Ferrel）諸人提出他們的大氣主環流觀念，但是金楷理和華蘅芳在
《測候叢談》中並沒有論及大氣主環流方面的問題，李安德氏在《地
勢略解》第十六章〈論空氣〉中則將主環流分為三類：信風、無定風
（今人所稱之赤道無風帶和馬緯度無風帶）、二極之風（今人所稱之
極地東風帶），但是沒有提到西風帶。李安德對貿易風、無定風和二
極之風的解釋與今日相近，茲不贅述。

　　三、論颱風

　　《地勢略解》第十七章〈論颶旋等風〉有云：

　　　「颶風之方向：在北半球之颶風皆自右轉而向左（即反時針方
　　　向旋轉而向左移動），在南半球者，皆自左轉而向右，其旋轉
　　　極速，一點鐘自一百五十至三百七十五里不等；其前進，一點
　　　鐘自三十至一百五十里不等。

　　　颶風之先兆：將起颶風之前數日，必天氣覺暖，無微風，亦無
　　　片雲，風雨表（氣壓表）之水銀有搖蕩之形，後有數片貓尾雲
　　　（卷雲）在南或東南，其尖直向天頂，少時，表中水銀下降，
　　　先緩後急，後即起微風，自北方陣陣吹來，天色變紫，海中波
　　　浪微起，見此數兆，舟師即知必有颶風，不敢待，必先做準
　　　備，不久颶風驟起，轉向東北，倘舟師未核準其方向，不使船
　　　頭向南以迎之，船必隨風而去，不能脫出洪濤巨浪之打擊；如
　　　果忽然風勢平息，乃因入於颶風之中心也，片時，又風雨大
　　　作，乃進入颶風之後環環流所致。

　　　察颶風之定例，航海者乃能預防：察颶風之定例，即能知其方
　　　向，故舟師使船按合宜之方向而行，或可保全。使用航海圖及
　　　颶風單航海圖核對颶風之風向，即可找出其船所行之道，能遇
　　　風否？並知其風從何而來？中心在何處？必令船偏風之右，方
　　　保無虞！」

　　由上文所述，可見西人當時對颱風的性質和先兆已有相當的認
識，對航海人員在遭遇颱風時所應採取的措施也有明確的指示。

第十八節　臺灣在割日前的氣象諺語

臺灣寶島自經我們的先民開發以來，時間已有數百年，由閩粵來斯士者，感於天氣和氣候的變化，積長久的經驗，遂以粗淺的俗諺，表達天候變化的現象，其中多有合於現代氣象學原理者。高振華教授曾就平日搜羅所及著成〈臺灣氣象俚諺淺釋〉（*Weather Proverbs for Taiwan Region*）乙文[註18]。作者謹將其中臺灣割日前（光緒二十一年，西元 1895 年以前）有文獻記載之氣象諺語摘引如下，以資參考。

一、六月（農曆）一雷止三颱，七月一雷九颱來

按此諺均記載於各個臺灣府縣廳誌中，係源自清康熙三十九年（西元 1700 年）來臺之郁永河（浙江武林人）所撰的《裨海記遊》中「六月聞雷則風止，七月聞雷則風至」兩句。迨清光緒初年《臺灣通志》及各縣廳誌中則記成「六月一雷止三颱，七月一雷九颱來」。後來又轉成「一雷滅九颱」之錯誤諺語。根據近人的研究，遠洋海面上有颱風存在時，颱風環流圈之外圍則有沉降氣流，故雷雨日隨即中止，但是颱風環流圈內則常有雷雨發生，故「一雷滅九颱」之說不確。又根據近人之統計，臺灣確有「六月雷多而颱少，七月雷少而颱多」之現象，惟雷雨之有無與颱風未來移動之動向無關。

二、麒麟颶（麒麟暴）

《臺灣縣誌》云：

「狂颮怒號，轉覺灼體，風過後木葉焦萎，俗謂之麒麟颶，云風中有火，殊可詫異（《海東札記》）。」

又光緒初年《臺灣通志》亦載：

「有時風愈烈，燥愈甚，風過草木皆焦，名麒麟暴，謂風中有火云（《東瀛識略》）。」

按麒麟颶代表燥熱的風，說者謂臺灣各地廟宇中壁畫或雕刻的麒

麟，四足帶有火焰，此燥熱之風，能使草木枯焦，謂之風中帶火，故以麒麟稱之。其實它乃颱風眼襲境時所造成者，颱風眼中為高溫區域，於颱風中心直接經過之處，竹皆枯死，枝幹皆黃，竹內水份盡失，悉為暖氣所吸收，非有火也。新港以北約十餘里之長濱曾見之。

三、西北雨

《臺灣縣誌》云：

「凡疾風挾雨，驟至而驟止，俗呼為西北雨，亦曰風時雨。」

按此與本章第十五節《福建通志》之描述颱風中所言「五六七月間多風時風雨俱至，即俗所稱風時雨，西北雨也。……；瞬息風雨驟至，隨刻即止，……。」意義相同。

四、發海西

《諸羅縣誌》云：

「天色晴爽，午後西風大作，謂之發海西。」

又《淡水廳誌》亦有云：

「淡地早東午西，名『發海西』，春夏時皆然。」

另據《臺灣采訪冊》稱：

「內地之風，早西晚東，天乃晴霽，而臺地則異。是凡久雨後，必午後海西透發，乃見晴霽。不然，雖晴亦旋雨矣！」

高振華教授認為臺灣早東風乃陸風，午西風乃海風。天氣晴朗時，海陸風即按時發生，如果海陸風當發而不發，則天氣將起變化。

五、九降風（九月烏）

《臺灣縣誌》云：

「時當九月，風每經旬，或至閏月，是名九降。九降恆不雨而風，遙望外海，浪色如銀，播空疊出，名曰起白馬，舟不可行。又自寒露至立冬止常陰晦，俗稱九月烏。」

又《淡水廳誌》云：

「重陽前後三四日忌九廟風，亦曰九降風。」

按重陽前後三四日與寒露之日期（國曆十月七、八、九日）相

近，為東北季風開始盛行之時，其風力之強，經常達六級，此種北來之冷空氣與海水面上較暖空氣接觸，以致產生陰晦之天氣，故俗稱九降風（九月烏）。此作者在本章第十五節中已述及。

六、冬看山頭，春看海口（適用於臺灣西部）

《續修臺灣府志》及《彰化縣誌》均曰：

> 「春日晚看西，冬日晚看東，有黑雲起，主雨。諺曰：冬山頭，春海口（見《赤嵌筆談》）。」

按冬季和春季在臺灣東北或北部海上所形成的局部低氣壓（日本氣象界稱之為「臺灣和尚」）。對於臺灣西部和西南部冬春季之降雨，影響甚大。又冬季有時有高空槽迫近時，也會帶來雲雨，此時雲層之底部高約數千呎，掩罩山頂。故冬看東方山頭有黑雲，則為雨兆。又春季時常有源自大陸之鋒面或低氣壓中心通過臺灣而降雨，此可依天氣變化自西而東的規則來預測風雨，故春看西方海口有黑雲，為雨兆。

七、鼠尾風（龍起）

《臺灣采訪冊》稱：

> 「青天白日，忽黑雲四布，從遠岫起，人見之；有尾在雲際蜿蜒，不知何物，咸稱之曰鼠尾，嘗上北路，至灣裡溪，渡中流，見一物，在雲　間，或伸，或縮，初見如絲，如鼠尾，再觀則如繩，如牛尾矣。少頃間，小者大者數十條，更有廣至數圍，漸漸逼近，風遂暴起，舟子驚曰：鼠尾起矣！不速至岸，必被淹沒，舟人大恐，甚有哭者。幸到岸，急風大至，與輿夫俱蹲竹下，有頃風止，乃得行（所見）。」

又《臺灣縣誌》稱：

> 「海船中見有黑氣一條湧出海面，漸及半天，名曰鼠尾雲，乃龍起也。」

按前段《臺灣采訪冊》所稱之「鼠尾」，未言明曾否抵達地面，故可能是漏斗狀雲。後段《臺灣縣誌》所稱「海船中見有黑氣一條湧

出海面」係指水龍捲。

第十九節　清末中國人所繪見於山西省境內之日 暈圖

清德宗光緒三十年（西元 1904 年），山西省境內曾有日暈出現，觀測者曾以筆墨繪製（見圖五十三），並題以日暈說，略加說明而刊載於北平（京）中國地學會出版之《地學雜誌》上[註19]，該日暈之結構尚稱完整。

第二十節　清末時代所出版的氣象學書籍

清朝末葉，專論氣象學的中文書籍除《測候叢談》外，尚有徐家匯觀象臺之法國氣象家馬德賚所著的《上海的氣候》（光緒三十年出版），上海新學會社在光緒三十三年（西元 1907 年）所出版的《農

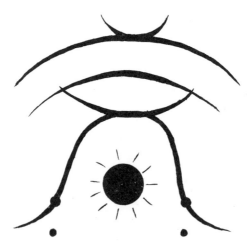

圖五十三　清代學者所繪光緒三十年見於山西省境內之日暈圖。中下方之大圓，且帶有光芒者為日輪，四小點為珥。向日者皆紅色，背日者青黃相間。

學全書氣象學》，上海中國圖書公司在宣統元年（西元 1909 年）所出版之《富強叢書》中的兩種氣象學書籍[註20] 等等，《農學全書氣象學》乃農業氣象之書，與《富強叢書》中之兩種氣象學書籍皆為國人所譯述之大學參考書，而非國人所自著者。

第二部分　清代外人在中國建立氣象事業的經過

第一節　中國境內最早使用近代氣象儀器觀測的氣象紀錄

中國國內使用近代氣象儀器觀測的氣象紀錄，要算法國駐北平（京）教士戈比司鐸（Pater Gaubil）為最早。戈比司鐸於清乾隆八年（西元 1743 年）在北平（京）開始作氣象儀器之觀測，其零星溫度紀錄曾經由馬爾曼（W. Mahlmann）加以整理統計，並發表在西元 1843 年（清宣宗道光二十三年）出版的《Poggendorf's Annalen（第六十卷）雜誌》中，其餘則已無可查考。戈比司鐸以後，有耶穌會教士夏彌安（Jesuit Father Amiot）從乾隆二十年初到二十五年底（西元 1757 年～1762 年）曾在北平（京）作溫度、氣壓、雲量、雨量、風向等項的觀測及紀錄，當時每天觀測兩次，一次在黎明日出的時候，另一次在下午三時，此六年中的觀測紀錄和統計曾經梅修氏（Messier）印行於巴黎《數理雜誌》中，其中北平（京）各月平均溫度經馬爾曼修正後，得出下表表一所示。

表一：乾隆二十年至乾隆二十五年北平各月平均溫度表。R 代表使用列氏水銀溫度所測者，C 代表使用攝氏水銀溫度表所測者。

月份	1	2	3	4	5	6	7	8	9	10	11	12	全年
溫度（R）	-4.0	-3.3	2.9	10.4	16.3	20.5	20.8	20.5	15.7	9.8	2.4	-2.7	9.1
溫度（C）	-5.0	-4.1	3.5	13.0	20.4	25.6	26.0	25.6	19.6	12.2	3.0	-3.4	11.4

自夏彌安以後，北平（京）的氣象觀測紀錄中斷凡七十年。至清宣宗道光十年（西元 1830 年）俄人富士（G. von Fuss）又重賡續紀錄，但為時僅半年即停頓，且採用俄國舊曆——侏略曆，故不能與其他紀錄相參證。道光二十一年（西元 1841 年）一月俄國教會在北平（京）復開始作有系統的氣象觀測，亦為北平（京）有價值氣象紀錄之肇端。最初主任觀測員係一位不屬於教會的俄人嘉錫開佛（Gaschkewitsch），並有兩位教士羅騷（Rosow）和侏里（Guri）襄助其事，按日從晨五時至午九時每一小時觀測一次^{（註21）}。

第二節　外國人在中國最早建立的氣象臺——北平（京）地磁氣象臺

清朝中葉以後，國勢日弱，自清宣宗道光二十年（西元 1840 年）鴉片戰爭起，沿海要港和內地大邑，多相繼被外人侵據或闢為租界，藩籬盡撤，堂奧洞開，而西方之氣象工作者亦隨他們的砲艦和軍隊款關進來，紛紛建立氣象臺於沿海要港和內地大邑，其中最早的要算俄國人在清道光二十九年（西元 1849 年）建於北平（京）俄國教會旁之地磁氣象臺（Magnetic Meteorolgical Observatory），該氣象臺建竣後，俄國中央科學院即任命第一任臺長斯開旭高（Skatschkow）赴任，該臺每小時觀測一次，晚間亦照常觀測。到咸豐五年（西元 1855 年）年底，斯開旭高被任為上海俄國總領事，離平赴滬，該臺之氣象觀測工作即告停頓。直到咸豐九年（1859 年）一月，新臺長柏旭秋羅（Peschtschurow）履新後，觀測工作再度進行，但是到清同治二年（西元 1863 年）二月杪觀測又告停頓。同治六年（西元 1867 年）俄國聖彼得堡科學院（Akademie der Wissenschaften zu St. Peterburg）任命傅烈煦（H. Fritsche）為北平（京）地磁氣象臺長。傅氏留平凡十六年，曾著《北平（京）之氣候》（*Ueber das Klima Pekings*）、《東亞之氣候》（*The Climate of East-*

ern Asia）、《歐亞兩洲之地磁》（*Ein Beitrag zur Geographie und Lehre Von Erdmagnetismus Asie nund Zuropa 1867～1883*）等，至今仍為研究氣候地磁上重要之文獻。清光緒八年至九年（西元 1882 年～1883 年）適值第一屆國際極年（International Polar Year），俄人之北平（京）地磁氣象臺曾參與觀測工作。俄人主持之北平（京）氣象觀測紀錄均載於俄國「中央觀象臺之年報」（Annalen das Physikslischen Central Observatorium）中，當時所觀測的項目計有溫度、濕度、風向、風速、雲量、雨量、蒸發量（光緒元年開始才有此項）、地溫（地下 0.5～4.2 公尺）等項。茲將光緒元年至五年，六年中該臺所測得北平（京）六年平均年雨量、年蒸發量、年均溫等列表（如表二）如下，以供參考（以上同註21）。

表二：清光緒元年至五年，俄國在北平（京）之地磁氣象臺所觀測之氣象紀錄統計表。

月　　份	1	2	3	4	5	6	7	8	9	10	11	12	全年
溫度（℃）	-5.8	-1.9	5.5	14.2	20.0	25.6	26.9	25.5	19.5	12.0	3.2	-3.4	11.8
濕度%	48	50	42	46	48	54	72	77	70	60	53	52	56
風速 m／s	2.3	2.6	2.9	2.2	2.6	2.0	1.2	0.9	1.3	2.1	2.6	3.0	2.1
雨量 mm	3.0	2.0	4.5	26.0	30.1	48.5	208.9	225.1	62.6	16.2	4.5	0.9	632.3
蒸發量 mm	28.0	34.4	92.6	128.7	169.2	150.6	94.6	59.6	59.1	62.9	54.4	35.3	969.4

第三節　外人在中國最早從事現代氣象預報工作之機構——上海徐家匯氣象臺

　　清宣宗道光二十二年（西元 1842 年）中英訂立南京條約，開上海等五處口岸准英人通商居住，並可由英人開租界，但是英國人並沒有在上海設立氣象臺；直到清文宗咸豐七年一十年（西元 1857 年—1860 年）英法聯軍之役，法取得一如英人一般的待遇以後，始在上海取得租界——徐家匯。並由中國關務署時總關務署署長為英人赫德

於關務收入項下年撥六萬關兩，支持其工作。清穆宗同治十二年（西元 1873 年）法國天主教主教朗懷仁（厚甫）（Adrian Languilat）在徐家匯創設氣象臺，首任臺長為能慕容（Marc Dechevrens）司鐸。清同治十三年（西元 1874 年）徐家匯氣象臺即發行「氣象與磁氣觀測月報」一種，此刊物按期發行，直到 1937 年，因中日戰事發生，始告中斷，此乃中國境內最早之現代氣象學文獻。該臺並於光緒十八年（1892 年）起出版「上海氣象學會報告」，旋於光緒二十五年停刊。又於光緒二十七年出版「徐家匯氣象與磁氣觀測年報」，亦於光緒二十九年停刊。該臺從事觀測部門有氣象、天文、地磁、大氣物理、地震、校時等六項，天文部門設在佘山，地磁部門原設徐家匯，後以上海開駛電車，受其影響，乃遷陸家濱，再遷佘山，大氣物理部門分設佘山、徐家匯兩處，氣象、地震及校時三部門則均設於徐家匯，並有專設之土山匯印刷廠，及專事國際氣象廣播之顧家宅電臺。當時上海已成為中國與西方之貿易要港，船隻往來頻繁，氣象報告和預報至為重要，該臺應海關及外商之要求，乃越俎代庖，發佈氣象報告，並自光緒三十三年（1907 年）開始做天氣預報工作，是外人在中國最早從事現代氣象預報者；又在上海法租界外灘一號設立天氣與風暴信號臺（Semaphore）一座（建於光緒三十四年，西元 1908年），逕與徐家匯本部聯絡，按時懸掛天氣及風暴信號，以謀海上航行之安全。1946 年後，徐家匯氣象臺之氣象、電訊、報時三項業務移交由上海氣象臺辦理外，其他觀測項目如地震、地磁、天文觀測業務仍由徐家匯氣象臺繼續辦理。臺址產業亦仍由法國天主教會管理。

第四節　香港皇家氣象臺

自清道光二十二年（西元 1842 年）中英兩國訂立南京條約，中國割讓香港於英人，其後英人並向中國政府租借九龍半島，香港即在短短三、四十年間發展成為南海中最重要的國際港埠，為配合海運的

需要，清德宗光緒五年（西元 1879 年）英國皇家學會曾建議英國政府在香港設置氣象臺，惟未成為事實，當時其計畫係由帕爾邁（Palmer）上校所草擬。光緒八年（1882 年）五月再經海關總督（Surveyor General）赫德建議於英國殖民地大臣設置天文氣象臺於香港。英國殖民地大臣接受其建議，乃於翌年任命杜貝克（W. Doberck）為香港皇家氣象臺首任臺長，並派費耿（F. G. Figg）為助理，建立臺址於九龍。自光緒二十二年（1896 年）至光緒三十四年（1908 年）間曾編印《中國沿岸之氣象紀錄》一書（*China Coast Meteorological Register*）。香港氣象臺所發行之《氣象年報》自創刊以來亦未曾中斷，已薈成巨著，該臺所出版的其他專刊亦多，茲不再加以引述。

第五節　外人在臺灣和中國各地建立氣象觀測網的經過

　　氣象臺站之建立與觀測紀錄，僅及於一地或局部地區的記載。而氣象工作和氣象事業須著重於廣大地區氣象觀測資料之交換，因此氣象臺站須多處設置，構成氣象觀測網，清末海關總稅務司英人赫德有鑑於此，乃建議清廷在中國沿海口岸與沿江重要地點及近海島嶼設置氣象臺站，而由英人和法人管理並供應儀器，初時在長江流域九江、漢口、宜昌、重慶等處均在海關內附設氣象觀測站，由外勤人員兼事觀測。近海島嶼如大戢山、花島山、烏邱嶼、牛山島、瑪琊島、猴磯島等處及沿海口岸如廣州、汕頭、廈門、福州等處則均附設於燈塔內。臺灣方面則在清光緒十一年（1885 年）劉銘傳撫臺時（次年，臺灣始設行省），開始創辦，當時在基隆、淡水、臺南（安平）、高雄、恆春（鵝鑾鼻）等處燈塔內，附設氣象觀測站，後以東南沿海航運頻繁，極需氣象報告，供應航運上之需要，乃就原有設備加以擴充，成立氣象站，附屬於海關，按時觀測，發佈氣象報告，尤注意於颱風行徑之報告。上述中國各地方的氣象報告和資料之運用均以外人

把持之徐家匯氣象臺和香港氣象臺為依歸，而應由中國政府舉辦的氣象事業，自鴉片戰爭以後的數十年間，竟無人顧問（即使推行洋務運動時，國人亦無氣象臺之設立），可見中國人當時尚不瞭解氣象學的重要性。

　　臺灣為太平洋颱風和氣旋鋒面走廊之一，故當時徐家匯氣象臺和香港氣象臺在預報東南沿海天氣及颱風時，所賴臺灣氣象觀測報告之助甚多，故英人當時甚注意臺灣的氣象觀測工作，但是臺灣各地之氣象儀器均簡陋。清光緒二十一年（西元 1895 年），日人侵據臺、澎，即開始積極建設臺、澎，以作為南侵之根據地，故於侵臺之次年（即 1896 年），即在臺北設立「臺北測候所」，同年臺中、臺南、恆春、澎湖四測候所亦先後成立。民國前十五年（1897 年）開始有氣象觀測紀錄。1902 年又增設花蓮、臺東兩測候所。才構成一個臺灣測站網。

第六節　俄人及日人先後侵入東北建立測候網之經過

　　清德宗光緒二十二年，俄皇尼古拉二世加冕，清廷派李鴻章往賀，俄人以聯合抗日為名，誘李鴻章簽訂中俄同盟密約，其中第三條即允許俄人築東清鐵路（中東鐵路）以達海參崴，此舉實無異開門揖盜，伏下以後無窮的禍根。接著俄人又強租旅、大，強取南滿鐵路之構築權，於是凡鐵路河流交通沿線盡為俄人勢力，我東北氣象主權亦告喪失，俄人首先在滿洲里、免渡河、太平嶺、瑷琿、黑河、哈爾濱等地分設測候所，繼而逐漸推廣，廣設測候站，構成測候網，按時觀測，日有報告，月有統計，以供其侵略之參考。光緒三十年至三十一年（1904 年～1905 年）日俄戰爭，俄國戰敗，俄人退回北部，日人轉借旅、大，並取得南滿鐵路和吉會鐵路之構築權，氣象工作方面，則於大連設置測候所，並在旅順、營口、瀋陽、長春等處設立分所；

凡「滿鐵會社」所經營之農事試驗場、苗圃等，亦均設有測候站，均與其本國密切連繫，俟 1931 年九一八事變起，日軍入侵東北，在結冰河道上架設鐵軌行車，積雪中開路，得以暢行無阻，皆因有清末以來多年之氣象紀錄，以資參考所致。由此可見，俄日侵我之野心，僅就氣象一項言之，已陰謀久蓄，巨細無遺，他們的氣象工作人員無異是他們侵略的先鋒隊。

第七節　青島觀象臺

清光緒二十三年（1897 年），德軍奪占青島膠州灣，次年（光緒二十四年）即向中國取得租界權，德人乃於光緒二十四年在青島設置觀象臺，是年開始作氣象觀測及紀錄。該臺觀測範圍包括氣象、天文、地震、地磁、海洋各部門。該臺初名膠澳商埠觀象臺，隸於德海軍港務測量部。光緒二十六年（1900 年）始為獨立機構。宣統元年（1909 年）三月德國政府派梅友孟（Meyrmann）來華主持臺務。梅氏在青島觀象臺前後有五年之久[註22]。

註 1：《農家占候書》，作者佚名，成書於清初。

註 2：《管窺輯要》，清世祖順治十年（西元 1653 年），黃鼎撰。

註 3：《虞初新志》，清聖祖康熙二十二年（西元 1683 年），張潮編。內有戴榕作黃履莊傳一文。

註 4：《明詩綜》，清聖祖康熙初年，浙江秀水人朱彝尊（字竹垞）著。全書共一百卷。

註 5：《風颱說》，清聖祖康熙二十四年（西元 1685 年），臺灣諸羅縣知縣季麒光著。

註 6：《廣陽雜記》，清聖祖康熙三十四年（西元 1695 年），劉獻廷（字繼壯）撰。

註 7：《中國氣象學術事業發達史略》。鄭子政著，《氣象學報》第四卷第二期，1958 年 6 月 30 日出版。

註 8：〈論祈雨禁屠與旱災〉，竺藕舫引自西元 1910 年（日本明治四十三年）日本《氣象學雜誌》第八十一頁至八十五頁以及「Quarterly Journal of Royal Meteorological Society」Vol. 37, 1911, PP.83-86。《東方雜誌》第二十三卷第十三號，1926 年 7 月 10 日刊。

註 9 ：Horwitz H. T.《*Zur Geschichtede Wetterschiessens*》. GTIG, 1915，2.

註 10：《幾暇格物編》，清聖祖康熙五十年（西元 1711 年），清聖祖口述，盛昱筆錄，全書分上下兩冊，每冊又分上中下三卷。

註 11：《聊齋誌異》，清聖祖康熙年間，蒲松齡撰，共十六卷附五則，四三一篇。

註 12：《東華錄》，清高宗乾隆年間，蔣良驥編纂，記清太祖天命年間，迄清世宗雍正六朝之內閣檔案。王先謙增續高宗至穆宗五朝，稱為十一朝東華錄，朱壽朋又增德宗一朝，稱為東華續錄。

註 13：《玉函山房輯佚書》，清文宗咸豐三年（西元 1853 年），馬國翰編，凡五百八十餘種，六百餘卷。

註 14：《博物新編》，清文宗咸豐五年（西元 1855 年），英國在華醫生合信撰。全書皆言西方當時之科技，對近代中國新科學的引進有極大的貢獻。共（初、二、三集）三集，上海墨海書舘藏版。

註 15：《福建通志》，清穆宗同治七年（西元 1868 年），陳壽祺等纂。

註 16：《測候叢談》，美國金楷理口譯，華蘅芳筆述，成書於清德宗光緒初年（西元 1875 年至西元 1880 年間）。全書凡四卷。

註 17：《地勢略解》，北平（京）匯文書院李安德著，成書於清德宗光緒十九年（西元 1893 年），全書共二十章。

註 18：《臺灣氣象俚諺淺釋》，高振華著，徐應璩先生紀念文集第二十四頁，中華民國五十二年九月中國氣象學會出版。

註 19：〈日暈說〉，作者未署名。《地學雜誌》第一年第七號。清宣統二年八月北平（京）中國地學會出版（該雜誌於清宣統二年正月創刊於北平（京）北海公園團城）。

註 20：〈近代中國書報錄〉，（西元 1811 年～1913 年）引據清光緒三十三年及宣統元年民呼日報廣告。　張玉法輯。1971 年 11 月 20 日及 1972 年 5 月 20 日，政大新聞學研究所出版之《新聞學研究》第七集及第八集。

註 21：〈前清北京之氣象紀錄〉，竺藕舫著。1936 年 2 月《氣象雜誌》第十二卷第二期。

註 22：《中國氣象學術事業發達史略》，鄭子政著，1958 年 6 月 30 日出版之《氣象學報》第四卷第二期 p.3。

第十二章　民國成立以後

（西元 1912 年～　　）

國人開始自辦氣象事業，氣象學術有長足的進步

　　民國成立以後，在中國氣象史上必須大書特書的幾件大事是：開始由國家舉辦氣象事業；外人在中國所建氣象臺的收回；與德人合作組織西北科學考察團，探測西北各地之地面和高空氣象，並在西北各地建立測候所；1927 年、1929 年德國氣象家赫德（D. W. Haude）之首次將測風氣球觀測高空風技術和風箏探空技術引入中國，使中國的氣象觀測從此進入高空探測時代；1943 年中美合作所之將美軍軍方所供應的無線電探空儀首次在後套陝壩施放，使中國的高空探測從此進入新紀元等等。可惜的是，民國以後因為戰火頻仍，先有軍閥的割據和混戰，繼而又有日寇的侵略和共軍的叛亂，國內政治不安定，使氣象建設的進展過於遲緩，而未能達到應有的水準、未能滿足所有的需要。茲將民國以後的中國氣象學術事業分外人所辦者和國人自辦者兩部分，分別說明。

第一部分　民國成立以後，外人在中國所建氣象臺的建樹以及國人收回的經過

第一節　上海徐家匯氣象臺

　　上海徐家匯氣象臺非常重視氣象學術之研究和出版工作，除了自清末開始按期發行定期氣象觀測報告，一直不曾中斷以外，1913年，該臺馬德賚（J. de Moidrey）以中文寫《溫度觀測指南》及《氣

象通詮》兩書，為中國最早中文之氣象觀測手冊。民國初年，該臺龍相齊司鐸（E. Gherzi, S. J.）復著有《中國之雨量》（*La Pluie en Chine*）一書，Gauthier 氏亦著有《中國之溫度》（*La Temperature en Chine*）一書，皆為當時研讀東亞氣候之寶典。該臺臺長勞績勳司鐸（L.Froc，S. J.）所著的《遠東之氣象》（*Atmosphere d, Extreme Orient*）一書，實亦開遠東氣象學專書之先河。該臺又曾刊印光緒二十一年（西元 1895 年）至民國七年（西元 1918 年）間二十四年中六百二十次綜合颱風路徑圖，其後且每年印發颱風年報一小冊。此外尚有地磁研究、地震紀錄、揚子江上游地圖、佘山天文臺年報等刊物。該臺所發行之學術刊物，前後持續有七十餘年，在國際學術界中，深有盛譽。該臺在上海發佈天氣預報及暴風警報，兼行遠東海空航運氣象服務，實侵凌我國國家權益範圍，所以必須收回自辦。1945 年抗戰勝利，不平等條約完全廢除，上海租界全部收回，政府當局鑑於氣象工作事關國防，不可久由外人越俎代庖，於是在是年 12 月 1 日遂由中央氣象局派員赴滬洽辦由國防部氣象總站改隸交通部中央氣象局事宜。可惜未能成功，乃派氣象總站站長鄭子政為上海氣象臺首任臺長。該臺臺址改在上海大西路，而發報臺則有兩座二千瓦發射機及四座五百瓦發射機，規模頗大，發報臺址在楓林橋。另有龍華民用航空氣象站一處，從事於發佈航空氣象預告。該站每日有民航飛機起落二百架次。尚有航運天氣信號臺一處在法租界外灘一號，專司天氣預告發佈及懸掛暴風信號與進出口船隻船長聯絡事宜。查進出黃浦江口之船每日亦有二百五十隻船次之多。上海氣象業務對於航空及航海上重要性可見一斑（註1）。

第二節　青島觀象臺

　　由德人所建置使用的青島觀象臺在 1914 年第一次世界大戰時為日軍佔領，日本初派永田忠重代理臺務，次年繼派入間田毅為臺長。

1922 年 12 月 10 日膠州灣租界和青島觀象臺由我國收回，此乃外人所建氣象臺中，最早收回自辦者。1924 年 2 月中國膠澳商埠督辦熊潤丞派蔣丙然為青島觀象臺臺長，實施天氣分析與發佈天氣預報，以維護海空航行之安全。1928 年又添設海洋科，以宋春舫為科長，加建水族及海濱生物研究所，規模宏大，對於海洋學方面之研究，成績斐然。1937 年 7 月抗戰軍興，12 月 10 日氣象工作人員奉命撤離。次年 2 月日人重又恢復氣象觀測。迨抗戰勝利後，青島氣象工作再度由國人主持，1946 年 1 月，青島市市政府當局任命王華文為臺長，直到山東陷共為止。自光緒二十四年到 1948 年的五十年中，青島觀象臺的觀測紀錄尚稱完整。

第三節　香港皇家天文臺

英人在香港所建之皇家觀象臺於西元 1912 年改名為「香港皇家天文臺」，由於香港海空交通日趨發達，英人為配合港埠和航空、海運上之需要，乃不斷地擴充該臺之組織，增加工作人員，並在九龍啟德機場及附近島嶼設置氣象觀測站，並在港內設置懸掛風信旗號站，此等氣象觀測站和風信旗號站共有二十餘處，香港皇家天文臺自成系統，儼然是南海之氣象情報中心和南海之氣象總臺，抗戰勝利後，因港澳主權未能收回，以致香港皇家天文臺繼續由英人維持，惟該臺中亦漸多中國人參加工作，例如該臺長期天氣預報組主任，中國人錢秉泉（P. C. Chin）即是受英國教育成就的氣象學家。

第四節　日人在臺從事氣象建設的經過以及國人 收回的經過

日人據臺後，對氣象事業之推展頗為快速，在民國紀元之前，即已建有七個測候所（見本書第十一章第二部分第五節），1929 年設

高雄測候所、1932 年設阿里山高山測候所，1935 年設彭佳嶼、宜蘭兩測候所及臺北機場觀測站，1937 年設大屯山觀測站，1938 年設新竹測候所，以是臺灣測候網之分佈至此已具規模。

1938 年日人積極在臺灣發展航空事業，以配合其企圖南侵東南亞之軍事行動，日人深知氣象情報的日趨需要，於是當時的「臺灣總督府」乃改「臺北測候所」為「臺北氣象臺」，直接隸屬於「總督府」，下轄各測候所，是年並再增設蘭嶼、大武、新港等測候所及宜蘭、臺南、臺東、花蓮等地飛機場觀測站，至此，日人所設之測候所共達二十五處。1939 年至 1943 年又先後設立西沙群島測候所及南沙群島觀測站各一處，由「臺北氣象臺」管轄。第二次世界大戰期間，「臺北氣象臺」已設有高空測候站一處（臺北），並施放測風氣球和無線電探空儀以觀測高空氣象。日人在臺建立氣象臺站，其目的除對農林、水利服務外，主要仍為配合軍用，故全部工作人員四百餘人中，日人竟佔一半以上，而且重要之職位均由日人擔任。直到 1942 年始招收臺籍人士廖燕元和周明德參加第六期測候技術官養成所訓練（1943 年第七期有徐晉淮、鄭邦傑等三人，1944 年第八期有官有泉等三人），結業後委以技術官任用，惟人數極少，僅為點綴性質而已。

1945 年抗戰勝利，臺灣光復，11 月，中央派員接收日人所遺氣象設施，臺灣行政長官公署乃將原氣象臺更名為臺灣省氣象局，並派中央研究院氣象研究所研究員石延漢為第一任局長，直隸於臺灣行政長官公署，下轄氣象臺和天文臺三處，測候所二十三處，雨量站二百十四處，與其他機構合設之燈塔觀測站十一處，另有觀測站四處，工作人員三百九十餘人，1948 年，臺灣省氣象局改稱為臺灣省氣象所，並任命薛鍾彝為所長，改隸省府交通處，同時，所屬各氣象臺則一律改稱為測候所。

第五節　日人在東北經營氣象事業的經過以及勝利後我國派員接收的經過

　　日俄戰爭以後，日本人逐漸控制了整個東北的利益，清末民初，日人並在東北各地設置測候所和測候站。1931 年，九一八事變，日軍佔領整個東北地區，並成立偽滿傀儡政權，除旅大及遼東半島各地氣象站仍由日本東京之中央氣象臺管轄外，其他所有東北之氣象測候所統由偽滿在長春南嶺（距長春車站約十里左右）設立之偽「中央觀象臺」管理，而實際上全由日人操縱，該臺共轄瀋陽、牡丹江、齊齊哈爾等三個區觀象臺，其中「瀋陽區觀象臺」下轄二十四個地方觀象所；「牡丹江區觀象臺」下轄「佳木斯地方觀象臺」、「哈爾濱地方觀象臺」及二十三個觀象所；「齊齊哈爾區觀象臺」下轄「海拉爾地方觀象臺」、「黑河地方觀象臺」及十九個觀象所，偽「中央觀象臺」另設有訓練所及研究所各一，全部職員一千五百人其中日籍人員居其三分之二。工作人數與日本東京之中央氣象臺職員數不相上下。長春之偽滿「中央觀象臺」組織大約如下：

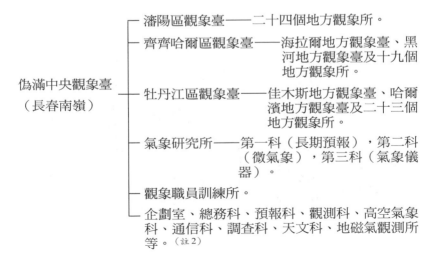

偽滿中央觀象臺
（長春南嶺）

　瀋陽區觀象臺——二十四個地方觀象所。

　齊齊哈爾區觀象臺——海拉爾地方觀象臺、黑河地方觀象臺及十九個地方觀象所。

　牡丹江區觀象臺——佳木斯地方觀象臺、哈爾濱地方觀象臺及二十三個地方觀象所。

　氣象研究所——第一科（長期預報），第二科（微氣象），第三科（氣象儀器）。

　觀象職員訓練所。

　企劃室、總務科、預報科、觀測科、高空氣象科、通信科、調查科、天文科、地磁氣觀測所等。（註2）

　　抗戰勝利後，東北重光，惟以俄寇入侵，共軍竄伏，大多數地區
皆動盪不安，偽滿和日人所設氣象臺所之觀測設備和器材、天氣圖和
參考資料、統計紀錄多被俄軍搶掠運走，偽滿時代「中央觀象臺」的
中國職員雖曾將若干氣象資料和參考書埋藏在地下，但是在 1946 年
4 月間，共軍軍隊入據長春時，還是被共軍悉數掘出運走。1946 年 5
月國軍收復長春、四平街等多處大城市，中央氣象局乃派中央研究院
氣象研究所研究員么枕生等人為東北區氣象機構接收委員，並設辦事
處，隸屬於東北特派員辦公處，當時接收的只有長春偽「中央觀象
臺」（見圖五十四）、「瀋陽區氣象臺」以及鳳城、錦州、四平街
（見圖五十五）、連山關、營口、山海關、朝陽鎮、大東、陶賴昭、
清源、吉林等十一個觀象所（測候所），當時偽「中央觀象臺」內部
有部分設施被毀，但是外部設施尚存。其後，由於共軍流竄不定，所
以只有瀋陽、錦州、營口、山海關四處能維持安定的日常氣象工作。

圖五十四　1946 年 5 月由我國氣象人員接收之偽滿「中央觀象臺」。

圖五十五　1946 年 5 月我政府接收之東北四平街測候所。

1948 年初東北特派員辦公處撤銷，東北區氣象機構接收委員辦事處改隸東北運輸總局，2 月又改由中央氣象局直接接管，並派陳請為接收委員，是年 4 月 5 日又改組為瀋陽氣象臺，以技正陳請為臺長，兼管錦州、營口、山海關等處之測候所，一直到東北淪陷為止。至於旅大等處之氣象機構，則因被俄國竊據，而一直未能收回（參考自《接收東北氣象事業概況》一冊，原文作者不詳）。

　　按俄軍進兵東北，盡搶氣象紀錄、儀器和技術人員，其目的亦在供作其軍事侵略的參考和使用，故我方人員前往東北接收氣象機構時，除少數殘破房屋和外部儀器外，多已一無所有，遼寧省境幾個測候所和瀋陽氣象臺之人員和儀器多由關內派遣供應，因陋就簡，加上國共內戰戰亂的影響，更談不上重建東北氣象事業了。

　　民國成立後，國人已漸漸感到氣象學對於國計民生的重要性，同
時學習氣象學和從事氣象工作的人也愈來愈多，於是氣象事業和氣象
學術也開始在中國人自己經營之下萌芽茁壯，可惜，由於連年戰亂的
影響，以致中國氣象事業之建設未能安定地發展，亦未能有可觀的成
效。茲將民國以後國人自辦氣象事業和發展氣象學術的經過，分民國
以後至北伐前，北伐後至抗戰前，抗戰期間到勝利後，政府播遷臺灣
以後四個時期分別說明。

第一節　民國成立以後至北伐前的氣象學術活動和氣象事業建設

一、開始由國家舉辦氣象事業

　　1912 年，政府始設立中央觀象臺於北平（京），隸屬教育部，
由高魯（曙青）主其事，此為國人最早建立的現代式氣象臺，同年，
直隸農事試驗總場所設立之農業測候所亦開始觀測（該測候所於民國
前一年創立，但未置設備，直到民國元年始購置觀測儀器從事觀
測）。茲將 1912 年 7 月份北平（京）所觀測之氣象紀錄列表如下。

　　由表三可知當時測候所所觀測之風向僅分為東、西、南、北及東
北、東南、西南、西北、靜風九種（現在則分為 360 度），風速則僅
區分靜風、軟、弱、和、強、疾、颶烈七種（註3），可能是當時測候
所設備尚不夠齊全之故。

　　1913 年，政府復於教育部設置氣象科，由甫自比國回來的蔣丙
然博士擔任科長，是為中國創設新式氣象事業之始，1917 年至 1922
年間，復先後在張北、庫倫、開封、西安等處設立測候所，於是全國

表三：1912 年時，北平（京）之氣象觀測紀錄（7 月份）。

日期	天氣	風力	風向	氣壓(mm)	氣溫 (℃) 最高	氣溫 (℃) 最低	差	氣濕(%)濕度	地溫 (°F)十厘米	地溫 (°F)三十厘米	降水量 容積(mm)	降水量 高(合)	備考
一	陰	軟	北	745	38.8	168	8	65	81				
二	曇	軟	東	740	40.0	186	7	68	80				
三	晴			736	40.0	241	6	66	84				
四	晴	和	西	741	40.1	211	9	62	86				
五	雨	和	北	749	40.0	215	0	100	82		15	274.8	早九時雨，午後止，每弓地中合得水二斗七升四合八勺
六	陰	和	北	746	40.0	181	3	85	80		23	421.36	朝雨，每弓地中合得水四斗二升一合三勺六
七	曇	和	東北	742	40.0	23.0	5	76	80				
八	雨	和	東北	747	29.8	19.0	0	100	81		23.2	425.02	自朝細雨終日，每弓地中合得水四斗二升五合零二
九	晴	○	○	742	29.8	21.0	2	90	76				
十	晴	○	○	740	39.8	23.8	6	73	81				
十一	陰	○	○	736	40.0	23.0	6	74	84				
十二	陰	和	北	734	41.7	21.0	4	80	83				
十三	陰	和	北	749	36.9	18.1	3	84	81		3.5	64.12	午後降雨，每弓地中合得水六升四合一勺二
十四	曇	和	西	746	41.8	20.0	4	80	76				
十五	晴	和	東	742	37.4	20.0	6	78	80				
十六	晴	和	北	740	34.6	20.2	6	73	78				
十七	雨	和	西	749	36.8	20.0	0	79	78		30	569.6	早十時大雨三十耗，每弓地中合得水五斗六升九合六勺
十八	曇	和	西	741	37.1	18.2	5	76	80				

表三：1912 年時，北平（京）之氣象觀測紀錄（7 月份）（續）。

十九	晴	和	西	740	37.2	28.8	4	81	80			
二十	陰	和	西	740	39.6	22.8	3	85	85			薄暮雨，夜又雨。
二十一	豪雨	和	西	744	39.2	20.2	3	85	82	14.5	265.64	朝降雨，連昨日共十四耗每弓地中合得水二斗六升五合六勺四
二十二	雨	疾	東	754	39.5	16.0	0	100	73	78.2 又 65	1551.704	降雨終日，共十四耗每弓地地中合得水一石五斗五升一合七勺零四
二十三	雨	和	東北	760	39.4	16.5	0	100	67	50 又 35	972.3	降雨五十，耗每弓地中合得水九斗七升二合三
二十四	陰	和	東	754	39.4	22.6	3	84	71			
二十五	陰	和	東	749	29.6	22.6	3	85	76			
二十六	晴	和	西	744	39.6	24.8	4	81	75			
二十七	晴	和	西	738	39.6	21.4	5	77	82	16	293.12	夜雨，每弓地中合得水二斗九升三合一勺二
二十八	陰	和	西北	744	39.8	23.1	1	94	82	22.5	412.2	夜雨，每弓地中合得水四斗一升二合一勺
二十九	陰	○	○	746	39.7	22.6	1	94	81			
三十	陰	和	西	743	38.6	25.8	3	85	82	3	219.84	黎明雨，每弓地中合得水二斗一升九合八勺四
三十一	曇	○	○	734	39.2	21.8	4	82	84	7.31	134.74	午後雨，每弓地中合得水一斗三升四合七勺四
平　均	雨	和	西	743.7	39.3	22.8	774	82	80	5.5	5561.1	合計降雨二百八十四耗五一，每弓地中合得水五石五斗六升一合一勺

有氣象紀錄的地點乃漸次增多，惟當時全部都是地面觀測，尚無高空觀測。1915 年中央觀象臺開始做天氣預報工作，此乃國人從事現代氣象預報工作之始。不幸的是，由於軍閥的割據和連年戰亂的影響，民初所設之各地測候所和中央觀象臺到 1927 年竟因經費短絀而相繼停頓。在中央觀象臺極盛時期曾發行《觀象叢報》六卷，內容充實，為當時惟一的氣象與天文學術混合性之期刊（見圖五十六），惜此刊物流傳不廣，今已不復獲見。而 1912 年，在廣州亦有《廣州氣候彙編》之刊物開始出版。1915 年蔣丙然復著《實用氣象學》一書（由中央觀象臺出版，見圖五十六），是中國人最早自著的一本現代氣象學專書，所以南通張嗇庵先生為之序稱：「足以開氣象學術之先河。」1923 年徐金南著《實用氣象學》一書（由商務印書館發行），為當時農、漁、航海等各級學校所使用之教科書，該書稱颱風為「旋風」，稱龍捲風為「颶風」，稱溫度計為「寒暖計」，稱氣壓計為「晴雨計」，乃有異於今日所使用者。

二、農業測候所之建設

氣象事業對於民生之關係非常密切，使用氣象觀測紀錄，不但可以預報天氣之變化，以保海空航運上之安全，而且可以推知作物華實（開花、結果）之遲早，預知歲收之豐歉，又可以發布暴風警報，以減少人民生命財產之損害。氣象知識和觀測紀錄在農業上的應用價值很大，南通張嗇庵先生當時對此已獨具遠見，乃於 1914 年任農商部長時，倡導各省農林機關設立農業測候所，民國初年，派周景濂在全國各地陸續設立者有二十六處，1916 年並在南通之軍山設立氣象臺，研究農作物與水、旱、風、蟲災害之關係。規模極大之北平（京）三貝子花園測候所以及較小之山西農專測候所、北平（京）農專測候所亦均肇基於民初，此等測候所之設立皆為中國政府興辦農業氣象之先聲。當時之觀測為每四小時一次（上午二時、六時、十時，下午二時、六時、十時等），氣壓以公厘表示（以氣壓表之觀測預測晴雨），氣溫以°C表示，風速分七種（靜風、軟、弱、和、強、疾、

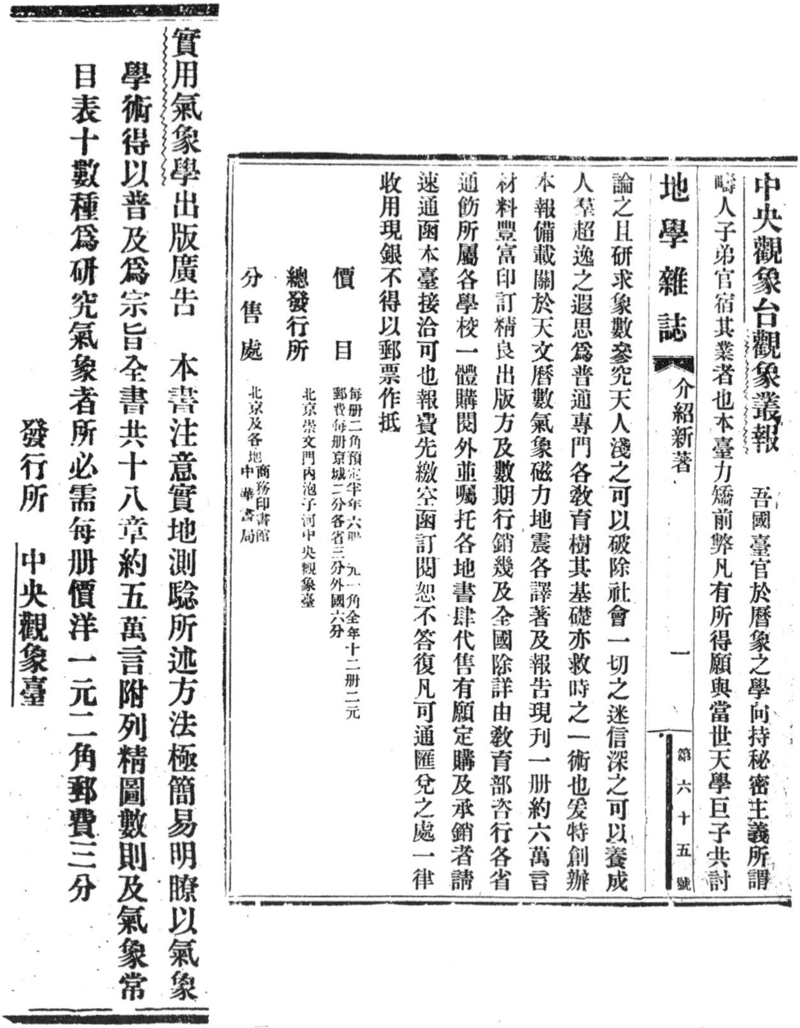

中央觀象台觀象叢報　吾國臺官於曆象之學問持秘密主義所謂
疇人子弟官宿其業者也本臺力矯前弊凡有所得願與當世天學巨子共討

地學雜誌　介紹新著・一　第六十五號

論之且研求象數參究天人淺之可以破除社會一切之迷信深之可以養成
人羣超逸之遐思爲普通專門各教育樹其基礎亦救時之一術也爰特創辦
本報備載關於天文曆數氣象磁力地震各譯著及報告現刊一冊約六萬言
材料豐富印訂精良出版方及數期行銷幾及全國除詳由教育部咨行各省
通飭所屬各學校一體購閱外並囑托各地書肆代售有願定購及承銷者請
速通函本臺接洽可也報實先繳空函訂閱恕不答復凡可通匯兑之處一律
收用現銀不得以郵票作抵

價　目　每冊二角預定半年六册九一角全年十二册二元
郵費每冊京城二分各省三分外國六分

總發行所　北京崇文門內泡子河中央觀象臺

分售處　北京及各地商務印書館
北京及各地中華書局

實用氣象學出版廣告　本書注意實地測驗所述方法極簡易明瞭以氣象
學術得以普及爲宗旨全書共十八章約五萬言附列精圖數則及氣象常
目表十數種爲研究氣象者所必需每冊價洋一元二角郵費三分

發行所　中央觀象臺

圖五十六　1915年起發行的《觀象叢報》及1915年出版之《實用氣象學》（皆由蔣丙然編著），是
國人最早自著的現代氣象學專書。

颶烈），風向分 S、N、E、W、SE、SW、……SSE、SSW……十六個方位。降水量以公厘表示，雲量區分從零到十^{（註4）}。

1925 年開始，綏遠省各農林試驗場及農業學校亦均設測候所、山西太原之林業試驗場亦於 1926 年設測候所，工作未嘗間斷，東北方面，龍江及土門嶺農事試驗場、東北大學、安東林科中學等亦設有測候所，皆規模略具。

三、水文氣象站的建立

防洪與灌溉為發展華北農業主要之工作，故華北各省之氣象工作，多以農林水利為對象，各機關附設之測候工作，規模最大及歷史最悠久的首推直隸水利委員會（後改稱華北水利委員會），1918 年該會即在主要河系——永定、大清、子牙、灤河等水系要點設立雨量水文觀測站，記錄與研究各河系雨量分佈情形，1923 年起復設測候室，從事氣象觀測工作。且紀錄齊全，保存到後來，尚稱完善。

四、最早的大學氣象教育和最早設立的大學附屬測候所——南京東南大學地學系及其測候所

1921 年起，國立東南大學（中央大學之前身）地學系開設氣象學課程，由竺藕舫教授任課，後來地學系分地理、地質、氣象三組時乃由竺氏擔任系主任兼氣象組主任，故中國之大學氣象教育以東南大學地學系為最早，該系於 1921 年春復附設測候所，設備齊全，使教學與實習相輔而行，該測候所亦是中國最早設立之大學附屬測候所。

五、航空署氣象科之設置

中國最早的政府民航機關係於 1919 年成立的航空事宜處，當時屬於交通部，是年年底又改為航空事務處，直隸國務總理，管轄全國航空事務，1920 年，該處設六科十五股辦事，其中有氣象科，是為民航機關設置氣象科之始，該科對測候員之任命資格有所規定，惟當時測候員之人數尚極少，1921 年 2 月航空事務處又改為航空署。

六、中國氣象學會之成立

1924 年，中國氣象學會成立於青島，當時會員人數僅五十人，

會中並選出蔣丙然為會長，彭濟群為副會長，竺藕舫等六人為理事，並出版中國氣象學會會刊，1928 年後，中國氣象學會會址，改移南京，此後，每年出版一期，是當時由國人出版的惟一氣象學術刊物（參考自 1935 年 4 月 7 日中國氣象學會十週年紀念刊）。會刊第五期後，改為季刊，直至抗戰時期，會址又遷至陪都重慶時止。

第二節　北伐後至抗戰前的氣象學術活動和氣象事業建設

一、西北科學考察團建立西北測候站，赫德將測風氣球和風箏探空技術首次引入中國

　　中國幅員廣大，西北一帶地區之氣象、氣候、地質及自然環境西人和國人一向皆漠然無知。1921 年以後，德皇威廉二世有東漸之野心，並擬開闢中德航線，但由於對中國西北部一帶之氣象要素情況不明，不敢貿然從事，乃邀由因亞洲探險而聞名世界的瑞典地理學家、考古學家斯文赫定（Dr. Sven Hedin）出而組織中德西北科學考察團，1926 年冬，他終於來到北平（京），和北京大學等所組成的中國學術團體協會洽商合作辦法，並商定合組中國西北科學考察團，前往蒙古、新疆、青海、甘肅等省考察（此次考察，該團曾將部分古物運至國外），團員方面，中國團員十人，以北大歷史系教授徐炳昶為團長，次年徐氏由迪化返回北平（京），團長職務改由清華大學地質學教授袁復禮繼任，外國團員十八人，以斯文赫定為團長（見圖五十七），1927 年 5 月由北平（京）出發，考察任務概括地質、地磁、氣象、天文、植物、考古、人類、民俗等科學，而氣象考察為主要任務之一，主其事者為德籍氣象學家赫德博士（Dr. W. Haude），由德籍團員數人及中國團員四人——北大學生崔鶴峯、馬叶謙、李憲之、劉衍淮等協助氣象觀測，1927 年 5 月起，先後在綏遠之包頭市與以北百靈廟附近之呼加圖溝成立短期氣象臺，工作兩月餘；在旅行考察

圖五十七　1927 年 5 月，西北科學考察團出發前在北平（京）合攝。下為紀念郵票。上圖中前排 1 為
徐炳昶，2 為斯文赫定，3 為劉衍淮，4 為馬叶謙，5 為瑞典駐華公使，後排右起第二人為
袁復禮。

期中，除沿途作地面氣象觀測外，並日日施放赫德氏自德國運來之測
風氣球（當時測風氣球上升之高度最高者達七萬呎），測定各高度層
之風向風速，是中國境內首次實施測風氣球觀測高空風之創舉。又在
居延海南方額濟納河畔之葱都爾成立長期測候所一處，留馬叶謙等人
主持氣象觀測（後來馬氏即殉職於該處）。嗣到新疆後，又在迪化、

庫車、吐魯番等地成立長期測候所，在天山、阿爾金山、崑崙山中成立短期測候所十處。赫德氏曾將此行觀測結果著文刊載於瑞典之科學雜誌中，觀測紀錄亦曾刊登於我中央研究院氣象研究所編印之《氣象月報》第三卷（1930 年）及第五卷（1932 年）中，劉衍淮亦先後有天山南路的雨水，迪化與博克達山春季天氣之比較，中國西北科學考察團的經過與考察成果，我國戈壁沙漠氣候之研究，迪化與天山中福壽山四月天氣之比較等研究報告發表。

　　為開闢中德之歐亞航空路線，赫德於 1931 年 5 月再度率同助手來華，並攜來大批地面觀測及風箏探空儀器。中央研究院氣象研究所派徐近之及胡振鐸兩人協同赫德等人到綏遠寧夏兩省觀測，從 1931 年 5 月到 1932 年 3 月在綏遠海拔高度一千四百七十公尺之義肯公與居延海附近海拔高度九二〇公尺之巴因托來兩地施放了一百二十三次之風箏探空，觀測離地面高三千公尺以下各層之氣壓、氣溫與濕度（註5），此亦為中國境內首次實施風箏探空之創舉。按風箏係最早由中國人發明者，南北朝時，梁武帝以紙鳶（風箏）發信求救，史有記載，到西元 1748 年（清高宗乾隆十三年），卻首先由威爾遜（Wilson）以風箏攜帶溫度表觀測高空溫度之變化，開風箏探空之先河，後來經過不斷地改進，乃成為十九世紀和二十世紀初期觀測低空壓溫之最佳工具，當時使用之風箏（見圖五十八）係由棉布或棉紙所製，內可附載自記氣壓計、自記溫度計和自記濕度計升空觀測，以手搖式轆轤施放長線（鋼絲），風力過弱（將無法舉升風箏）或過強（將使鋼絲截

圖五十八　早期攜帶探空儀器以探測低空氣象的風箏。

斷）均不適宜，且探空高度僅及離地面三千公尺，故並非理想之探空設備，惟直到 1930 年代以後，它始漸漸由無線電探空儀所取代。赫德氏在義肯公和巴因托來實施近一年之久的風箏探空所得資料甚多，回德後先後於 1940 年及 1941 年出版 *Reports From the Scientific Expedition to the NW Provinces of China Under the Leadership of Dr. Sven Hedin*—The Sino-Swedish Expedition-publication 8, 14, IX Meteorology 1, 2, 兩巨冊，同時這次風箏探空觀測結果亦奠定了開闢西北航線的基礎，不久，由中國沿海都市通往新疆的空中交通便告通航了。

　　由中德合營之歐亞航空公司成立後，即舉辦沿海都市通往綏、寧、甘、青、新等省都市的定期飛行，並設立氣象站於各地機場，同時西北各省省府也擇要在其境內成立氣象測報站，於是西北地帶之氣象資料，逐漸增多，此皆西北科學考察團所奠下之基礎。惜西北各省後來歷經叛變、抗戰及勘亂災禍，各地氣象觀測時作時停，以致紀錄殘缺不全或竟遺失而不可復得（註6）。

二、中央研究院創設氣象研究所，領導全國氣象學術之研究以及氣象事業之建設

　　1927 年北伐完成，政府奠都南京，是年冬，政府設立中央研究院，由當代碩儒蔡子民主其事，楊杏佛副之，下設觀象臺籌備委員會，由高魯、余青松、竺藕舫三先生任籌備委員，1928 年 2 月改組為天文及氣象兩研究所，所長分別由高魯和竺藕舫（中國氣象學會副會長）擔任，氣象研究所除所長竺氏以外，尚有研究員一人，職員五、六人，研究生一人，1 月 1 日起暫假南京成賢街大學院花園隙地安置儀器，開始觀測氣象，並在城中欽天山頂北極閣故址鳩工興建氣象臺，氣象研究所旋遷入中央大學梅庵，1928 年 10 月，氣象臺工程完竣，乃遷入北極閣。研究所內設備儀器圖書皆極完備，領導全國氣象學術之研究以及氣象事業之建設，稱盛一時。而該所出版的刊物也頗多，例如〈中國氣候分區之研究〉（竺可楨和涂長望）、〈中國氣團性質之研究〉（竺可楨、黃廈千等）、〈季風之研究〉（竺氏和涂

氏），〈水旱災之長期預報方法〉（涂氏），在氣象資料方面有《氣
象月刊》、《氣象季刊》、《氣象年報》、《高層氣流觀測紀
錄》、《地震季報》、《逐日天氣圖》、《中國之雨量》（由竺藕
舫、涂長望、張寶堃合著）、《中國之溫度》（由竺藕舫、呂蔚光、
張寶堃合編）、《中國之濕度》等。在學術期刊方面有氣象集刊，並
代中國氣象學會編纂氣象學會會刊及後來之氣象雜誌。在氣象指導叢
書方面則有《中西氣象名詞對照表》（陸鴻圖編）、《測候須知》
（黃廈千譯）、《國際雲圖》（陸鴻圖譯）、《氣象常用表》（金詠
深編）、《氣象觀測實施規程》、《溫度雨量觀測法》、《測風氣球
觀測須知》（楊鑑初著）等書。在氣象事業建設方面，起先有東沙島
測候所之成立（所長黃琇），並接收北平（京）中央觀象臺改為北平
（京）氣象臺，後來又分別在上海、武昌、鄭州、西安、包頭、酒
泉、貴陽等地設立測候所，並在戈壁沙漠內陸中心的肅州設立測候
所，1931 年起協助清華大學設立氣象臺，並分別在泰山日觀峯（高
度 1452 公尺）、四川峨嵋山金頂（3093 公尺，後即廢止）、天目山
老殿（1060 公尺）、天台山華頂寺（900 公尺）、翠華山（1100 公
尺）以及黃山等地設立高山測候所，尤其是泰山日觀峯測候所規模特
別龐大，設備特別齊全，是中國最早建立的高山測候所，也是當時東
亞地勢最高的氣象臺（見圖五十九），首任所長由程純樞擔任。氣象
研究所並曾先後訓練不少氣象人員，供給儀器協助各省市及航空、水
利、農林等機關學校設立測候所，迄 1931 年，全國測候所站已逾三
百處。1930 年 5 月 15 日，氣象研究所南京氣象臺開始每日施放測風
氣球以觀測高空風向風速，迄 1939 年，全國施放測風氣球的測站計
有南京、西安、北平（京）、漢口、青島、廈門、香港、上海、杭
州、重慶、昆明、蘭州等處；而 1932 年起，清華大學開始實施風箏
探空，南京亦開始有飛機高空觀測氣象，1936 年 3 月起，氣象研究
所復在北極閣施放自記儀探空大氣球，探測高空各層之壓溫和濕度，
為當時東亞各國之第一次創舉（見表四）。因有高空溫度、氣壓、濕

表四：1936 年 3 月，氣象研究所開始實施自記儀氣球探空
　　　（由探空大氣球攜帶壓溫、濕度自記儀探測高空氣象）所獲得的探空紀錄表。
　　　第一次施放日期：1936 年 3 月 16 日
　　　施放地點：南京北極閣
　　　氣球離地時間：下午三時五十四分

海拔高度（公尺）	氣壓（mb）	氣溫（℃）	相對濕度（%）
83 （地面）	1006.6	13.5	50
500	958	11.1	45
1000	902	8.0	40
1500	848	4.1	42
2000	797	0.2	43
2500	749	-3.6	45
3000	702	-7.3	47
3500	656	-10.5	54
4000	617	-9.8	61
4500	579	-11.6	66
5000	542	-14.0	69
6000	472	-21.4	66
7000	411	-28.3	66
7740	378	-32.4	64
17714（最高點）	83	-63.0	30

附註：1.在 3510 公尺高度，氣溫為 -10.5℃在 3570 公尺高度氣溫為 -8.0℃。故有逆溫層
　　　　存在。
　　　2.自記儀上升到 7740 公尺時，因氣溫過低，鐘機一度停止。
　　　3.自記儀降落在南通縣境內。

第二次施放日期：1936 年 3 月 19 日
施放地點：南京北極閣
氣球離地時間：下午二時五十六分

海拔高度（公尺）	氣壓（mb）	氣溫（℃）	相對濕度（%）
63（地面）	1020.7	5.6	61
500	968	3.9	
1000	910	-0.4	
1500	852	-2.6	
2000	801	-2.9	
2500	753	-3.9	
3000	706	-3.3	
3500	622	-3.8	
4000	621	-4.3	
4500	584	-5.2	
5000	548	-7.8	
6000	478	-12. 9	
7000	418	-18. 9	
8000	367	-24.8	
9000	319	-32.6	
9900	281	-37.4	
14909（最高點）	132	-56.8	

附註：1.在 2340 公尺高度，氣溫為 -4.3℃。在 2810 公尺高度，氣溫為 -3.0℃故有逆溫層存在。

　　　2.自記儀上升到 9900 公尺高度時，因氣溫過低，鐘機一度停止。

　　　3.自記儀降落在如皋縣境內。

泰山日觀峯氣象臺（側影）。

雪 量 計。

百 葉 箱。

日 照 臺。

圖五十九　1932 年建竣的泰山日觀峯氣象臺以及該臺之各項觀測設備。該臺是中國最早建立的高山氣象臺，且為當時東亞地勢最高的氣象臺。

度之測定，遂使氣團分析，得有長足的進步。而 1928 年之前全國各測候所之氣象電報皆用有線電傳遞，故傳送遲緩。1928 年起氣象研究所統一規定，全國測候所改用無線電報拍發氣象電報，此乃當時技術上之一大革新。

三、航空氣象及軍中氣象事業之建設

1927 年，北伐完成，軍政部航空署氣象科鑒於氣象與飛行之關係至為密切，乃在國內各機場設立測候所，以利航空之飛航安全，並選派人員送中央研究院氣象研究所接受氣象訓練，訓練完畢後，再分派至各機場工作（1928 年 10 月中國氣象學會會刊第四期「測候新聞」）。

1929 年起，航空事業突飛猛進，於是有專供郵運之滬蓉航線管理處之成立，1930 年又改組為中國航空公司，1931 年又成立歐亞航空公司（1943 年改為中央航空公司），航線遍佈國內，並遠及國外，為測報沿途天氣情況，以謀求飛航安全起見，凡航線所經地點，亦多漸次設立氣象觀測站，而其中心氣象臺則置於上海，但是當時尚未做航路天氣預報。

至於軍隊方面，例如空軍、砲兵、海軍、兵工等亦於 1929 年起紛紛建立氣象單位以專司氣象工作，或聘請教官以訓練人員，更不惜斥巨資購置儀器設施；訓練與應用，相輔而行，故發展迅速，規模粗具，有助於軍事技術與戰術之進步甚多，而服務軍中之氣象人員亦因而益受重視。

四、清華大學設立氣象學系，並建造氣象臺

1929 年，羅志希（家倫）出任清華大學校長，乃在該校設立氣象學系，黃廈千、趙九章、李憲之諸人均曾先後任教於該校，1931年，該校與中央研究院氣象研究所合作建造氣象臺（見圖六十），規模宏大。1932 年 3 月，赫德在綏遠義肯公及寧夏巴因托來之風箏探空工作結束，返回北平（京）後，乃將全套風箏探空設備贈送該校氣象臺，由該校氣象系黃廈千、史鏡清等人繼續施放風箏探空工作，此

圖六十　1931 年 9 月建竣的國立清華大學氣象臺全景。

乃當時中國唯一實行風箏探空的氣象臺，亦是當時設備最完善的大學附屬氣象臺。

1933 年 9 月 7 日，該氣象臺助理史鏡清在施放風箏，執行探空工作時，不幸風箏鋼絲觸及高壓電，以致史鏡清因而殉職，成為中國氣象學界因技術而犧牲之第一人，中國氣象學會為紀念其為氣象工作而獻身犧牲之精神，曾設置史鏡清君紀念論文獎金（1935 年 4 月中國氣象學會十週年紀念刊「第九屆年會紀錄」）。

五、中國氣象學會會址遷移於南京，各種氣象會議的相繼召開

1930 年中國氣象學會會址遷移於南京，該年年會選出蔣丙然為會長，竺藕舫為副會長，會員人數開始超過一百人，並繼續發行氣象學會會刊，次年年會則選出竺藕舫為會長，蔣丙然為副會長，1935 年起，將年刊之會刊改為季刊之氣象雜誌，1937 年 4 月 1 日在氣研所圖書館舉行第十二屆年會後不久，抗戰開始，會址復隨政府遷至重慶，《氣象雜誌》繼續出版，至 1941 年，第十五卷第一期起，因竺藕舫之建議，復改為《氣象學報》。皆由中央研究院氣象研究所負責編纂。

氣象研究所鑑於氣象學術和氣象事業有統一化和標準化的必要，而氣象電碼之編訂、暴風警報之發佈與觀測儀器之校訂等項，尤有待國內氣象人士共同商討，於是乃於 1930 年 4 月 16 日在南京氣象研究所圖書館召開第一次全國氣象行政會議，以配合遠東氣象臺臺長會議議案之推行，當時出席會議之單位有二十六個團體，氣象機構隸屬單位，更是複雜，計有二十種。該次會議通過將二碼（兩組式）電碼改為五碼（五組式）電碼；風力採用蒲福氏風級，九～十二級均代以九，「現在天氣」分十種（根據 1930 年，竺藕舫代表參加之香港遠東氣象臺臺長會議制定者）為 0011 ⓛ2 ⊕3・4 ℞ 5▲6* 7 ≡ 8 ∞ 9 ⇗其餘皆與今日所使用者相同，故從略。

1935 年 4 月 8 日復召開第二次全國氣象行政會議，關於電碼時間均有相當的修改，最重要者為時間之統一，議定全國以東經 120 度

標準時之三時六時九時，十二時及十四時、十八時、二十一時、二十四時為氣象電報觀測時間，並於是年 7 月 1 日開始實行，所以當時所製之天氣圖，可謂絕對之同時間天氣圖。又規定霧之標準：凡能見度不及一公里時記「霧」，能見度在一公里以上，二公里以下時記「靄」，前者符號≡，後者符號≡°，而能見度不及 0.5 公里者為重霧，符號與霧相同。

1937 年初，東亞和東南亞各國復在香港召開遠東氣象臺臺長會議，中國仍派竺藕舫氏前往參加。

1937 年 4 月，復於南京氣象研究所圖書舘召開第三屆全國氣象行政會議。此後即進入全面抗戰，乃停止舉行是類會議。

六、第二屆國際極年中中國在氣象學上之貢獻

清光緒八年至九年（西元 1882 年～1883 年）為第一屆國際極年，俄人在北平（京）所設立之北平（京）地磁氣象臺曾參與觀測工作（見本書第十一章第二部分第二節）。1933 年至 1934 年又逢第二屆國際極年（第三屆起始改稱國際地球物理學年），中央研究院氣象研究所為配合國際高空測候計劃，除由清華大學繼續進行風箏探空，南京氣象研究所進行飛機觀測和氣球觀測外，並在各地增設測風氣球觀測站，並在四川峨嵋山之金頂、山東泰山日觀峯等地建立高山測候所，前已言及，茲不贅述。

七、水文氣象方面的建樹

民國初年設立的直隸水利委員會到北伐後已改名華北水利委員會，該委員會所轄各水文雨量站，多年來所得雨量水文紀錄至為豐富。1933 年間，主持該會氣象業務之人員吳樹德（曾著〈中國天氣俗諺分類集註〉一文）曾整理華北各地水文氣象紀錄與研究水文預報，不遺餘力，惜吳氏在抗日戰爭中殉職，未能再貢獻於氣象學研究工作，至可惋惜。同年太湖流域水利委員會亦有完整之水文氣象紀錄。其負責人顧世楫（濟之）對於氣象業務發揚之精神，亦至足令人欽佩（註7）。

八、北伐後到抗戰前山東省境所出現的日暈

1928 年 1 月 13 日十四時，山東省青島市曾出現日暈（註8）。1937 年 1 月 8 日上午九時十分，山東省濟南市及鄰近地區舘陶、濟陽等處上空出現日暈，當地謂之「三環套日」，一時民眾均環聚仰望，莫不歎為奇觀。據濟南測候所所長劉增冕之記載，當日日暈出現前，天空先有高層雲，等到變成卷層雲時，暈之左右珥即出現，左右幻日在四十六度暈邊緣，外圍以九十度之重暈（內外暈），頂部有上珥，紅黃藍紫之排列法，內外暈均自內向外，上珥極近天頂，顏色尤為燦爛，七色排列，亦自下向上，如圖六十一所示；地平環呈白色，不完整，僅佔天空三分之一，十時三十分，暈珥消失，但是到十二時幻日日珥又再呈現，但是顏色已較淡，歷一小時始再度消失云（註9）。

九、首次實行海洋氣象調查工作和首次自建海島測候所

中央研究院鑑於中國漁業不振，乃發起海洋漁業調查團，由動植物研究所伍獻文任團長，分海洋氣象學、海洋學、漁業與海洋生物四組，其中海洋氣象學由氣象研究所研究員呂炯（蔚光）負責，並由氣象訓練班結業生斯傑協同工作，以探測中國沿海之海洋氣象，該團於 1935 年 5 月下旬在威海衛登上海軍定海號軍艦前往渤海灣和黃海開始工作，此在中國尚屬創舉。調查範圍自青島迄北戴河，共分三十一

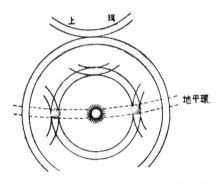

圖六十一　民國二十六年一月八日上午，見於山東濟南一帶之日暈圖。

站，以威海衛為中心，每月按站循行工作，迄 11 月下旬，因時屆冬令，風伯肆虐，波濤洶湧，工作艱難，方告賦歸，所得紀錄至為寶貴，尤其是海洋氣象方面，乃中國最早之海洋氣象調查工作（見圖六十二），經過此次探測後，獲知黃海和渤海灣夏季多霧，風向多南及東南；冬季多寒潮，風向多北及西北，雨量比較稀少，8 月下旬起，水溫與氣溫無甚差別，且間有超過氣溫者，又當大海中即將有低氣壓風暴來臨時，常有一種無風而起之長浪（Swell）發生，依低氣壓之來向前進，航海人員一見此浪即宜趨避。呂氏並就探測結果寫成專書報告，由中央研究院發行，提供各界參考。氣象觀測員斯傑稱半年工作中，歷險凡七次，海上氣象觀測工作之不易，可想而知云（註10）。

　　1937 年 1 月舟山群島之定海測候所成立（見圖六十三），為中國首次由漁民籌建之海島測候所，定海測候所主任先後為汪國璦、許鑑明氏，許氏服務該島多年，至舟山撤離後，始來臺灣在海軍服役多年。當時舟山群島不但為東海漁業中心，而且為中國最大漁場，自定

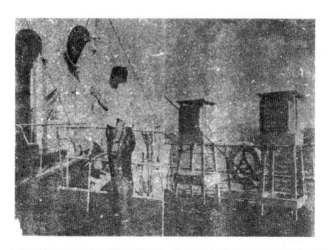

圖六十二　中央研究院氣象研究所為探測海洋氣象，於 1935 年 5 月派研究員呂蔚光隨定海號軍艦在渤海和黃海上從事海洋氣象觀測，這是中國最早之海洋氣象調查工作，圖左為呂蔚光在軍艦氣象臺上測量風向情形，右為定海號軍艦上之百葉箱。

圖六十三　1937 年 1 月設立的定海測候所。

海測候所成立後，逐日發佈天氣報告及海上風暴警報，海上航行及漁民從此皆稱便。

十、廈門大學及浙江大學開始設氣象學課程

　　1931 年以後，廈門大學亦開設氣象學課程，並設置氣象臺，由楊昌業（曾著〈天氣之惰性論〉一文）任課並主其事，1935 年，竺藕舫出長國立浙江大學，因而在浙大中亦開設氣象學課程，由涂長望、盧溫甫擔任教課。1936 年，張曉峯任該校史地系主任時，尤重視氣象學之教學與學術研究，故 1939 年 8 月出長史地研究所時，即在史地研究所內設氣象學組，由涂長望擔任主任，曾培育不少氣象學研究人材，如郭曉嵐、葉篤正、謝義炳等人皆是當時該研究所畢業者，史地研究所對貴州省之氣象和氣候以及明清時代中國水旱災週期研究尤為詳細，曾有〈貴陽之天氣〉（張寶堃著）、〈貴州之天氣與氣候〉（謝義炳著）、〈貴州湄潭之位溫梯度〉（葉篤正著）、〈清代水旱災之週期研究〉（謝義炳著）、〈明代水旱災週期的初步探討〉（張漢松著）等研究報告發表[註11]。

十一、徐近之、胡振鐸入藏設立拉薩測候所

1933 年春，國民政府組成龐大的西藏巡禮團，由吳忠信前往西藏巡撫視察，氣象研究所派通藏文之徐近之、胡振鐸攜帶儀器參加，取道甘肅、青海，而於 1934 年 10 月抵拉薩，最初為了避免藏人之誤會，僅作不公開之觀測，1935 年 5 月始正式成立拉薩測候所，為中國當時西南經度上最西之測候所，徐、胡兩氏均為從事於中國邊疆氣象和氣候研究之先鋒。拉薩測候所自開始工作以來，觀測紀錄未曾中斷，其觀測紀錄後曾由盧溫甫整理之後，而發表在英國皇家氣象季刊中。

十二、首次召開航空氣象會議

1929 年以後，中國之航空事業，日漸發達，尤其是 1930 年中國航空公司，1931 年歐亞航空公司（即中央航空公司之前身）相繼成立後，中國航空事業之發展更加快速，因為飛航安全要靠詳密之氣象報告，故氣象與航空之關係非常密切，氣象與航空從業人員乃有密切連繫之必要。1935 年 11 月 30 日，中央研究院氣象研究所應交通部與航空委員會之請，召開航空氣象會議，出席代表，除該部會外，尚有歐亞、中國兩航空公司代表，公推竺藕舫所長為主席，並議決要案如下：

㈠組織航空氣象委員會，處理全國航空氣象機關之籌設及通報事宜。

㈡增設及改進測候所以利航空事業之發展，並設立航空安全電臺。

㈢颱風期間，增加夜間廣播。

㈣廣播高空氣象觀測資料。

此次連結氣象界與航空界而召開的航空氣象會議，在中國尚是創舉（1935 年 12 月《氣象雜誌》第十一卷第六期「國內氣象消息」）。

第三節　抗戰期間到勝利後的氣象學術活動和氣象事業建設

一、氣象研究所西遷重慶，繼續推動氣象學術研究和氣象建設事業。勝利後復遷回南京北極閣，領導全國之氣象研究工作

　　1935 年竺藕舫出長國立浙江大學，不克分身，氣象研究所所長一職改由呂蔚光（1936 年～1943 年）趙九章（1943 年～1946 年）先後代理。1937 年抗戰軍興，氣象研究所於九月初遷重慶，1940 年復遷於北碚張家沱，數年中，由於中日戰事的影響，生活動盪不安的關係，乃先後有泰山測候所的金加棣、上海測候所的吳悟涯、氣象研究所預報員及中國氣象學會六、七、八屆理事劉治華（著有〈長江下游冬季兩期中之氣壓分布〉、〈地方性天氣預告法〉、〈南京之霧〉等文）和沈孝凰（著有〈東亞溫帶低氣壓之分類及其性質〉等文）之英年夭折，薛鐵虎乘輪在磁器口全家罹難等，皆為氣象界之重大損失。氣象研究所西遷後，仍積極推廣設置內地測候所站，計二十年增加陝西商縣、鳳縣、華山等測候站，協助西康省府設康定、雅安、西昌、泰寧等測候所，1940 年設都蘭、灌縣、大理、西安測候所。武漢測候所亦在所長盧溫甫率領下自武漢西遷貴州湄潭繼續執行觀測工作，對政府的抗日戰事有不少的貢獻。（1940 年 4 月《氣象雜誌》第十五卷第一期，〈氣象消息與通訊〉）。

　　1941 年冬，氣象行政業務漸繁，已不適合納於純粹學術研究機構之下，乃由中央研究院建議政府仿世界各國成立氣象行政獨立機構，經國防最高委員會第五十七次會議通過設立中央氣象局，直隸於行政院。翌年 7 月 1 日，中央氣象局遂成立於重慶沙坪壩，首任局長為黃廈千，黃氏僅任局長一年，即由呂蔚光繼之，直到中央氣象局遷臺為止。中央氣象局成立後，氣象研究所乃將日常全國氣象預報工作和各地測候所站，統歸中央氣象局掌管，而氣象研究所僅從事於氣象

學術之研究工作。氣象研究所所長呂蔚光出任氣象局局長以後，所長一職由清華大學教授趙九章擔任。抗戰期間氣象研究所對於各地區之氣象及氣候特性尚繼續有所研究；理論氣象方面，則尚偏重於介紹，獨立的有創見的研究尚少。此可在當時出版的氣象雜誌和氣象學報中窺見一斑。

　　勝利後，河山重光，氣象研究所於 1946 年 9 月復重返南京北極閣故址，仍由趙九章擔任所長，從此著重於理論氣象、大範圍（半球性）之氣象特性和長期天氣預報等方面之研究。兩年中研究成績卓著，該所在 1948 年 5 月曾發表研究工作報告，其內容為：

　　㈠大氣環流：〈北半球大氣環流強度之研究〉、〈北半球南北環流強度之研究〉、〈北半球大氣環流強度〉與〈太平洋大西洋兩洋濤動之關係〉（陶詩言、楊鑑初、葉篤正、顧震潮等）。

　　㈡風暴理論：〈區域性擾動中之能量與頻率之傳播〉（顧震潮）、〈水平輻合與氣壓場之關係〉（郭曉嵐）、〈中國西南之假靜止鋒及氣團分佈〉（么枕生、程純樞等）。

　　㈢長期預報：〈我國水旱災之研究及中國之季候風〉（涂長望等，1948 年 5 月《氣象彙報》第二卷第五期「國內消息」〈氣象研究所發表工作報告〉一文，及 1938 年中央研究院概況）。

　　二、中央氣象局積極建設氣象測報網

　　1942 年中央氣象局成立後，對後方氣象工作的推動不遺餘力，抗戰勝利後，政府還都南京，中央氣象局亦遷回南京，改隸教育部，局長一職仍由呂蔚光擔任，政府為謀事權之統一，運用之便捷，並增進航空航海之安全計，乃於 1947 年 2 月將該局由教育部改隸交通部，於是中央氣象局乃擴大編制，於內部分技術、測政、總務三處（其中測政處長為王炳庭），資料、統計、人事、會計秘書五室及主管全國區氣象臺和氣象所、測候所之氣象總臺（總臺長盧溫甫、副總臺長程純樞），另設氣象人員訓練班。氣象總臺下設區氣象臺九處，人員增至一千餘人。1948 年初，該局為謀技術之精進和業務之開展起見，

復特聘氣象學家竺藕舫、趙九章、涂長望、黃廈千等四人為顧問。
1948 年 6 月，該局遷入南京中山北路西流灣新建大廈辦公。以下是
當時中央氣象局之組織。

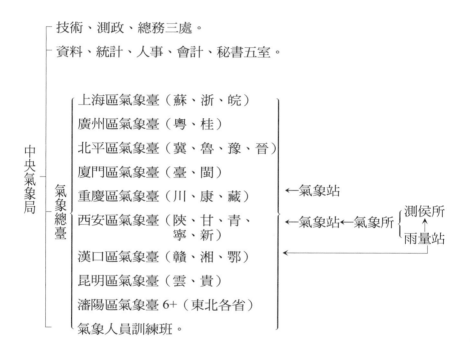

迄 1948 年為止，中央氣象局所轄氣象站及測候所有一百餘處，
自國防部氣象總站移交過來之氣象觀測無線電探空測站及無線電測風
站共約四十餘處，加上原有之測風氣球站十餘處，雛形的測候網，可
稱粗具。但以中國幅員而論，全國須設置五百處以上備有電訊之天氣
測站（Synoptic station），一百五十處以上之無線電探空站及無線電
測風站，始可獲得周密之氣象觀測網，以從事於天氣分析和預報。無
奈抗戰勝利之後，由於國共內戰，一切氣象擴充建設無法進行，且遭

破壞，殊感痛心。

三、中美合作所（Sino-American Institute）首次在後套陝壩施放無線電探空儀，使中國的高空探測從此進入新紀元

中美合作所為珍珠港事變後，第二次世界大戰發生，美方採以華制日之策，牽制大批日本在華駐軍，所組成之中美合作機構，以建立敵後氣象測候網為目的，並從事於氣象預報工作，以供全面戰略上之參考。該組織之主持人員為海軍中將梅樂士（M. S. Miles），由其參謀長貝雅禮（I. F. Berley）協助。華方氣象技術人員由鄭子政與黃廈千為顧問參與其事。並在後方規劃復員計劃。其內所設第五組即專門負責氣象和通訊工作者，工作人員共二百一十三人，美國技術人員有數十人，1943 年該所使用美國軍方所供應之無線電探空儀（Radiosounder）首次在後套陝壩施放，使中國的高空探測技術從此進入新紀元，接著成都、重慶等處亦由該所設立無線電探空站，實施高空氣象觀測。1945 年 8 月日本宣佈無條件投降後，抗戰勝利，政府進行復員。10 月國防部軍事設計委員會派委員鄭子政返滬與美方合作，重建全國氣象測候網，儀器設備悉由美方剩餘物質項下補給成立氣象測候站臺四十六處，皆有健全通訊設施與交通工具，遍佈全國各地。並接辦徐家匯氣象臺業務，改稱為上海氣象臺。翌年後，交通部中央氣象局由重慶復員遷回南京。國防部氣象總站所屬之全國氣象站臺皆轉隸該局。但由於中央氣象局經費支絀，無法維持全國各臺站支出，益以國共內戰，氣象業務因見零替。最後大陸軍事轉進，1948 年中央氣象局乃由粵而轉遷臺灣。

四、成立民用航空局，並設置氣象科

1946 年耶誕節前中美雙方均忙於復員工作，而上海大霧，復員航機有三架連續失事，政府深感有航空管理之必要。1947 年 1 月 20 日，交通部正式成立民用航空局（局長為戴安國），下設氣象科直隸航路處（處長袁葆康），科長一職由自美返國之顧鈞禧擔任，主持民用航空之氣象建設與各氣象機關之連絡工作，民用航空局氣象科成立

後，政府即在上海龍華機場設置航空氣象站一處（航空氣象工作係由上海氣象臺主持，時氣象局與民航局為並行合作機構，全國氣象業務統一，悉由中央氣象局主持辦理），開始做航路天氣預報工作，當時列為顯著危害天氣警告的氣象情況計有：

㈠積冰、雷雨、颮線、沙陣、灰陣、渦動等危險天氣現象。

㈡熱帶擾動及熱帶氣旋之資料，及其足以影響航路及機場情況之預報（1947年3月《氣象彙報》第一卷第三期〈國內氣象消息〉）。

五、空軍氣象總隊成立

1939年，航空委員會令設空軍氣象總臺（今日空軍氣象中心之最早前身）於重慶，隸屬空軍總部，由陸鴻圖先生擔任總臺長，1947年，空軍氣象總臺及一百一十七個各地軍用機場氣象臺站改編為氣象總隊、大隊及支隊，總隊長仍由陸鴻圖上校擔任，自復員後，空軍氣象組織及工作均益見充實。（1947年3月《氣象彙報》第一卷第三期〈國內氣象消息〉）。

六、各民航公司之氣象工作

我國民航公司以中國航空公司及中央航空公司規模最大，其次為外人投資之民航空運隊（CAT）。勝利後，各民航公司之總站均設在上海，並各附設有氣象臺一所，除民航空運隊（CAT）之氣象臺設在虹橋（由美人 John Fogg 主持）外，中航和央航之氣象臺均設在龍華，中航之氣象站有五十所，央航則有十八所，均設在各地機場內，備有電臺，按時傳遞氣象資料，供應航空上之需要。

七、氣象機關聯席會議再度召開

國防部國防科學委員會於1947年2月19日召開氣象機關聯席會議，商討統一軍事及民間氣象機構和軍民氣象業務連繫問題，中央氣象局由秘書李鹿苹、技正盧溫甫代表出席，曾議定議案多項，並商定經常舉行聯席會議以討論軍民氣象業務之連繫事宜（1947年3月，《氣象彙報》第一卷第三期〈國內氣象消息〉）。

八、聯合氣象委員會會議的召開

　　戰後中國氣象事業雖由中央氣象局統一管理，但軍中氣象另由軍方管理，美顧問團乃建議政府設立聯合氣象委員會，以加強全國各氣象機關之合作連繫，力謀氣象業務之發展及技術標準化，政府乃規定由民用航空局、空軍總部、海軍總部、及中央氣象局組織聯合氣象委員會，而由中央氣象局負責主持會議之召開，1948 年 6 月 7 日舉行第一次大會，出席者除上述各單位外，列席者有美軍顧問團，中外航空公司及美海軍艦隊氣象臺。由呂蔚光任主席，討論國內氣象電報之傳送、上海方面天氣報告之交換及收聽廣播，航空器報告（飛機報告）之實施及運用、氣象電碼之統一等問題。（1948 年 7 月，《氣象彙報》第二卷七期〈氣象消息〉）。

　　1948 年 7 月 22 日復在南京中央氣象局新址舉行第二次會議，通過 1949 年 1 月 1 日起應行改用之氣象電碼及航空電碼等草案。（1948 年 8 月，《氣象彙報》第二卷第八期〈氣象消息〉）。

　　自該委員會成立以後，全國氣象機構得能彼此合作，互濟有無，對於業務之推展，頗獲成效。

　　九、抗戰勝利後所出現之特殊天氣異象──「雨硫」和海市蜃樓

　　㈠常德之「雨硫」。

　　1948 年 4 月 10 日常德測候所李紓自常德向中央氣象局發出電訊稱：「4 月 8 日常德氣溫曾升到 80°F，但下午十七時五十分後，北風逐漸增強，天空層積雲顏色在起變化，先為深灰色，漸帶綠色，後變淺橙色，氣溫在十五分鐘內降低 12°F 之多，隨聞重雷兩響，旋下硫雨一陣，為該測候所成立以來所僅見，風速最高達六級（25Knots 左右），降雨僅數小時而已。又該日傍晚雷電交加之際，常德市區遍降淡黃粉末，次日清晨市區內外皆有發現，居民稱異，有經驗者云，此黃色粉末係山野間松樹花為大風吹送而來者。」中央氣象局的氣象人員則解釋謂：「4 月 8 日午十七時五十分有強烈冷鋒通過常德，由於北方有高壓快速向南推動，等壓線密集，故風力甚強，黃色粉末可能為強風所挾俱來之塵沙或花粉以及松樹花，究為何種物質，須加以檢

驗，始能確定。」（1948 年 5 月氣象彙報第二卷第五期「國內氣象
消息」，〈常德天氣異象〉一文）

㈡煙臺之海市蜃樓。

1948 年 6 月 7 日煙臺市崆峒曾發現海市蜃樓。據中央社 6 月 7
日煙臺電：煙臺市崆峒島海面，6 日下午三時突現海市蜃樓，水天相
接之處，柴烟靄靄，西式樓閣、大煙囪、汽車和行人皆隱約在望，其
狀頗似青島四方工業區之工廠，五時許始滅（1948 年 7 月氣象彙報
第二卷第七期〈國內氣象消息〉）。按「登州（煙臺）海市」，自古
聞名，作者在本書第十章第九節中曾詳細地加以解釋。今人復得見
之，可見古書之記載足證。

十、中國加入聯合國世界氣象組織（WMO）

1946 年 6 月國際氣象組織執行委員會在巴黎召開會議，中國代
表呂蔚光亦為執行委員，但未出席參加會議。1947 年 8 月 4 日在美
京華盛頓召開戰後第一次會員國大會，中國派呂蔚光和盧溫甫兩人參
加，大會自 8 月 4 日起至 10 月 11 日方結束，簽定世界氣象公約，並
將原屬民間組織之國際氣象組織（IMO）改組為政府機構組織之世界
氣象組織（WMO）加入聯合國，該項公約於 1948 年 12 月 2 日經我
立法院會議通過，予以批准，從此中國即成為國際氣象組織
（WMO）之一員。

第四節　政府播遷臺灣後的氣象學術活動和氣象事業建設

一、中央氣象局遷臺之經過與業務之演變

1949 年初，戡亂戰局逆轉，4 月共軍渡江，首都蒙塵，政府南遷
廣州，中央氣象局初移上海，繼亦遷至廣州，此時華南已成為國民政
府之重心，航空及航海交通日趨頻繁，中央氣象局乃加強沿海氣象工
作，並以推展廣州、海南島、廈門等處業務為中心，在廣州白雲機場

建立航空氣象站，由廣州氣象臺掌管，並在黃浦港建黃浦港氣象信號臺，作為建設廣州海洋氣象臺之初步工作，惜工程未竣，廣州即行撤守。在海南島，則於海口設置海洋氣象臺，以利海上航行之安全，該臺迄1950年海南撤守時始撤離。1949年秋，共軍南下華南及西南，我西南與東南聯絡不易，中央氣象局為便利管理各地臺站計，乃分設東南與重慶兩辦事處，東南辦事處設於臺北，管理東南沿海各地臺站，重慶辦事處則管理西南地區氣象臺站，1950年初，大陸撤守，除空軍氣象機構隨政府撤退來臺外，其餘多淪陷，工作人員之犧牲，器材設備之損失，更不可勝數。大陸上之氣象觀測工作維持到最後者為西昌和康定兩站，共軍入西康後，氣象人員曾潛伏叢山深谷中，照常工作，發出電訊，迄1950年3月底，消息始均告斷絕。沿海最後撤退者，先為海口海洋氣象臺，後為舟山定海測候所。

　　1950年中央氣象局遷臺後，由李鹿苹擔任局長，辦公處設在臺北市建國南路174巷25號，李鹿苹接任後，向空軍借調薛繼壎等來局協助中央氣象局展開工作，並處理氣象業務，一面在陽明山設立直轄高山測候站一處，惟工作數月即撤去；當時並在松山、臺南、花蓮等機場設置氣象臺站。1951年由鄭子政接長中央氣象局和臺灣省氣象所。

　　1958年7月，中央氣象局奉令精簡機構，乃將人員和一部分氣象業務歸併臺灣省氣象所（另一部業務則轉移交通部氣象科掌管），松山氣象臺則移交民航局代管，中央氣象局之業務乃暫告一段落。

二、臺灣省氣象所和臺灣省氣象局對氣象事業之建設

　　1951年冬，鄭子政任臺灣省氣象所所長，薛鍾彝則任副所長，此時轄下測候所站有二十三處，1957年為配合農業增產，又增設文山農業觀測站一處，1962年為增進高馬海上航行之安全，乃設東吉島測候所一處。

　　1963年9月11日葛樂禮（Gloria）颱風掠過臺灣北部海面，造成死亡二百二十四人，失蹤八十八人，受傷四百五十人之慘劇，在朝

野一片交加責難聲中，中樞為之震動，咸認應有氣象雷達設備，以提高颱風預報之精確度，期能減輕災害，於是乃在聯合國協助之下，在花蓮建立一部氣象雷達站（見圖六十四），並於 1966 年 1 月 2 日正式啟用，此為自由中國最早自力興建的氣象雷達站，1968 年復在嘉義增設嘉義測候所，1970 年初又建立高雄氣象雷達站於壽山頂上，1968 年起，又建設數個自動雨量站於濁水溪上游及蘭陽西部山區，後來又設立一個自動氣象測報站於綠島。

　　1965 年 9 月，臺灣省氣象所改稱為臺灣省氣象局，1966 年 6 月 6 日原局長鄭子政退休，而由劉大年接任。（後來接任的先後有吳忠堯、蔡清彥、謝信良、辛江霖等人。）

　　三、各種氣象會議的召開和參與

　　㈠聯合氣象委員會的再度召開。

圖六十四　花蓮氣象雷達站之外景。

　　聯合氣象委員會為軍民氣象機構的連繫會議，在大陸時曾經召開過三次，交通部為整理臺灣地區之氣象業務，以謀增強工作效率，乃飭中央氣象局於 1949 年 9 月在臺北招待所恢復舉行全國聯合氣象委員會第四次會議，會議由李局長鹿苹主持，鄭子政、魏元恆、薛鍾彝等人參加，出席之各軍民氣象單位代表共二十二人，討論統一行政管理、管制外人設立臺站以及戰時管制氣象資料與情報措施等問題。

　　㈡航運氣象會議。

　　中央氣象局於 1955 年 1 月 17 日在臺北臺灣省氣象所召開全國航運氣象會議，參加會議者共有二十四個單位，由鄭子政主持，此會議的目的是要推行船舶氣象觀測，所以在會中曾將船舶氣象觀測手冊及世界各地廣播暴風警報電臺一覽表發給公私營各家航業公司之代表，規定各家船舶要實行船舶氣象觀測，當時從事於選擇船舶氣象觀測的船舶計有招商、復興、德和、中國航業及臺灣航業五大航運公司之船舶十五艘。至六十年，從事船舶氣象觀測之船隻則已增至二、三十家航運公司之船舶百餘艘之多。

　　㈢參加世界氣象組織（WMO）會員國大會。

　　1951 年，聯合國大會正式批准成立世界氣象組織（WMO），成為聯合國所屬機構之一，同年 3 月在巴黎召開第一屆會員國大會，我國派鄭子政、薛繼塤、陳雄飛等前往參加，1955 年 4 月至 5 月，該組織在日內瓦召開第二屆大會時，我國仍派鄭子政前往參加。後來世界氣象組織每次召開會員國大會時，我國皆曾派代表前往參加，直到 1972 年春，我國方退出該組織。

　　四、氣象學報的再度發行以及中國氣象學會在臺復會

　　氣象學報源自於 1941 年以前發行之《氣象雜誌》，雖因抗日和戡亂戰事的影響，經費非常困難，但是仍能按期出版。至 1948 年冬天以後，因為戰亂加劇的關係終於停刊。政府遷臺後，臺灣省氣象所所長鄭子政為推動我國氣象學術研究之風氣，乃提議在當時由軍民氣象單位所組成之聯合氣象預報中心自 1955 年 1 月起，按期出版《氣

象學報》季刊，後來聯合氣象預報中心解散後，《氣象學報》又轉由
臺灣省氣象所負責編纂和出版，至今該刊物已成為國內高水準之氣象
學術刊物之一。

　　中國氣象學會原於 1924 年成立於青島，後來先後遷於重慶和南
京，及至大陸撤守，該會亦無形解體，1958 年春，鄭子政感於氣象
學術之發揚和研究需要一民間組織從旁策進，才能收相輔相成之效，
而氣象事業更須有一民間組織之連繫，才能得以向前精進，於是乃商
請張曉峯、蔣丙然、劉衍淮、魏元恆等重組中國氣象學會，於是該會
得於是年 8 月 17 日在臺灣省氣象所復會，出席會員一百餘人，選出
蔣丙然為會長，薛鍾彝、林紹豪、朱祖佑、劉衍淮、徐應璟、徐明
同、徐晉淮、鄭子政為理事，高平子、林榮安、魏元恆為監事，其後
該會每年按期舉行一次會員大會，不曾中輟，先後擔任會長的計有蔣
丙然、鄭子政、劉衍淮、劉大年、亢玉瑾、吳忠堯、蔡清彥、謝信
良、辛江霖、周仲島諸人。

　　五、水文氣象方面的建樹

　　1951 年以後，政府為發展水利事業，以增加農業生產，乃組織
經濟部水資源統一規劃委員會，該會對臺灣各大河川流域降水紀錄之
整理不遺餘力，1956、57 年間即將各河川流域系統之降水紀錄加以
整理，印成專冊五大卷，包括客雅、中港、後龍、大甲、濁水、烏
眉、大安等七大溪流。分別記逐年逐月逐日之雨量及逐月降水日數。
並由自記雨量紀錄紙上讀取一小時在二十公厘以上，三小時在五十公
厘以上，六小時在八十五公厘以上之雨量紀錄。後來水資源統一規劃
委員會復依照上述整理方法，完成全省河川流域降水紀錄之整理工
作，並各印成專冊，此等刊物皆為近代研究水文（洪水）預報之可貴
典籍。

　　六、民航局氣象中心之沿革

　　1950 年中央氣象局遷臺後，在臺北機場所設立之松山氣象臺乃
今日民航局氣象中心的最早前身，最初該臺僅作一般性氣象觀測與預

報工作，迨 1951 年鄭子政接長中央氣象局後，乃商民航局前局長賴遜岩，由松山氣象臺擴大工作範圍，從事航空氣象服務，以姚懿明為臺長，後來又有沈傳節、湯彣、畢夢痕等先生相繼擔任臺長之職，1958 年，中央氣象局奉令改組，乃將該臺移交民航局代管，1963 年 4 月 1 日，並改稱為「臺北航空氣象臺」，直隸於民航局，以殷來朝為臺長，蕭華為副臺長。

　　1969 年 9 月，民航局積極推行革新管理、精簡機構之措施，乃將所屬「飛航管制處」、「航空通訊總臺」、「航空導航總臺」、及「臺北航空氣象臺」四機構合併編組為「飛航服務總臺」，「臺北航空氣象臺」乃改稱為「氣象中心」，隸屬於「飛航服務總臺」，由於原臺長殷來朝擔任副總臺長，氣象中心主任一職遂改由蕭華擔任，1978 年復由張領孝繼任。後來擔任主任的先後有曾憲瑗、蒲金標、李金萬、黃枝源、王崑洲、童茂祥等人。

　　該中心目前負責臺北、高雄兩機場（1978 年底起，並包括桃園中正國際機場）二十四小時之天氣測報（見圖六十五）與預測，並與東南亞及太平洋各大國際機場交換氣象資料，收集東南亞及太平洋各

圖六十五　從事航空氣象測報工作之臺北航空氣象觀測臺。

地之氣象廣播、分析地面及高空天氣圖，並提供航路天氣預報、天氣守視及天氣解講等飛航服務工作。為了要供應更精確之航空氣象觀測資料起見，該中心在機場附設有能見度儀（見圖六十六）及雲幕儀（見圖六十七）等氣象儀器設備，為國內所特有之氣象觀測儀器。全中心之氣象工作人員約八十人左右。1985 年起，該中心開始使用電腦進行天氣圖填圖及天氣圖分析工作。1987 年更在桃園設立國內第一部都卜勒氣象雷達，均屬科技現代化之具體表現。

七、空軍氣象中心之沿革

空軍氣象中心的最早前身為 1939 年成立於重慶之空軍氣象總臺，抗戰勝利後奉空總部令改為首都氣象區臺，遷臺後改為空軍中心氣象區臺。1954 年初才易為今名「空軍氣象中心」，當時主任一職由原中心氣象區臺臺長魏元恆擔任，魏元恆當時非常重視氣象研究發展工作，故在主任任內曾創導一週之預報檢討會，各種氣象資料之整

圖六十六　民航局氣象中心的能見度儀（RVR）。

圖六十七 民航局氣象中心的雲幕儀。

理分析、天氣分析月刊之編印（《天氣分析月刊》乃今日《氣象預報
與分析》季刊之前身，乃政府遷臺後最早出版之氣象學術刊物）。
等，不遺餘力，空軍氣象中心之有今日之極高學術地位，實乃肇基於
當時。1955 年易名為《氣象技術月刊》，1958 年 3 月《天氣分析月
刊》復易名為《氣象統計與分析》，1959 年再易名為《氣象預報與分
析》以至於今，現在該刊物亦已成為國內高水準之氣象學術刊物之一。

　　該中心自 1949 年以來所完成之氣象建設計有：㈠建置桃園、馬
公、東港、東沙高空測站。㈡1966 年 12 月建立中華民國第一座氣象
衛星自動照片傳送（APT）地面接收站，並將所接收之雲圖圖片供應
軍民氣象單位使用，使我國天氣預報及觀測事業進入新紀元。㈢1977
年 11 月在臺中清泉崗建立一座氣象雷達站，對雷雨和鋒面移動之預
報工作提供不少的貢獻。至於歷年來所參與之氣象學術活動主要的計
有：㈠首屆美亞軍事氣象會議：1961 年舉行，由徐應璟和王時鼎發

表臺灣近海颱風預報問題。㈡第二屆美亞軍事氣象會議（1964年）。㈢第一屆中美氣象研討會（1970年）。㈣第二屆中美氣象研討會（1971年）。㈤第一屆全國大氣科學研討會（1976年）。㈥臺灣災變天氣研討會（1978年5月）。該中心的氣象學家和氣象人員均有研究報告論文和成果發表。而1974年起，該中心有劉廣英、鄧施人等人之研究發展，完成藉電子計算機製作預報圖，結果成效良好，使該中心進入電子計算機預報時代。

目前該中心內分預報課、長期預報課、氣象衛星課、編審科、氣象勤務科、行政科等，除掌管桃園、馬公、東港、東沙四個「雷文送」高空測站及數個測風氣球測站外，並在各空軍基地設有天氣中心，從事觀測和預報工作，在清泉崗並設有氣象雷達一座。歷任主任為魏元恆、徐應璟、曹淦生、魯依仁、蔣志才、吳宗堯、曲克恭、林則銘、俞家忠、王時鼎諸人（參考自1977年11月出版之《氣象預報與分析》第七十三期，王時鼎著〈空軍氣象中心之回顧與前瞻〉一文）。後來擔任主任的氣象人員甚多，此處不再一一列舉。

八、民航空運隊（CAT）氣象組之沿革

民航空運隊原係抗戰勝利後外人在中國投資組織之民航公司，其附設之氣象臺設在上海虹橋，1949年隨政府遷廣州，是年底再遷臺灣，該民航公司遷臺後即在臺北松山機場設氣象組，初繼續由J. Fogg主持，後改由王崇岳（Prof. Griffith Wang）主持，並在松山機場和臺南機場各設有氣象臺一座，從事航空氣象觀測和預報工作，工作人數最多時曾達三十餘人，後來由於該民航公司航運業務停頓關係，氣象工作遂於1973年宣告結束。

九、中央氣象局恢復建制

氣象事業為造福人類之服務事業，近年來由於社會文明與科技之進步，人類對氣象之需求也愈感迫切，氣象服務之對象也從人類日常之生活和工作中擴及交通運輸、觀光、漁、農、工商各業及公用事業、水資源與空氣污染控制、森林火災之預報等各方面，臺灣省氣象

局為擴大編制，擴充氣象服務之範圍，吸收優秀工作人員，從事現代化氣象服務，並發展氣象學術和技術，以期趕上時代，乃呈請中央，准將臺灣省氣象局改制為中央氣象局，1971 年 7 月，該局正式易名為中央氣象局，並改隸交通部，恢復昔日中央氣象局建制，仍由劉大年擔任局長，吳忠堯擔任副局長，現有員工數百人，下轄測候所十九處，各個測候所兼管之測候站七處，合作測候站七處，氣象雷達站兩處，雷文送探空站一處（1971 年建於臺北板橋），自動測報站一處（綠島），自動雨量站六處（在蘭陽地區之龜山、牛鬥、古魯、雙蓮碑、四十分、五指山）。圖六十八示中央氣象局各測候所（站）業務說明圖。下表（見表五）則說明中央氣象局之組織。

表五：現在的中央氣象局組織表

中央氣象局局長—副局長
- 十九個測候所—臺北（兼管文山測候站）、淡水、鞍部（兼管大屯山、竹子湖測候站）、基隆（兼管彭佳嶼測候站）、宜蘭、新竹、臺中、日月潭、花蓮、阿里山（兼管玉山測候站）、澎湖（兼管東吉島測候站）、嘉義、臺南、臺東（兼管蘭嶼測候站）、新港、大武、高雄、恆春、梧棲等。
- 技術組—分國際連繫、預報、觀測等科。
- 測政組—分測政管理、儀器檢修、大氣物理、地球物理、測政輔導等科。
- 應用氣象組—分水文氣象、海洋氣象、資料處理、研究發展、農業氣象、氣象服務等科。
- 通信電子組。
- 氣象預報中心—分分析預報、預報供應、編審考核、長期預報等科。
- 氣象通信中心
- 天文臺
- 花蓮和高雄氣象雷達站。

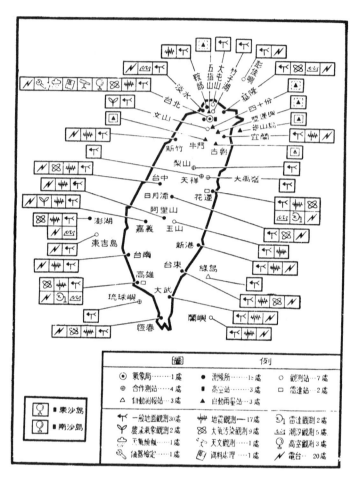

圖六十八　中央氣象局各測候所（站）業務圖。

　　改制後的中央氣象局，業務蒸蒸日上，深受民間各界和政府之重視，非常關心民瘼，而且非常重視氣象的蔣總統經國先生在行政院長任內曾多次蒞臨中央氣象局巡視。

　　中央氣象局為求技術之革新和現代化，1970 年代曾購置氣象用電腦，在胡仲英、蔡清彥諸人之發展下，已實行藉電子計算機製作地

面和高空之分析圖及預報圖，結果效果良好，使中央氣象局進入電子計算機分析預報時代。並在臺北建立 TIROS—N 氣象衛星高解像雲圖接收站一座（按 APT 則屬於低解像者），於 1981 年完成。在 1980年代並把花蓮高雄兩處之氣象雷達設備更新，改真空管為電晶體及積體電路，增加數字式雨量測報處理器（DVI P），而以彩色顯示，並配合電腦處理資料。1990 年代並將所有氣象雷達改為都卜勒氣象雷達，使中央氣象局成為一個現代化之氣象局。

十、政府遷臺後的大學氣象教育

㈠臺大大氣科學系：

政府遷臺後，蔣丙然即在臺灣大學森林系講授農業氣象學，此為臺灣最早的大學氣象課程，1955 年，臺大地理學系成立，並在該系分地理組和氣象組，由薛繼壎擔任氣象組主任，蔣丙然、薛繼壎、朱祖佑、王崇岳、殷來朝、周根泉、林紹豪、彭立、郭文爍諸人均先後在氣象組擔任課務，林紹豪後來並接任主任之職，1972 年，氣象組復擴充為大氣科學系，先後有麥文健、林永哲等返國任教於該系，近年來又有陳泰然、蔡清彥、陳英與林琚三等年輕學者加入該系教授陣容，並建築氣象舘，自設氣象臺；接收氣象電碼，自行分析與預報，使系譽蒸蒸日上。該系近年來極重視學術研究工作，並經常舉行氣象學術研討會和演講會，目前蔡清彥對數值預報之研究、陳泰然對梅雨之研究已極有成績。該系在國內氣象學術界已蔚成一股巨大的推動力量。繼任的系主任先後有亢玉瑾和周根泉以及蔡清彥、陳泰然等人。

㈡中國文化學院氣象學系：

中國文化學院創辦人張曉峯先生在 1963 年創辦該校時，即設立地學系，由孫宕越先生任系主任，初分地理組和氣象組，直至 1970年始改制為氣象學系，由鄭子政任系主任，並在校內附設測候所，戚啟勳、吳宗堯、呂世宗、王時鼎、曲克恭、蕭華、林則銘、徐寶箴諸人均先後任教於該系，後來之歷任系主任為崔尚斌、曲克恭、劉廣英等人。1968 年起該校復在研究部地學研究所設氣象組，王崇岳、湯

捷喜、麥文健、鄭子政、戚啟勳、薛繼塤、徐明同、蔡清彥諸人皆曾
先後任教於該研究所氣象組。

　　㈢中央大學大氣物理學系：

　　早在中央大學地球物理研究所成立時，即由廖學鎰擔任理論氣象
學方面的課程，迨大學部恢復招生時，復設有大氣物理系，由胡三奇
擔任系主任一職，呂世宗、張隆男、紀俊男、陳哲俊、湯彡、張能復
等均先後任教於該系，1978 年復在研究部設大氣物理研究所，所長
由陳哲俊擔任，系主任一職改由陳哲俊擔任。後來的歷任系主任甚
多，此處不再一一列舉。

　　其他如海洋學院亦設海洋氣象學系（系主任為陳奇珍），中正理
工學院亦設有氣象組，空軍通信電子學校亦設有氣象系（由萬寶康主
持）（以上現已改制），今日的氣象教育已極為普遍，學習氣象學的
人也愈來愈多，擁有中外氣象學碩士博士學位的國人不論在國內外者，
也不勝列舉，此與三、四十年前之情況相比，實在不可同日而語。

註 1 ：同第十一章註 22，p.2。

註 2 ：《我國氣象事業簡史》，p.12，王開節著，1955 年 2 月中國交通建設學會印行。

註 3 ：〈氣象觀測表說〉，直隸農事試驗總場著，1912 年中國地學會《地學雜誌》第七、
　　　　八期合刊本，P.12。

註 4 ：〈中國設立觀測所之始末〉，周景濂著，1914 年中國地學會《地學雜誌》第十一期
　　　　（第 53 號）p.46。

註 5 ：〈中國西北科學考察團的經過與考察成果〉，劉衍淮著，《師大學報》第二十期，
　　　　1975 年 6 月 5 日。

註 6 ：〈我國戈壁沙漠氣候之研究〉，劉衍淮著，1976 年 1 月師大地理研究所地理研究報
　　　　告第二期抽印本。p.55。

註 7 ：同第十一章註 22，p.4。

註 8 ：中國氣象學會會刊第四期插圖，1928 年 10 月出版。

註 9 ：《氣象雜誌》第十三卷第二期「國內氣象消息」，濟南測候所所長劉增冕寫。1937
　　　　年 1 月 8 日出版。

註 10：《氣象雜誌》第十一卷第六期「國內氣象消息」，斯傑寫，1935 年 12 月出版。

註 11：見張其昀編《新方志學舉隅》，〈貴州省氣象及氣候部分〉以及 1943 年，1944 年出
　　　　版之 17，18 卷氣象學報。

第十三章　中國歷史上氣候之變遷

　　中國古代之氣象學，雖然未曾出現過類似古代希臘科學家亞里斯多德（Aristotle）所著《氣象通典》（*Meteorologica*）這樣比較系統化的著作，亦無長期性氣溫及雨量之數值性紀錄，但是從中國氣象學史之研究，可以看出中國人較西人更早從事於若干氣象觀測方法的研究，而且在數千年中也曾經保存了相當完整的長期氣候紀錄（例如物候及寒燠旱潦之記載），這些氣候紀錄可供吾人從事探索中國歷史上氣候變遷之情況。茲將近世中外科學家對中國歷史上氣候變遷之研究以及中國歷史上氣候之變遷情形略論如下。

第一節　近世中外科學家對中國歷史上氣候變遷之研究

　　距今一百多年前（清朝末年），始有學者對中國歷史上氣候變遷問題有所研究，其後於西元 1900 年（清光緒二十六年），復有斯文海定（S. Hedin）在新疆發現漢宣帝、元帝時之樓蘭故址，證明當時氣候暖濕於今日[註1]。但是到七十年前（西元 1907 年，清光緒三十三年），美國著名氣象學家亨丁頓（E. Huntington）發表《亞洲的脈動》（*The Pulse of Asia*）一書[註2]以後，有關中國歷史上氣候變遷之問題才開始受到中外科學家的重視，亨丁頓謂中國歷史上的外患、內亂都和氣候的變化有關，東晉時的五胡亂華，北宋時契丹、女真的寇邊，明末流寇的猖獗和滿清的入關，都是因為滿蒙、中原和中亞氣候之轉旱，乃不得不鋌而走險，四出刦掠，甚至奪人之國，據為己有。

　　繼亨丁頓的研究之後，復有蘇韋佩（A. C. Sowerby）之〈華北氣

候逐漸變成沙漠情況〉（*Approaching Desert Conditions in North China*, 1924 年）（註3），勃克斯登（D.Buxton）之〈中國之地方和人民〉（*China, The Land and the People*, 1929 年）（註4）兩文發表，均謂中國兩千年以來，華北有逐漸乾旱之趨勢。丁文江著〈中國歷史與人物之關係〉（註5）及〈陝西省水旱災之紀錄與中國西北部乾旱化之假說〉（*Notes on the Records of Droughts and Floods in Shensi and the Supposed Desiccation of N. W. China*）（註6）兩文，認為隋末到宋代中葉的五百年中為濕期，宋代中葉到明末的三百年中為旱期，明初到清代中葉為濕期。周廷儒根據中國西北自然地理現象之考察研究，著〈中國西北歷史上氣候之變化〉（註7）一文，他認為根據西北樹木之萎枯、爛灘之後退，離堆山的形成，證明中國有史以來西北氣候有若干之變化。蒙文通著〈中國古代北方氣候考略〉（1930 年《史學雜誌》）（註8），認為中國在周穆王時代雨量較豐，周宣王時代氣候復呈乾旱，蒙氏又集西漢時代竹和桑之記載以證明西漢時代氣候之暖於今日。而徐中舒（註9）和姚寶猷（註10）從考古學上的發現，指出殷商時代象存在於黃河流域，而今日已不再有之，由此可以證明當時黃河流域氣候之暖於今日。竺藕舫根據《圖書集成‧庶政典》及《九朝東華錄》所載雨災、旱災次數之統計，發現晉朝及南北朝時，中國之旱災數驟增，而雨災數驟減，到明代，旱災數更為各朝代之冠；竺氏又研究宋史上有關杭州春季大雪之記載，發現南宋時入春之降雪期較今日晚且久，而且南宋春季大雪之次數竟達四十一次之多，證明南宋時氣候較寒（註11）。

中國歷史上有冗長豐富的天災紀錄，可供吾人研究古代氣候之情況，繼竺藕舫之後，陳高傭氏復研究這些天災紀錄，寫出〈中國歷代天災人禍表〉（註12）一文，闡述氣候之變遷與歷代社會動亂之關係。

1941 年以後，先有呂蔚光著〈華北變旱說〉（註13）、〈關於西域及西蜀之古氣候與古地理〉（註14）、〈歷史上塔里木盆地氣候變旱問題〉（*On the Problem of Desiccation of the Tarim Basin during the His-*

toric Times）[註15]等，說明塞外古今氣候之不同，並指出漢唐時代塞外之河水較豐於今日。鄭子政氏曾研究北平（京）樹木之年輪和氣候紀錄，定出清代之旱濕期[註16]，並曾就清代長江流域之水旱災情況，作一簡單之討論[註17]。謝義炳著〈清代水旱災之週期研究〉[註18]，張漢松著〈明代水旱災週期的初步探討〉[註19]，兩人皆使用現代之統計方法算出明代和清代水旱災發生之週期。胡厚宣並根據古籍和考古學上之發現，寫成〈氣候變遷與殷代氣候之檢討〉[註20]一文，證明殷代和春秋戰國時代黃河流域之氣候遠暖於今日。

第二節　中國歷史上氣候之變遷

由本章第一節所論近世中外科學家對中國歷史上氣候變遷之研究情形，可見這些研究皆屬於片段零散者，所以吾人尚不能夠從這些片段零散的研究中得到中國有史以來氣候變遷之完整概念。晚近，竺藕舫和許多中國氣象學家、氣候學家們共同努力，利用中國歷史上有關樹木年輪變化情況，稻、桑、棗、栗、竹、苧麻、柑橘等植物生長情況和分佈情況以及桃始華（開花）、梁燕始現等物候情況，以及有關象、竹鼠、水牛、犀牛、鱷魚、貘等動物之分佈情況、研究沉積在湖底和地下之化石花粉（孢子），並研究圖書集成等古籍中有關氣候變化之記載——例如某年「冬暖，無冰」；某年「冬無雪」；某年「夏大燠」；某年「夏雪，無暑」；某年「夏，寒風如冬時」；某年「冬大雪、奇寒」，某年「夏，寒如冬時」等等，致力於研究中國五千年來氣候變遷問題（作者歷年來亦曾致力於有關這一方面問題之研究），並與高修氏（Gauthier）之現代平均氣溫紀錄相比較，終於定出了完整的氣溫變遷曲線和冷暖期分佈情形，並能與西方科學家所定出之挪威雪線變化曲線以及使用氧同位素（O^{18}）研究格陵蘭冰帽所得變化曲線相比較（見圖六十九、圖七十、圖七十一、圖七十二），提供有史以來全球氣候變遷特性分析的實證基礎，對全球氣候變遷之

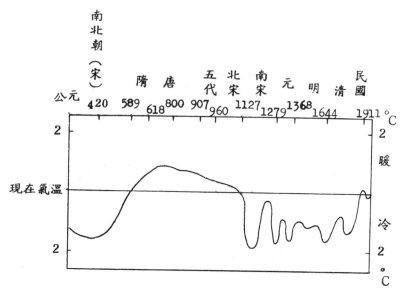

圖六十九　晉代和南北朝以來中國氣溫變化曲線圖，曲線表示與現在年平均溫之相差值。

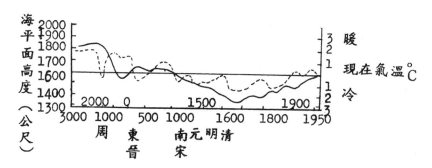

圖七十　中國五千年來平均氣溫之變化（點線）與挪威雪線（實線）比較圖。

研究貢獻極大。

　　由上述之許多研究，顯示過去三千年來中國黃河流域有大部分時

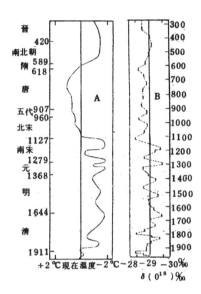

圖七十一　晉代（1700 年前）以來中國平均氣溫變化曲線（圖中之 A）與研究格陵蘭冰帽所得變化曲線（圖中之 B）比較圖。δ（O^{18}）每增減 0.69‰，則溫度增減 1℃。

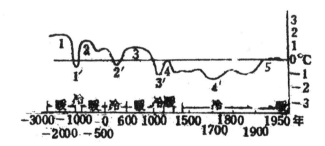

圖七十二　中國五千年來平均氣溫變化曲線與冷暖期之分佈情形。圖中 1、2、3、4、5 代表五個暖期，1'、2'、3'、4' 代表四個冷期。（橫座標的年代比例尺向左方減少）

間屬於溫暖氣候時期，而且極似於今日長江流域之氣候情況。科學家復利用碳元素（C^{14}）年代測定儀測定五千年前西安附近之半坡村（Panpo Village）之地下村莊遺址和殷商時代（西元前 1400 年～西

元前 1100 年）河南安陽縣出土之殷墟遺物，證明這些中國先民曾經居住過的地方曾經有水牛、竹鼠、貘等熱帶和副熱帶動物存在，殷墟甲骨文上亦曾經記載中國古代象類之活動情形，並顯示當時耕作時間比現在要早一個月之久。當時年平均氣溫比現在要高出 2℃，一月份平均溫比現在一月份平均溫要高出 3－5℃之多。

　　自殷商以還，中國氣溫有一系列週期性之升降波動，其升降範圍為 1－2℃，吾人可根據其升降波動情形大致分成四個冷期（包括六個小冰河期）和五個暖期（見圖七十二）：

　　一、暖期

　　1.第一個暖期自黃帝以前（西元前 3000 年）至周穆王二年（西元前 1000 年）。這一段時期內的氣候也不是一直都溫暖，而是有相當大的變化，但無論如何，還是以溫暖氣候為主。

　　2.第二個暖期自東周平王元年（西元前 770 年）至西漢末葉（西元紀元開始時）。

　　3.第三個暖期自隋文帝開皇二十年（西元 600 年）至北宋真宗咸平三年（西元 1000 年）。

　　4.第四個暖期自南宋寧宗慶元六年（西元 1200 年）至元成宗大德四年（西元 1300 年）。

　　5.第五個暖期為民國成立以後至 1964 年，甚至迄今，但其中也有寒暖升降之小波動變化。

　　二、冷期

　　1.第一個冷期自周穆王二年（西元前 1000 年）至周厲王二十五年（西元前 850 年），亦為中國五千年來第一次出現之小冰河期。

　　2.第二個冷期自西漢末葉（西元開始時）至隋文帝開皇二十年（西元 600 年），亦為中國五千年來第二個小冰河期。

　　3.第三個冷期自北宋真宗咸平三年（西元 1000 年）至南宋寧宗慶元六年（西元 1200 年），亦為中國五千年來第三個小冰河期。

　　4.第四個冷期自明惠帝建文二年（西元 1400 年）至清德宗光緒

二十六年（西元 1900 年），其中包括有三個小冰河期：

⑴明英宗天順二年（西元 1458 年）至明世宗嘉靖九年（西元
　1530 年），為中國五千年以來的第四個小冰河期。

⑵明光宗泰昌元年（西元 1620 年）至清聖祖康熙五十九年
　（西元 1720 年），為中國五千年以來最寒冷而乾旱之第五
　個小冰河期。

⑶清宣宗道光二十年（西元 1840 年）至清德宗光緒六年（西
　元 1880 年），為中國五千年來次冷之第六個小冰河期。

研究這些冷暖期之分佈情形，可知每一個大週期之時間有四百至八百年，小週期之時間則有五十至一百年，而且年均溫有介於0.5～1℃間之升降變化。

在周朝時代（西元前 1066 年～西元前 770 年），氣候相當暖和，由地下出土之當時布料、帽子、家庭用具和所使用之工具以及刻在銅器上之竹類符號，顯示當時這種竹類曾經在黃河流域非常繁茂地生長，但是暖期並不持久，大約在西元前 1000 年時（周穆王時代），有一百餘年的冷期侵入了中國，此可由《竹書紀年》所載「周孝王七年（西元前 903 年）冬江（長江）漢（漢江）冰」，「周孝王十三年（西元前 897 年）江、漢冰，牛馬多凍死」以及周厲王二十二年至二十六年（西元前 851 年～西元前 847 年）連年皆大寒、大旱之事實可以證明之。從春秋時代（西元前 770 年～西元前 475 年）到秦、西漢（西元前 221 年～西元開始時），氣候一直是溫暖多雨的情況，據許多當時的文獻記載，屬於副熱帶作物之苧麻，曾經向北延伸到北方分佈（史記亦言齊魯多桑麻，晉多竹、穀、苧麻）。

新朝及東漢以後，氣候轉寒且旱。南北朝北魏孝武帝至東魏孝靜帝年間（西元 533 年～544 年），賈思勰所著的《齊民要術》中曾經敍述中國黃河流域當時之農時和耕稼間之關係，其中有言「三月上旬及清明節桃始華（開花）」，「四月上旬及棗葉生，桑花落」，可見當時桃樹開花與棗葉生、桑落等之時間比現在要晚半個月至一個月之

久，可以證明當時氣候寒於今日。到了隋朝和唐朝（西元 581 年～907 年），氣候又變成溫暖多雨的情況，所以當時首都長安及洛陽有很多官民能夠在庭院中種植柑橘等果樹，到北宋真宗咸平二年以後（西元 1000 年以後），相當寒冷的冷期（小冰河期）又再度侵入中國，因而凍死了不少長安的果樹，當時寒冷氣候向南影響到太湖流域，漢江、淮河、長江及太湖、浙江省的河川皆曾經結冰，馬車可以在河上行駛而過，當時華中的六百多種地方方誌皆曾記載鄱陽湖、洞庭湖、漢江、淮河結冰的情形。南宋一百三十三年中，杭州晚春降雪時間的紀錄也有四十一年之多，將這些下春雪時間與今日杭州最後一次下雪時間相比較，可以發現當時比現在平均要晚兩個星期，竺藕舫曾根據其最晚終雪日期與近世上海、南京最晚終雪日期，年均溫相比較，推算出當時杭州年均溫比現在要低約 2℃，上海之冬季平均溫比現在要低 2—3℃之譜。根據寒、燠及冬無雪等之紀錄，吾人也可以推知華北和黃河流域在明惠帝建文二年（西元 1400 年）至清德宗光緒二十六年（西元 1900 年）長達五百年的第四個冷期中有下列兩段時期有較暖和的冬天：

　　1、明世宗嘉靖二十九年（西元 1550 年）至明神宗萬曆二十八年（西元 1600 年）的五十年間。

　　2、清聖祖康熙五十九年（西元 1720 年）至清仁宗嘉慶二十五年（西元 1820 年）的一百年間。在長達五百年的第四個冷期中也有以下三個小冰河期：

　　　　(1)明英宗天順二年（西元 1458 年）至明世宗嘉靖九年（西元 1530 年）。

　　　　(2)明光宗泰昌元年（西元 1620 年）至清聖祖康熙五十九年（西元 1720 年），是最寒冷的時期。

　　　　(3)清宣宗道光二十年（西元 1840 年）至清德宗光緒六年（西元 1880 年），為次冷的時期。

　　清朝末年及民國初年仍然是較冷氣候時期，1921 年以後才轉變

進入暖期，而於 1941 年左右達到最高峯，當時年均溫比現在年均溫
要高出 0.6°C 之多，而 1941 年後又慢慢下降。1945 年～1950 年又為
較冷氣候時期，1951 年以後氣候又再度轉暖，迨 1965 年以後，氣候
又轉冷，當時江南曾出現小冰河期之氣候情況，惟不若古時嚴重，這
種轉冷情況一直持續到 1977 年為止。近三十年來，受到全球氣候暖
化的影響，中國西部和西北部地區之高山冰川逐漸退縮，國內異常氣
候之出現亦屢見不鮮，如何減緩並歇阻氣候暖化之發生，已成為今人
要努力的課題（詳細論證見拙著《中國歷史上氣候之變遷》一書）。

註 1 ：〈中國歷史上之旱災〉，p.49，竺藕舫講，莊臺璋記。《史地學報》第三卷第三期，
1925 年出版。

註 2 ：《亞洲的脈動》（The Pulse of Asia），E. Huntington, New York, 1907.

註 3 ：Approaching Desert Conditions in North China., Arthur C. Sowerby, China. Journ. of Science and Arts. Vol. 11, pp. 199-203, 1924.

註 4 ：China, The Land and the People., D. Buxton, p. 71. Oxford, 1929.

註 5 ：〈中國歷史與人物之關係〉，丁文江著，引自〈中國歷史上之旱災〉p.47（見註1）。

註 6 ：Notes on the Records of Droughts and Flood in Shensi and the Supposed Desiccation of N. W China. V.K.Ting. Hyl lningsskrift Tillagnan Sven Hedin Pa Hans 70-Arsdag den 19 Feb., 1935 pp. 453-461 Geografiska Annales ；Stockholm, 1935.

註 7 ：〈中國西北歷史上氣候之變化〉，周廷儒著，「地理」第二卷三、四期合刊本，1942年 11 月中國地理研究所出版。

註 8 ：〈中國古代北方氣候考略〉，蒙文通著，《史學雜誌》，1930 年出版。

註 9 ：〈殷人服象及象之南遷〉，徐中舒著，1930 年中央研究院歷史語言研究所集刊。

註 10：〈中國歷史上氣候變遷之一新研究〉，姚寶猷著，中山大學文科研究所《史學彙刊》第一卷第一期，1935 年 12 月 1 日出版。

註 11：〈中國歷史上氣候之變遷〉，竺藕舫著，《東方雜誌》第二十二卷第三號，1925 年2 月出版。

註 12：〈中國歷代天災人禍表〉，陳高傭著，1940 年上海暨南大學出版。

註 13：〈華北變旱說〉，呂蔚光著，「地理」第一卷第二期，1941 年 6 月 1 日。中國地理研究所出版。

註 14：〈關於西域及西蜀之古氣候與古地理〉，呂蔚光著，《氣象學報》第十六卷第三、四合期，1942 年 12 月中國氣象學會出版。

註 15：*On the Problem of Desiccation of the Tarim Basin during the Historic Times*. Lee John, Science Record, Vol.I.No.1，Academic Sinica, 1942.

註 16：引自 1935 年 9 月出版之《地理學報》第二卷第三期〈近二十年來中國地理學之進步〉（張其昀著）一文，鄭子政原著一為〈二百年來北平（京）之氣候〉，一為〈樹木年輪與北平（京）雨量〉，刊於當時出版之方志月刊中。

註 17：〈長江下游之災荒與夏季雨量之預測〉，鄭子政著，《地理學報》第二卷第三期，1935 年 9 月出版。

註 18：〈清代水旱災之週期研究〉，謝義炳著，《氣象學報》第十七卷第一、二、三、四合期，1943 年中國氣象學會出版。

註 19：〈明代水旱災週期的初步探討〉，張漢松著，《氣象學報》第十八卷第一、二、三、四合期，1944 年 12 月中國氣象學會出版。

註 20：〈氣候變遷與殷代氣候之檢討〉，胡厚宣著《甲骨學商史論叢續集》，1945 年，齊魯大學出版。

第十四章　餘論

　　儘管近代中國的氣象事業建設在速度上遲於西人，對各種氣象儀器的發明亦不如西人，但是數十年來，中國人在氣象學術上的研究發展卻進步神速，已有很多中國氣象學家在世界氣象學術上佔有重要的地位，例如趙九章（Jaw J.J.）在理論氣象上之成就，日本氣象學界極為推崇[註1]。先後任教於美國麻省理工學院和芝加哥大學氣象系之郭曉嵐（H.L.Kuo）對於大氣條件不穩定情形之下，環流對流運動之特性，大氣動力學，斜壓流之穩定度，主環流之持續特性，助長颱風發展之熱力對流作用，積雲之對流作用等方面之研究亦極精深，因而曾經獲得美國紀念羅斯培氣象科學獎（1970年）[註2]。在猶他大學任教的高仕功對大氣環流與渦動問題亦有深入之研究[註3]。劉維謹氏對動力氣象方面的問題亦有濬深的見地[註4]。夏威夷大學之丘萬鎮對大氣亂流和震盪作用亦有深入之研究。葉篤正（T.C.Yeh）對颱風、大氣環流和噴射氣流，陶詩言（S.Y.Dao）對季風環流皆能有創新之見。[註5]，顧震潮（C.C.Koo）對大氣環流和數值預報、雲物理研究亦有獨到見地[註6]。美國海軍研究院氣象系教授張智北（C.P.Chang）對低緯氣象、大氣環流之研究亦能推陳出新[註7]，伊利諾州立大學氣象系教授麥文健在中低緯度大氣環流及 Stochastic motions 方面之研究更能立一家之說[註8]。而王崇岳教授所發現颱風未來移動方向和速率與 700MB 面上距離颱風中心正北十個緯度與正東十個緯度之高度值具有良好之相關[註9]，其預報颱風移動速度和動向之方法，曾為各國預報太平洋颱風之國家所採擇。其他留在美國有卓越成就的英俊氣象學家甚多，例如楊健雄（動力氣象）、周明達（衛星氣象）、謝鐐璋（空氣污染氣象學及大氣化學）、洪儒珍（高空大氣物理），群賢輩出，蜚聲國際。

　　儘管目前氣象學界所發展出來的各種客觀預報法則，層出不窮，多得令人有目不暇接之感，然而其準確度因為受到種種因素之限制，故仍有其極限。將來應加強以動力模式和數值方法來探尋大氣之結構，故氣象研究之範圍尚有無限的前途，而有待中國氣象學家們將來的努力。同時人類對氣象學之需求也愈見其迫切，理應加強發展長期天氣預報之技術和方法，殆亦為時代氣象學發展之新動向。

　　就本書所論，顯見現在中國的氣象學人在世界氣象學領域中，確立有學術的基礎，而中國氣象學史在世界氣象學史中亦將綻露甚強光芒。吾人實不容忽視氣象學史的研究，以助中華文化之發揚。學問為經驗之累積，「繼往開來」為今日吾人之責任。吾人必須運用科學方法整理古籍之記載，使先哲之思潮得以闡提，彰往而察來；今日之思潮得以融會貫通。創新中華文化，以提高我華夏之學術地位，而不令歐美人士專美於前，凡吾學人共勉乎哉。

註 1：「降雨過程的統計學理論」學說（Jaw. J. J.）。日本氣象ノ事典及氣象學ハンドブツワ。

註 2：日本氣象ノ事典及氣象學ハンドブツワ。
　　　Bulletin of the American Meteorological Society，Vol.56,No.8, Aug. 1975.

註 3：Shih-kung Kao：「The meridional transport of kinetic energy in he atmosphere,」Meteorological Journal Vol.11，No.5, pp.352-558。
　　　Shih-kung Kao： Harmonic wave solutions of the non-linear velocity equation for a rotating viscous fluid M. J.Vol. 11.No. 5, pp.373-379.

註 4：Vi-cheng Liu：Turbulent dispersion of dynamic Particles,M. J.Vol. 13, No.4.pp.399-405.

註 5：T. C. Yeh：The Motion of Tropical Storm. Under the Influence of a Superimposed Southerly Current,M.J.PP.108-113.1950。
　　　T. C. Yeh and H.Riehl：The Intens it y of the Net Meridional Circulation, Quart. J. Royal Meteor. Soci. 76, 1950, p.82.
　　　T. C. Yeh ： A study of various of the general Circulation, 1949.
　　　T. C. Yeh，C. C. koo，C. C. Yangg：On the general Circulation over Eastern Asia.Tellus10.299-312, 1958.
　　　T. C. Yeh， S. Y. Dao Li Mei Tsung：The abrupt Change of Circul ation over the northern

hemisphere during June and October.

The Atmosphere and the Sea in Motion249-267.1958.

註 6：顧震潮（C. C. Koo）、葉篤正（T. C. Yeh）：〈西藏高原對東亞大氣環流及中國天氣之影響〉。

顧震潮（C. C. Koo）：〈西藏高原對東亞環流之動力影響及其重要性〉。

C. C. Koo：An interactive relation of the influence function in numerical forecasting.

C. C. Koo：A discussion on the theoretical investigation in recent years on the formationof cloud and fog.

C. C. Koo：A linear theory of the influnce of Condensation feedback on the Vertical development of a cloud mass

註 7：張智北博士在「太平洋熱帶波動之觀測研究」及「熱帶波動之線性理論」方面的論文極多，茲不贅述。

註 8：Man-Kin Mak ：Laterally driven stochastic motions in the tropics, Journal of the Atmospheric Science Jan.1969.

註 9：Griffith Wang：A Method in Regression Equations for Forecasting the Movement of Typhoons.

Bulletin of the American Meteorological Society. Vol.41，No.3, pp.115-124. March 1960.

第十五章　論中國之氣象學術後來停滯不前的原因

中國古代之氣象學思想發軔甚早，有文獻足徵者自殷代開始已有之，春秋時代有雲之觀測，雲之分類和觀測雲氣以預報風雨之經驗。至漢代復有張衡發明相風銅烏，並已有雨量及濕度之觀測。南北朝時，祖沖之設置觀象臺。唐代房玄齡之觀察細微，分析日暈之結構，李淳風之辨別風力強弱，分為十個等級。浸至宋代，有沈括和孫彥先對成虹之理的解釋，秦九韶首創降雨量和降雪量之計算方法與面積雨量推算之程式。迨及明初，郎瑛和陳霆作海市蜃樓之合理解釋等。可見在明代末葉以前，中國之氣象學識並不落後於西人，且多有早過於西人數百年，甚至達一千年以上者，至明代末葉以後，中國之氣象學術乃告中落。茲縷析其原因如下：

一、自古以來，輕視工藝創作發明而重「學而優則仕」之思想

由於中國自漢代以來為封建社會和儒家官僚體制、儒家思想皆輕視工藝發明，歷來朝廷視百工之流之創製器物為雕蟲小技之觀念，嚴重地阻礙了中國古代科技之發展，扼殺了中國先民創造發明的思想。且有甚於斯者，古有文曰：「藝成而下，儒士所輕，奇技淫巧，聖王所禁」，漢代《周禮・王制篇》也有「以奇技奇器惑人者，殺」苛律的記載。故中國先民傳統上乃存「五穀不分」、「雕蟲小技，余不為也」之觀念。在此封建社會和儒家鄙薄器物思想之箝制下，要想在氣象觀測工具和儀器上有所創造和發明，至為不易。

二、八股文取士之遺毒

科舉取士源自漢代，至隋唐時，所考之科目更多，成為古人致身通顯之捷徑，熱衷於功名貴祿者皆奔走於仕途，或老死於牖下。「太宗皇帝真長策，賺得英雄盡白頭。」乃當時之寫照（見《唐摭言》卷

一〈散序進士〉）。到了明太祖洪武十五年，大行科舉，並置殿閣大學士，洪武十七年復頒科舉條式之後，遺害至鉅！斯時考試方式限就四書五經命題，且文須摹擬古人語氣，不許自作議論，體用排偶有規定程式，謂之「八股」，更甚者，四書限以朱熹注為準，五經傳疏亦各有定本，此種考試取士之辦法，束縛了文人之思想才智。顧炎武謂八股之害甚於焚書。至清光緒三十一年（西元 1905 年），因為推行洋務運動之關係，始廢八股科舉，此時中國科技已落後西人一百多年之久。

三、中國古代的科技人員對於科技的研究，僅有個人獨立的創獲，而無集體連綿不斷的研究創造，及蔚然成風之精神

由於中國古代之科技研究者對科技之研究只有個別的、片段的創獲，又得不到官方的鼓勵，往往前無師承，後無繼起。例如漢代張衡發明相風銅烏以後，後人即不再有更佳的創造發明，清初黃履莊曾仿製驗冷熱器和驗燥濕器，但是其後卻不見有更好的發明和創造。而西方國家則不然，他們竭盡社會力量，以從事科技發明，前仆後繼，逐步演進，因而蔚成大觀。例如十五世紀後期法人 Nicolaus de Cusa 氏設計觀測濕度的原始工具以後，接著又有 Leonardo Da Vinci 之設計濕度計，西元 1597 年義大利科學家伽利略（Galileo）發明空氣溫度表後，西元 1620 年又有荷人 Drebbel 氏製成酒精溫度表，西元 1641年義大利人 Ferdinard 二世改造伽利略之空氣溫度表為酒精溫度表，1643 年又有德人 Kirecher 氏製造水銀溫度表，如此此起彼落，前仆後繼，蔚為大觀。反觀中國古代，則一項發明以後，即不再見有更進一步之改進發明，與西方相較，自不可同日而語。

四、古代中國人未能發明氣壓表和溫度計

中國先民對濕度、風向、風速、雲量、雲狀、雲向、雲速、雨量、各種天氣等均能從事觀測，即各種觀測方法暨觀測儀器亦有漸上軌道之勢，例如相風銅烏（風向計）、雨量器及懸土炭（或懸羽炭）以測驗濕度等，而憑弦索之弛緊以預測晴雨（見第四章第十五節預測

天雨的方法以及第十章《田家五行》及《農政全書‧占候篇》）亦可謂毛髮濕度計之雛形也，惟中國古代因為未能發明溫度表，又不明氣壓之原理，以致未能發明氣壓表，故氣象學不能有長足之進步。氣溫和氣壓乃氣象要素中最緊要者。而西方自西元 1597 年義人伽利略氏發明溫度表，西元 1643 年義人托里切利（Torricelli）氏發明氣壓表以後，氣象學始有作更進一步研究之憑藉，適法人 Leverrier 氏因法蘭西艦隊遇到暴風雨，沉陷黑海，而怵然心傷，乃力謀預報天氣之術以為補救之計，遂發明繪製天氣圖之方法，至是氣象學術始得有長足之進展，進而獨立成為一門科學，而中國之氣象學術遂從此落後西方遠甚。

五、清世宗以後禁教措施之影響

明末清初，西方科技開始有蓬勃發展之勢，相形之下，中國之科技則已漸呈落後，明末幸賴西方天主教傳教士利瑪竇、湯若望、艾儒略、南懷仁、鄧玉函等人將西方之天文、數學、物理、地理、測量等科學技術傳入中國，使當時之國人能吸取西人先進之科技，不致差距過遠。

然而到了清康熙四十三年（西元 1704 年），羅馬教皇突然下令禁止中國境內之傳教士拜孔子及祭祖先之措施，以致引起清聖祖與教皇間之爭執與不睦，加以清世宗與其兄弟爭奪皇位期間，西洋傳教士也有參加政爭者，故清世宗於西元 1723 年即位後，便採取禁教措施，清高宗以後繼之，從此西方科技之學也因而連帶中落！接著西方開始實行劃時代之工業革命，以英國為中心之歐美各國開始從手工業轉變到機械工業，各種科技發明日新月異，層出不窮，船堅砲利，攻無不勝，而中國則已為科技落後國家。經過一百四十年後（西元 1860 年代），清廷始成立江南製造局，下設翻譯館，從事介紹西方科技知識及武器器物之製造術。斯時西方之氣象學術亦得以再度傳入中國（見第十一章第十六節華蘅芳筆述之《測候叢談》）。

在西學中斷的一百五十年期間，西人已先後有攝氏溫度計、華氏

溫度計、毛髮濕度計、空盒氣壓表等等之發明，並已以風箏觀測低空氣象，以測風氣球觀測高空之風向風速，並已瞭解激烈風暴之特性，颱風之構造，大氣環流及海陸風、季風之性質，並廣設氣象觀測站及氣象臺，繪製天氣圖以預報天氣，而中國人直到西元 1912 年始自建第一座新式之氣象臺——中央觀象臺於北平（京），當時中國氣象事業建設之遲緩，由此可見一斑。

六、氣象事業建設太過於遲緩

1912 年，政府設立中央觀象臺於北平（京），是國人自辦氣象事業之始，其後復在各地設立測候所站二十餘處，方見氣象事業建設有「好的開始」，不期從民國初年開始，國內即到處軍閥割據，戰爭連年，兵燹禍結。經費預算無法支給，以致民初所設之中央觀象臺和測候所至 1924 年乃告相繼停頓。氣象事業的建設乃氣象學術研究的基礎，北伐成功後，政府即成立中央研究院氣象研究所，積極推動氣象事業之建設，方有氣象學術之蓬勃發展，然而由於日寇之侵略和國共內戰，以致氣象事業建設非常遲緩。抗戰末期由於中國中緯地區數處有無線電探空儀和雷文送之高空探測，使葉篤正等發現中國境內副熱帶噴射氣流之存在，他首先指出在中、日之間，北緯 25 度～30 度之間的十二公里高空，副熱帶噴射氣流之軸心最大風速超過 100kts，冬季降水最多地區在副熱帶噴射氣流主軸之南方，且溫度氣旋帶經常伴隨在噴射氣流主軸之附近，冬季降水最多地區和副熱帶噴射氣流軸心和溫帶氣旋帶三者之間有極密切之關係（註1）。可見有充分的氣象建設（包括密佈之地面測站和高空測站），才能有氣象學理上之新發現。抗戰勝利後，又因國共戰爭，氣象事業建設重遭毀棄。

七、清代中葉以至民初朝野人士不重視氣象學

氣象學不但是理論科學之一門，而且是人生應用科學。氣象業務對於各方面之應用甚廣，欲謀其發揮效能，必須瞭解其內容，認識其重要性，始能作適當之利用。我國自清代中葉以後科學落後，國人皆忽視氣象科學為非「營利」之事業；清代中葉以後，外人紛紛在我國

內建設氣象臺和測候所站，固因我國國勢衰微，招致外人欺侮侵略使然，然而當時朝野人士之漠視科技，視為係雕蟲小技，無關大體，實亦坐貽後患之主因，迨清末推行洋務運動時，雖有美人金楷理和中國人華衡芳合著《測候叢談》，將當時西方之氣象學術介紹到中國來，但是清朝朝野人士還沒有認識到氣象事業建設的重要性，故一直未設立氣象臺和測候所。及至民國以後，始有少數有先見之人士從事新科技之介紹和提倡。晚近因海空航運之迅速發展，加上人類生活對氣象之需求日益殷切，氣象學之重要性始漸為社會大眾所重視，始有利於促進氣象事業之推展。

八、把氣象學與哲學、文學混為一談

古時中國人對自然界各種天氣現象雖然也有很深入的觀察和解釋，但是卻常常摻雜以哲學和文學的觀念，以致不能達到科學上所要求的標準。例如《莊子・天運篇》言：「雲者為雨乎？雨者為雲乎？」雖然表面看起來與現代氣象學理論相符合，但莊子卻是以哲學的眼光來觀察，又蘇東坡有詩云：「砲車雲（指積雨雲）起風暴作。」蘇東坡也是以文學的眼光來觀察，他們冥想自然界天氣現象的變化，並沒有摻入科學的精密思考和分析，故未能進一步闡揚氣象學理論。

九、對數字不重視，也無嚴謹的學理支持。對創造之工具和儀器未加以量化

由於中國先民一般對數字不重視，所以自古以來對氣象學即無定性觀和定量觀，以致古代文獻多大雪奇寒、大燠、暴雪、淫雨、……等之記載，但是卻沒有量的記載，影響氣象學的進步不小。又因為對氣象方面的觀察和解釋無嚴謹的學理支持，加上物理學的不發達，無法帶動氣象學的進步，所以氣象學術未能發展成為一門很精確的科學，而一直停留在觀察和解釋方面，一直在已有的學識上打轉，未能有進一步的突破，也未能進一步發明更好的觀測工具。例如中國的先民很早即曉得「縣（懸）羽炭」和觀察琴弦之弛緊以試驗空氣的燥

濕，進而預測晴雨，但是卻未能發明濕度計，也沒有加以量化。

十、沒有外在的刺激和影響

由於中國自古即自視為一天下，視海外和西域為蠻夷，很少受外來文化之刺激和影響，明代以後，國內也沒有一如西方文藝復興、宗教改革和工業革命等等劃時代事件的刺激，所以明代以後，中國氣象學的發展遂未能有重大之突破。而明末清初，西方科技已漸漸凌駕中國之上，當時雖有傳教士東來，把西方科技介紹到中國來，但曇花一現，不旋踵即為雍正禁教措施所扼殺，後來雖因鴉片戰爭、英法聯軍和八國聯軍之敗而執行自強運動，但是當時清廷只求船堅砲利，未求科技紮根工作，自強運動終告失敗。反觀西方，因有文藝復興、宗教改革和工業革命等等的刺激，以及西元 1492 年哥倫布發現新大陸以後，航海事業的發達以及商業的勃興，乃促使西方的氣象學術不斷地革新和突破。

註 1：T. C. Yeh ： The Circulation of the high troposphere over China in the Winter of 1945-1946, Tellus Vol.2, No.3, Aug.1950 pp.173-183.

附錄　中華氣象學史大事年表

西元前（年）	中國朝代年號	中華氣象學史大事
1300	殷商武丁二十五年	甲骨文中開始有簡單之氣象觀測紀錄及預報天氣之卜辭，並已使用候風羽觀測風場。有四方之風名和雲雨來自的方位，可見已有雲向的目視觀測。
1217	殷商庚丁三年	甲骨文中開始有連續一旬之氣象觀測紀錄。
1140（？）	周文王時	《易經》載：「七日來復，利有攸往。」可見周初已經知道氣候變遷有週期性。
1122	周武王十三年	《詩經》開始有物候之記載，並開始有觀察動物行為，以預測風雨之記載。
1114	周成王二年	《周書・金縢篇》和《竹書紀年》記載該年襲境之颱風天氣情況。
677	東周僖王五年（春秋時代）	根據《左傳》記載，開始有雲氣占候法。
650（？）	東周襄王二年（春秋時代）（？）	《管子》論述氣候對人類健康之影響，並述及五個節氣之名稱。
500	東周敬王二十年	《春秋》記載物候與農作之

	（春秋時代）	關係。
400	東周安王二年（春秋時代）	對水文循環之觀念已有所啟示（根據《范子計然》之記載），〈夏小正〉論述六十五個物候。
290	東周赧王二十五年（戰國時代）	《莊子》論雲與雨之關係。並解釋風之成因。
284	東周赧王三十一年（戰國時代）	開始有天降紅雨紀錄。
239	秦始皇帝八年	《呂氏春秋》論述八十三種物候，區分十二種節氣，八種風向，並將雲族分成山雲、水雲、旱雲、雨雲等四種。
120	西漢武帝元狩三年	《淮南子》完成二十四節氣之命名，並敘述測風術、懸羽與炭以測定空氣濕度的方法、並論述降雨之原因和雷霆之起因等。
104	西漢武帝太初元年	在長安建章宮上已有銅鳳凰（候風儀器）之裝設。
100	西漢武帝天漢元年	《禮記》敘述旱潦之長期預測經驗。《周禮》分析暈之結構──稱為十煇。
90	西漢武帝征和二年	《逸周書》大約於此時完成七十二候之區分。
西元 40 年左右	東漢光武帝建武十	大約於此時開始有雨量之觀

	六年左右	測。
80 年左右	東漢章帝建初五年左右	王充發現琴弦之鬆弛可預測天之將雨。
92	東漢和帝永元四年	《前漢書・天文志》將雲族分成陳雲、杼雲、杓雲、鈎雲。班固並提及颮線雷雨。
117 年左右	東漢安帝元初四年左右	張衡發明相風銅烏。
295	西晉惠帝元康五年	張華記述懸土炭測定空氣中的濕度，作晴雨之預測。
323	東晉明帝太寧元年	宗懍記述春季有二十四種風向。
437	南北朝宋文帝元嘉十四年	祖沖之在南京雞籠山（北極閣）設置司天臺（觀象臺）。
533	北魏孝武帝永熙二年	賈思勰在《齊民要術》中論霜的預報法。
635	唐太宗貞觀九年	房玄齡將日暈之結構定下二十六個名稱。
636	唐太宗貞觀十年	李淳風將風向區分為二十四個方位，並將風力分成十級。
640	唐太宗貞觀十四年	孔穎達首先合理地解釋虹的成因。
？	唐代	黃子發著《相雨書》。
1086	北宋哲宗元祐元年	沈括合理地解釋靄和虹之成因。
1095	北宋哲宗紹聖二年	蔡卞主張霧與雲同類。
1111	北宋徽宗大觀四年	陳長方敍述梅雨之定義。

1150	南宋高宗紹興二十年	葉夢得首次描述雷陣雨和龍捲風。
1177	南宋孝宗淳熙四年	范成大首次描述峨嵋光。
1247	南宋理宗淳祐七年	國人已使用竹製大筐器，以測定降雪量，並已使用多種測雨器，以測定降雨量。秦九韶創降水量、降雪量和面積雨量之計算技術。
1273	元世祖至元八年	11月（農曆十月），忽必烈首次遣將征日，不幸遭遇激烈風暴襲擊，兵員損失及半，殘軍經朝鮮返國。
1281	元世祖至元十六年	5月，忽必烈再度遣將率軍十餘萬征日，8月，不幸又遇到颱風之襲擊，征日軍事再度功虧一簣。
1320	元仁宗延祐七年	朱思本編《廣輿圖·占驗篇》，並將氣象諺語加以韻語化。
1330	元文宗至順元年	高德基記述入梅及出梅之意義。
1341	元順帝至正元年	帝勒司天監在南京雞籠山再度設置觀象臺。
1360	元順帝至正二十年	楊瑀首次描述水龍捲的天氣現象。
1500	明孝宗弘治十三年左右	婁元禮編《田家五行》（占候謠諺），並創憑弦索之弛緊以測晴雨之術。

1530	明世宗嘉靖九年	郎瑛解釋蜃景現象。
1539	明世宗嘉靖十八年	陳霆再度解釋蜃景現象。
1639	明思宗崇禎十二年	徐光啟編纂《農政全書‧占候篇》，並合理地整理《田家五行》中的占候歌諺。
1670	清聖祖康熙九年	南懷仁將西方之鹿腸衣濕度計和空氣溫度計傳入中國。
1683（？）	清聖祖康熙二十二年（？）	黃履莊自製驗冷熱器和驗燥濕器。
1743	清高宗乾隆八年	法國傳教士戈比司鐸在北平（京）開始作氣象儀器之觀測工作。
1849	清宣宗道光二十九年	俄人在北平（京）設立地磁氣象臺。
1855	清文宗咸豐五年	英國醫生合信編《博物新編》，首次將氣壓之觀念和氣壓表介紹到中國來。
1873	清穆宗同治十二年	法國傳教士朗懷仁在上海設立徐家匯氣象臺。
1879	清德宗光緒五年	金楷理口譯，華蘅芳筆述之《測候叢談》將西方之近代氣象學術引入中國。
1883	清德宗光緒九年	英人在香港設立皇家氣象臺（即今日之皇家天文臺）。
1896	清德宗光緒二十二年	日人在臺灣設立臺北、臺中、臺南、恆春、澎湖等五個測候所。
1898	清德宗光緒二十四	德人在青島設置青島觀象

	年	臺。
1912	民國元年	政府在北平（京）設立中央觀象臺，以高魯為臺長，隸屬教育部。
1913	民國二年	教育部設置氣象科，由蔣丙然擔任科長。
1915	民國四年	蔣丙然著《實用氣象學》一書。
1917	民國六年	中央觀象臺發行觀象叢報。
1920	民國九年	航空事務處設置氣象科。
1921	民國十年	國立東南大學地學系首次開氣象學課程，由竺藕舫任課。
1922	民國十一年	政府收回青島氣象臺，派蔣丙然為該臺臺長。
1924	民國十三年	中國氣象學會成立於青島，選出蔣丙然為首任會長，彭濟羣為副會長，竺藕舫等六人為理事。
1925	民國十四年	竺藕舫發表〈華東天氣範式之初步研究〉，開中國長期天氣預報之先河。
1926	民國十五年	西北科學考察團成立。
1927	民國十六年	五月，西北科學考察團由北平（京）出發，氣象人員在西北設立測候所多處，並施放測風氣球，乃國人觀測高空風之創舉。

1928	民國十七年	中央研究院氣象研究所成立，以竺藕舫為所長，統籌全國氣象研究工作和氣象建設事業。
1929	民國十八年	清華大學設立氣象學系。
1930	民國十九年	中國氣象學會會址遷至南京。竺藕舫出席遠東氣象臺臺長會議。政府在南京召開第一次全國氣象行政會議。
1931	民國二十年	徐近之、胡振鐸兩人協同赫德氏在綏遠義肯公及寧夏居延海實施風箏探空，為國人進行風箏探空之創舉。 清華大學建造氣象臺。 竺藕舫發表中國氣候區域論，首創中國氣候分類。
1932	民國二十一年	設立泰山日觀峯測候所，為中國最早建立的高山測候所。 清華大學氣象臺開始實行風箏探空工作。
1933	民國二十二年	參加第二屆國際極年。 涂長望設計廻歸方程式，以預測中國夏季之雨量。
1935	民國二十四年	氣象研究所派員隨艦作海洋氣象探測工作。 召開第二次全國氣象行政會議。

		首次召開全國航空氣象會議。
1936	民國二十五年	涂長望發表中國之氣候分區。
		氣象研究所開始實施自記儀氣球探空，探測高空之壓溫和濕度情況。
1937	民國二十六年	召開第三次全國氣象行政會議。九月，氣象研究所遷重慶。
1938	民國二十七年	浙江大學史地研究所成立氣象學組，張曉峯為所長，涂長望為氣象學組主任。
1939	民國二十八年	航空委員會設立空軍氣象總臺於重慶，由陸鴻圖擔任總臺長。
1940	民國二十九年	氣象研究所遷北碚張家沱。
1942	民國三十一年七月一日	中央氣象局成立於重慶沙坪壩，由黃廈千擔任局長，直隸行政院。
1943	民國三十二年	中美合作建設氣象事業，首先在後套陝壩施放無線電探空儀，後來並建立探空站約十處。
		盧溫甫著《天氣預告學》一書。呂蔚光繼任中央氣象局局長，趙九章繼呂蔚光出任氣象研究所所長。

1945	民國三十四年	抗戰勝利，中央氣象局遷回南京，仍由呂蔚光擔任局長，改隸教育部。
		政府派石延漢氏接收臺灣省之氣象設施，並成立臺灣省氣象局，由石氏擔任局長，直隸臺灣行政長官公署。
		十二月，政府派鄭子政接收徐家匯氣象臺，並改組為上海氣象臺，由鄭氏擔任臺長。
1946	民國三十五年	五月，政府派么枕生等人接收東北氣象設施。
		九月，氣象研究所重返南京北極閣，仍由趙九章繼續擔任所長。
1947	民國三十六年	一月二十日，民航局成立，下設氣象科，由顧鈞禧擔任科長。
		三月，中央氣象局由教育部改隸交通部。
		政府召開氣象機關聯席會議。
		空軍氣象總臺改編為空軍氣象總隊，仍由陸鴻圖任總隊長。
		呂蔚光、盧溫甫參加美京國際氣象組織會員國大會。

		臺灣省氣象局王仁煜出版氣象學概要。
1948	民國三十七年	中央氣象局聘請竺藕舫、趙九章、涂長望、黃廈千為顧問。
		聯合氣象委員會在上海召開第一次大會。
		中國氣象學會在南京復會，選出竺藕舫為會長。
		臺灣省氣象局改稱為臺灣省氣象所，薛鍾彝為所長，改隸臺灣省政府交通處。
		葉篤正首先發現中國境內之副熱帶西風噴射氣流，並首先闡述其性質及其與天氣之關係。
		煙臺市崆峒出現海市蜃樓現象。
1949	民國三十八年	剿匪戡亂軍事逆轉，共軍渡江，中央氣象局遷廣州。
		葉篤正在美國發表主環流之研究理論。
1950	民國三十九年	中央氣象局遷臺北，由李鹿苹任局長，全國聯合氣象委員會在臺北召開第四次會議。
		臺灣大學開始設氣象學課程，由蔣丙然任課。

1951	民國四十年	鄭子政接長中央氣象局和臺灣省氣象所。
		鄭子政出席聯合國世界氣象組織在巴黎召開之第一屆大會。
		臺電以飛機撒佈乾冰，並噴灑碘化銀，試驗人造雨。
		松山氣象臺開始從事航空氣象服務。
1953	民國四十二年	行政院於 1 月 9 日頒戰時氣象資料管制辦法。
1954	民國四十三年	空軍氣象中心成立，以魏元恆為首任主任。
		亞洲颱風會議在東京召開，我國派鄭子政參加。
1955	民國四十四年	召開航運氣象會議，推行船舶氣象觀測。再度發行氣象學報。
1956	民國四十五年	臺灣大學地理系設氣象組。
1957	民國四十六年	陳正祥著氣候之分類與分區。
1958	民國四十七年	7 月，中央氣象局奉令裁併，松山氣象臺移交民航局代管。
		中國氣象學會在臺北復會，選出蔣丙然為會長。
1959	民國四十八年	鄭子政發表臺灣省氣象所長期發展氣象業務計畫綱要。

1960	民國四十九年	王崇岳發表王氏颱風移動預報法則。
		薛鍾彝發表六十年來侵襲臺灣颱風之統計與分析。
1961	民國五十年	蔣丙然出版《氣候學》。
1963	民國五十二年	4月1日，民航局成立臺北航空氣象臺，以殷來朝為臺長，蕭華為副臺長。
		中國文化學院地學系設氣象組。
		世界氣象組織第四屆大會於4月1日至27日在日內瓦舉行，政府派周根泉等人參加。
1964	民國五十三年	鄭子政出版氣象與交通。
1965	民國五十四年	臺灣省氣象所改稱為臺灣省氣象局，以劉大年為局長。
		1月1日，花蓮氣象雷達站正式啟用。
		郭曉嵐發表〈大氣條件不穩定下圈形對流運動之特性〉。
		趙九章發表〈降雨過程之統計學理論〉。
		戚啟勳、關壯濤出版《颱風的理論和預報》。
1966	民國五十五年	蔣丙然病逝於臺大醫院。
		戚啟勳出版普通氣象學。

		空軍氣象中心建立氣象衛星自動照片傳送（APT）地面接收站。
1967	民國五十六年	蕭華出版航空氣象學。
1969	民國五十八年	民航局臺北航空氣象臺改稱為氣象中心，隸屬於飛航服務總臺。
1970	民國五十九年	鄭子政出版《氣候與文化》。高雄氣象雷達站建竣啟用。旅美氣象學家郭曉嵐獲得紀念羅斯培氣象科學獎。
1971	民國六十年	臺灣省氣象局改制為中央氣象局，直隸交通部。
1972	民國六十一年	我國退出聯合國世界氣象組織。臺灣大學設大氣科學系。
1973	民國六十二年	王業鈞出版積雨雲之研究。
1974	民國六十三年	行政院蔣院長多次巡視中央氣象局。鄭子政出版《農業氣象學》。
1976	民國六十五年	在中央氣象局召開第一屆全國大氣科學研討會。戚啟勳出版《物理氣候學基礎》。
1977	民國六十六年	自 3 月 24 日起至 5 月 13 日止，空軍氣象中心先後使用 C-119 型飛機，在雲中撒佈乾冰和鹽水，實施人造雨，

以減輕長期乾旱之威脅。
9 月，旅美氣象學人黃廈千病逝於丹佛城。
戚啟勳出版大氣科學一書。
高仕功和蔡清彥發表中緯度線性準地轉新論。
11 月，空軍氣象中心在清泉崗設立氣象雷達站。

1978	民國六十七年	中央研究院成立五十週年，5 月 27、28 日在南港召開臺灣地區災變天氣研討會。王崇岳出版《天氣學》一書。戚啟勳、嚴夢輝出版《氣象統計學》一書。
1979	民國六十八年	陳泰然出版《高等天氣學》一書。
1980	民國六十九年	召開第二屆全國大氣科學學術研討會。
1981	民國七十年	中央氣象局開始建立地面氣象自動測報系統
1982	民國七十一年	召開第三屆全國大氣科學學術研討會。
1985	民國七十四年	氣象單位開始使用電腦進行天氣圖填圖工作。
1987	民國七十六年	桃園機場建立臺灣第一座都卜勒氣象雷達站。全國大學氣象系和軍民氣象單位推動臺灣地區梅雨季中尺度試驗

		計劃（TAMEX）。
1989	民國七十八年	陳泰然出版《天氣學原理》一書。
1990	民國七十九年	蔡清彥出版《數值天氣預報》一書。
		中央氣象局編制改為一組～四組，並有預報中心、衛星中心、地震中心、海象中心、氣象科技中心等單位。
1993	民國八十二年	中華航空氣象協會成立。
		國內氣象單位開始接收日本數值預報產品（CDF）。
1994	民國八十三年	海峽兩岸氣象界慶祝氣象學會創會七十週年，組團互訪，並舉辦海峽兩岸天氣與氣候學術研討會。
1996	民國八十五年	氣象單位開始使用電腦進行天氣圖分析工作。
		中央氣象局完成整合性即時預報系統（WINS）。
		中華航空氣象協會舉辦亞太地區暨兩岸航空氣象與飛航服務研討會。
		劉昭民出版《臺灣的氣象與氣候》一書。
1998	民國八十七年	全國軍民大學氣象系和氣象單位實施南海季風實驗。
2000	民國八十九年	陳泰然、黃靜雅出版《臺灣

		天氣變！變！變！》一書。
		任立渝、謝維權出版《氣象叢書》。
		劉廣英出版《氣象掌故》一書。
2002	民國九十一年	民航局氣象中心完成航空氣象現代化作業系統(AOAWS)。
		中央氣象局完成現代化數值系統（MDS）。
2003	民國九十二年	涂建翊、余嘉裕、周佳等出版《臺灣的氣候》一書。
2004	民國九十三年	王時鼎出版《臺灣的颱風》一書。
		俞川心出版《臺灣是座氣象博物館》一書。
		海峽兩岸氣象界慶祝氣象學會創會八十周年，組團互訪，並舉辦兩岸氣象科學技術研討會。
2005	民國九十四年	劉昭民出版《航空氣象學新論》一書。
2006	民國九十五年	劉廣英出版《氣象萬千》一書。
		謝信良等人出版《氣象與工程系列小叢書》。
2007	民國九十六年	洪志文出版《臺灣氣象觀測百年史》一書。

大學叢書

中華氣象學史（增修本）

編著者◆劉昭民

發行人◆王學哲

總編輯◆方鵬程

主編◆葉幗英

責任編輯◆徐平

校對◆鄭秋燕

美術設計◆吳郁婷

出版發行：臺灣商務印書館股份有限公司

台北市重慶南路一段三十七號

電話：(02)2371-3712

讀者服務專線：0800056196

郵撥：0000165-1

網路書店：www.cptw.com.tw

E-mail：ecptw@cptw.com.tw

網址：www.cptw.com.tw

局版北市業字第 993 號

初版一刷：1980 年 9 月

增修一版：2011 年 1 月

定價：新台幣 350 元

中華氣象學史 ／ 劉昭民編著 -- 增修一版. -- 臺
北市 ：臺灣商務， 2011.01
　面 ； 　公分. --（大學叢書）
ISBN 978-957-05-2565-6（平裝）

　1. 氣象學　2. 歷史　3. 中國

828.092　　　　　　　　　　　99021498